新手入门必读

# 电脑组装、维护、维修从零基础到实战
## （图解·视频·案例）

图说帮　编著

·北京·

## 内容提要

本书是一本专门讲解电脑选配、组装、升级以及维修技能的图书。

本书以国家职业资格标准为指导，结合行业培训规范，将电脑安装及维修必备的知识技能根据岗位技能需求进行合理的模块划分。共划分为19个项目模块，分别为电脑的软硬件系统，CPU的功能、种类与选购，主板的结构、种类与选购，内存的结构、种类与选购，硬盘的结构、种类与选购，显卡的结构、种类与选购，声卡的结构、种类与选购，机箱和电源的功能、种类与选购，键盘和鼠标的功能、种类与选购，显示器和音箱的功能、种类与选购，电脑硬件的配置与组装，电脑操作系统和软件的安装，电脑系统的调试与优化，电脑网络的连接与设置，电脑的备份与还原，电脑外设的安装连接，电脑常见故障的检修方法，电脑日常保养与维护，网络的调试与故障诊断。

本书适合作为电脑销售、选配、组装、调试和维修岗位的培训教材，也可作为中等、高等职业技术学校电子、电气及计算机类专业的教材，还可供广大电子爱好者阅读。

### 图书在版编目（CIP）数据

电脑组装、维护、维修从零基础到实战 ：图解·视频·案例 / 图说帮编著． -- 北京 ：中国水利水电出版社，2025. 4. -- ISBN 978-7-5226-3169-1

Ⅰ．TP30

中国国家版本馆CIP数据核字第20254Z0N82号

| 书　　名 | 电脑组装、维护、维修从零基础到实战（图解·视频·案例）<br>DIANNAO ZUZHUANG WEIHU WEIXIU CONG LINGJICHU DAO SHIZHAN(TUJIE·SHIPIN·ANLI) |
|---|---|
| 作　　者 | 图说帮 编著 |
| 出版发行 | 中国水利水电出版社<br>（北京市海淀区玉渊潭南路1号D座　100038）<br>网址：www.waterpub.com.cn<br>E-mail：zhiboshangshu@163.com<br>电话：（010）62572966-2205/2266/2201（营销中心） |
| 经　　售 | 北京科水图书销售有限公司<br>电话：（010）68545874、63202643<br>全国各地新华书店和相关出版物销售网点 |
| 排　　版 | 北京智博尚书文化传媒有限公司 |
| 印　　刷 | 河北文福旺印刷有限公司 |
| 规　　格 | 185mm×260mm　16开本　15.25印张　387千字 |
| 版　　次 | 2025年4月第1版　2025年4月第1次印刷 |
| 印　　数 | 0001—3000册 |
| 定　　价 | 69.80元 |

凡购买我社图书，如有缺页、倒页、脱页的，本社营销中心负责调换

**版权所有·侵权必究**

# 前言

随着数字技术和网络技术的发展,电脑已经成为人们工作、生活、娱乐中必不可少的工具。与其他家用电子产品不同,电脑的正常使用需要硬件和软件两方面的协调工作,其硬件配置具有极强的多样性和拓展性。不同的硬件组合搭配可发挥不同的工作性能。同时,电脑在软件方面的选择范围更加宽泛。不同的操作系统搭载不同的软件可使电脑具备不同的使用特性。为了更好地满足社会和用户需求,电脑的硬件品种多样,即使同类型的产品也有多种型号可供选择。电脑的软件同样也为用户提供了广阔的开放选择空间。这些特点使得与电脑相关的市场迅速发展。电脑硬件和软件的繁荣为电脑及相关硬件的销售、组装、维修等行业提供了广阔的市场空间。

由于电脑硬件和软件的搭配形式自由,电脑运行环境容易受到硬件、软件、网络和病毒等多种因素影响,加之电脑硬件和软件的更新换代速度较快,都增加了电脑选配、组装、维修的难度。如何能够在短时间内掌握电脑选配组装的知识和技能,如何能够快速解决电脑故障成为许多电脑从业者亟待解决的首要问题。

针对上述情况,图说帮特别编写了《电脑组装、维护、维修从零基础到实战(图解·视频·案例)》一书。本书具备以下几点优势。

### ▌全新的知识技能体系

本书以国家相关的职业技能鉴定标准为指导,以市场就业为导向,并结合行业培训经验,对电脑行业所应用的各项专业知识和实操技能进行了细致的归纳和整理。通过大量实例,全面、系统地讲解电脑各组成部件的功能、特点、选配、安装等从业所必须掌握的各项知识和实操技能。让本书真正成为一本从理论学习逐步上升为实战应用的专业技能指导图书。

### ▌全新的内容诠释

本书采用彩色印刷,重点突出,内容由浅入深,循序渐进。按照行业培训特色将各项知识技能整合成若干"项目模块"进行输出。知识技能的讲授充分发挥"图解"特色,大量的实物照片、结构原理图、三维效果图、实操拆解图等相互补充。依托实战案例,通过以"图"代"解",以"解"说"图"的形式讲授电脑选配、组装、升级、维修等知识技能。让读者能够轻松、快速、准确地领会和掌握相关技能。

### ▌全新的学习体验

本书开创了全新的学习体验,"模块化教学+多媒体图解+二维码微视频"构成了本书的学习特色。充分考虑读者的从业特点和学习习惯,依托多媒体图解方式将内容输出给读者。让读者以"看"代"读",以"练"代"学"。在书中重要的知识点和技能点旁边配有二维码,读者可通过手机扫描二维码打开并观看相关的微视频。微视频中有对图书相应内容的演示讲解,通过传统阅览和辅助微视频互动学习的方式,帮助读者降低学习难度,提升学习效率。

由于编者水平有限,编写时间仓促,加之电脑发展速度很快,书中存在不妥之处在所难免,欢迎读者指正,也期待与读者的技术交流。

抖音号

全书视频

# 目录

## 第1章 电脑的软硬件系统(1)

1.1 电脑的特点和种类【1】
    1.1.1 电脑的特点【1】
    1.1.2 电脑的种类【3】
1.2 电脑系统的构成【8】
    1.2.1 电脑系统的硬件构成【9】
    1.2.2 电脑系统的软件构成【11】

## 第2章 CPU的功能、种类与选购(15)

2.1 认识CPU【15】
    2.1.1 CPU的功能【15】
    2.1.2 CPU的种类【20】
2.2 CPU的选购【24】
    2.2.1 CPU的性能参数【24】
    2.2.2 选购CPU的注意事项【28】

## 第3章 主板的结构、种类与选购(36)

3.1 认识主板【36】
    3.1.1 主板的结构【36】
    3.1.2 主板的种类【47】
3.2 主板的选购【50】
    3.2.1 主板的性能参数【50】
    3.2.2 选购主板的注意事项【51】

## 第4章 内存的结构、种类与选购(55)

4.1 认识内存【55】
    4.1.1 内存的结构【55】
    4.1.2 内存的种类【56】
4.2 内存的选购【59】
    4.2.1 内存的性能参数【59】
    4.2.2 选购内存的注意事项【61】

## 第5章 硬盘的结构、种类与选购(63)

5.1 认识硬盘【63】
    5.1.1 硬盘的结构【63】
    5.1.2 硬盘的种类【71】
5.2 硬盘的选购【72】
    5.2.1 硬盘的性能参数【72】
    5.2.2 选购硬盘的注意事项【75】

## 第6章 显卡的结构、种类与选购(78)

6.1 认识显卡【78】
    6.1.1 显卡的结构【78】
    6.1.2 显卡的种类【82】
6.2 显卡的选购【85】
    6.2.1 显卡的性能参数【85】
    6.2.2 选购显卡的注意事项【85】

## 第7章 声卡的结构、种类与选购(88)

7.1 认识声卡【88】
    7.1.1 声卡的结构【88】
    7.1.2 声卡的种类【90】
7.2 声卡的选购【93】
    7.2.1 声卡的性能参数【93】
    7.2.2 选购声卡的注意事项【94】

## 第8章 机箱和电源的功能、种类与选购(97)

8.1 机箱的功能、种类与选购【97】
    8.1.1 机箱的功能与种类【97】
    8.1.2 机箱的选购【98】
8.2 电源的功能、种类与选购【101】
    8.2.1 电源的功能与种类【101】
    8.2.2 电源的选购【104】

## 第9章 键盘和鼠标的功能、种类与选购(105)

9.1 键盘的功能、种类与选购【105】
    9.1.1 键盘的功能与种类【105】
    9.1.2 键盘的选购【107】
9.2 鼠标的功能、种类与选购【110】
    9.2.1 鼠标的功能与种类【110】
    9.2.2 鼠标的选购【114】

## 第10章　显示器和音箱的功能、种类与选购(116)

10.1　显示器的功能、种类与选购【116】
　　10.1.1　显示器的功能与种类【116】
　　10.1.2　显示器的选购【116】
10.2　音箱的功能、种类与选购【116】
　　10.2.1　音箱的功能与种类【116】
　　10.2.2　音箱的选购【116】

## 第11章　电脑硬件的配置与组装(117)

11.1　电脑组装前的准备【117】
　　11.1.1　电脑的装配工具【117】
　　11.1.2　电脑的配置方案【119】
11.2　电脑主机配件的组装【121】
　　11.2.1　检查电脑的安装环境【121】
　　11.2.2　安装CPU和散热风扇【121】
　　11.2.3　安装内存【124】
　　11.2.4　安装主板【125】
　　11.2.5　安装硬盘【126】
　　11.2.6　安装光驱【128】
　　11.2.7　安装显卡【129】
　　11.2.8　安装声卡【130】
　　11.2.9　安装电源【131】
　　11.2.10　连接机箱线【132】
　　11.2.11　连接外部设备【134】

## 第12章　电脑操作系统和软件的安装(136)

12.1　电脑操作系统的安装【136】
　　12.1.1　Windows 7操作系统的安装【136】
　　12.1.2　Windows 11操作系统的安装【136】
　　12.1.3　Windows 7升级为Windows 11【136】
12.2　软件程序的安装【136】
　　12.2.1　应用软件的安装【136】
　　12.2.2　硬件驱动程序的安装【136】

## 第13章　电脑系统的调试与优化(137)

13.1　BIOS的常规设置【137】
　　13.1.1　常见的BIOS【137】
　　13.1.2　BIOS的基本设置【138】
　　13.1.3　BIOS的更新【153】
13.2　电脑系统的基本调试方法【156】

- 13.2.1 变换桌面背景【156】
- 13.2.2 增设屏幕保护程序【157】
- 13.2.3 调试屏幕显示精度【157】
- 13.2.4 设置电源管理【158】
- 13.2.5 更新系统日期和时间【159】
- 13.2.6 系统多账户设置【160】
- 13.2.7 添加或删除程序【161】
- 13.2.8 调整键盘、鼠标的工作状态【162】

13.3 电脑系统的优化【163】
- 13.3.1 设置优化系统属性【164】
- 13.3.2 磁盘优化整理【164】
- 13.3.3 注册表的编辑修改【164】
- 13.3.4 注册表的清理和优化【164】
- 13.3.5 电脑系统的常用优化软件【164】

13.4 电脑病毒的特点与防范【164】
- 13.4.1 电脑病毒的特征与危害【164】
- 13.4.2 电脑病毒的防治与查杀【164】

## 第14章 电脑网络的连接与设置(165)

14.1 常用网络硬件设备【165】
- 14.1.1 网卡【165】
- 14.1.2 调制解调器【167】
- 14.1.3 集线器【169】
- 14.1.4 交换机【172】
- 14.1.5 路由器【176】
- 14.1.6 服务器【178】

14.2 互联网的连接设置【179】
- 14.2.1 通过网线联网【180】
- 14.2.2 通过无线网络联网【187】

14.3 局域网的连接设置【191】
- 14.3.1 局域网的连接【191】
- 14.3.2 局域网的设置与调试【191】

## 第15章 电脑的备份与还原(192)

15.1 电脑操作系统的备份与还原【192】
- 15.1.1 电脑操作系统的备份（克隆）【192】
- 15.1.2 电脑操作系统的恢复【192】

15.2 数据的保存【192】
- 15.2.1 数据的压缩与解压缩【192】
- 15.2.2 数据光盘的刻录保存【192】

## 第16章 电脑外设的安装连接(193)

16.1 打印机的安装连接【193】
　　16.1.1 打印机的连接【193】
　　16.1.2 打印机驱动程序的安装设置【193】
16.2 扫描仪的安装连接【193】
　　16.2.1 扫描仪的连接【193】
　　16.2.2 扫描仪驱动程序的安装设置【193】
16.3 其他数码设备的连接【193】
　　16.3.1 外置移动硬盘的连接【193】
　　16.3.2 智能手机的连接【193】
　　16.3.3 数码相机的连接【193】

## 第17章 电脑常见故障的检修方法(194)

17.1 电脑维修常用工具和检测仪表【194】
　　17.1.1 电脑维修常用工具【194】
　　17.1.2 电脑维修常用检测仪表【194】
　　17.1.3 电脑维修专用检测设备【195】
17.2 电脑维修的安全注意事项【203】
　　17.2.1 人身安全【203】
　　17.2.2 设备安全【203】
17.3 电脑的故障诊断与检修方法【203】
　　17.3.1 电脑的故障诊断【203】
　　17.3.2 CPU插座的检修【204】
　　17.3.3 内存插槽的检修【207】
　　17.3.4 驱动器接口的检修【209】
　　17.3.5 扩展插槽的检修【211】
17.4 电脑常见故障检修案例【212】
　　17.4.1 电脑不启动的检修案例【212】
　　17.4.2 电脑蓝屏的检修案例【213】
　　17.4.3 电脑黑屏的检修案例【217】
　　17.4.4 电脑连接不上网络的检修案例【218】
　　17.4.5 电脑检测不到硬盘的检修案例【221】
　　17.4.6 电脑频繁死机的检修案例【222】
　　17.4.7 电脑启动报警的检修案例【224】

## 第18章 电脑日常保养与维护(226)

18.1 电脑外部设备的保养维护【226】
　　18.1.1 键盘和鼠标的清洁维护【226】
　　18.1.2 显示器的保养维护【226】
　　18.1.3 机箱的保养维护【226】

18.2 电脑内部配件的保养维护【226】
    18.2.1 CPU组件的维护与更换【226】
    18.2.2 内存的维护与更换【226】
    18.2.3 主板的维护与更换【226】

## 第19章 网络的调试与故障诊断(227)

19.1 网络故障的分析与排查【227】
    19.1.1 网络故障的分析【227】
    19.1.2 网络故障的排查【229】
19.2 网络故障检测【230】
    19.2.1 网线的检测【230】
    19.2.2 IP检测工具Ping【232】
    19.2.3 TCP/IP配置检测工具ipconfig【232】
    19.2.4 网络协议统计工具Netstat/ Nbtstat【232】
    19.2.5 信息管理工具NET【232】
    19.2.6 路由跟踪工具Tracert【232】

# 第1章 电脑的软硬件系统

## 1.1 电脑的特点和种类

### 1.1.1 电脑的特点

电脑也称计算机或PC（Personal Computer）机，是一种具有存储记忆功能的高速运算设备。它内置硬盘，用于存储操作系统、程序软件和数据资料。用户通过键盘、鼠标、显示器等交互设备与电脑内部的操作系统进行人机交互，依托各种类型的软件实现海量数据运算、信息自动化处理等复杂的智能化工作。

如图1-1所示，与其他电子产品相比，电脑具有运算处理速度快、存储记忆能力强、支持人机交互和能进行逻辑判断等几大特点。

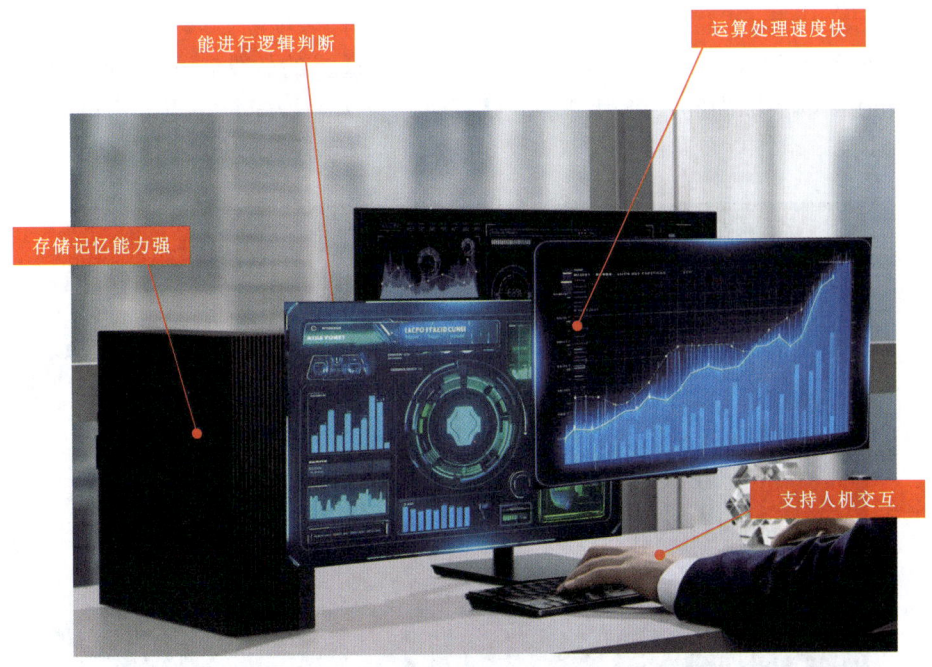

图1-1 电脑的特点

## 1 运算处理速度快

电脑具有很快的处理速度，目前世界上处理速度最快的电脑每秒可运算万亿次，普通电脑每秒也可处理上百万条指令。这不仅极大地提高了工作效率，还使时限性强的复杂处理可在限定的时间内完成。

## 2 存储记忆能力强

电脑的存储器类似于人类的大脑，可以记忆并存储大量的数据和电脑程序，随时提供信息查询、处理等服务。在电脑中，主要有两部分存储设备：内存和硬盘。其中，硬盘是存储数据的主要设备。电脑运行所需的操作系统、程序软件及数据资料等都存储在硬盘中。而内存则是为操作系统和程序软件提供的"临时"运行空间。

> **补充说明**
>
> 简单来说，在电脑运行时，存储在硬盘上的程序数据会被调入内存，以便于电脑完成高速的运算处理。而这部分内容是临时的，也是随时都会变化的。也就是说，需要执行哪个程序或需要运算哪部分数据，那么哪部分程序或数据便会被调入到内存中完成高速运算处理。而一旦切断电源，这些内容便会从内存中清除。

目前，电脑的单条内存容量可以达到64GB甚至更高，而对于硬盘而言，目前多以TB为单位进行计量。常见的规格容量有2TB、3TB、4TB等，更高的容量也可达到16TB及以上。而且，如果电脑主板支持，还可以连接多块硬盘。

## 3 支持人机交互

电脑具有多种输入/输出（I/O）设备，通过搭配适当的软件，可支持用户进行便捷的人机交互。以鼠标为例，当用户手握鼠标时，只需手指轻轻一点，电脑便随之完成某种操作功能。图1-2为人机交互示意图。

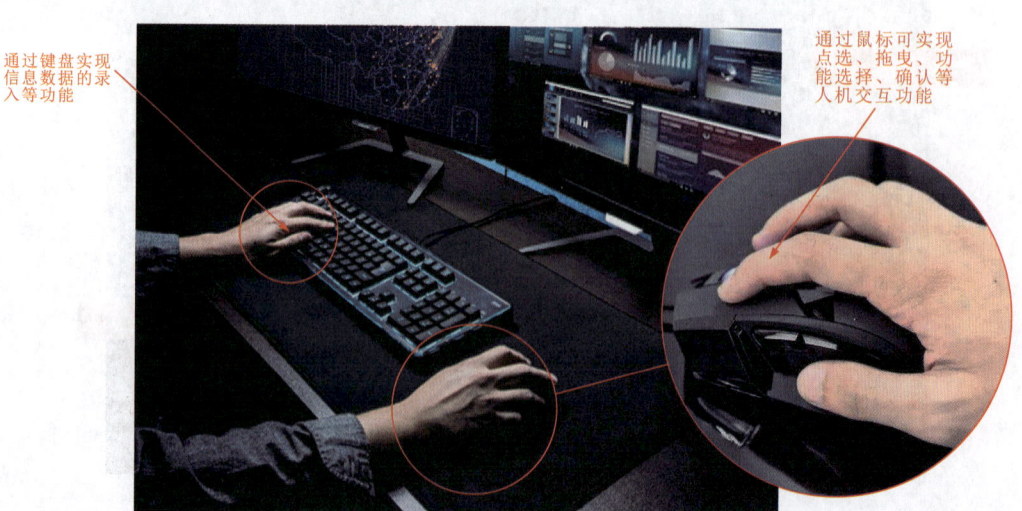

图1-2 人机交互示意图

### 4 能进行逻辑判断

逻辑判断是电脑的又一重要特点，是电脑实现信息处理自动化的关键。在程序执行过程中，电脑可以根据上一步的处理结果，运用逻辑判断能力自动决定下一步应该执行哪一条指令。

## 1.1.2 电脑的种类

电脑的种类多样，按照结构类型划分，电脑主要可以分为台式机和一体机；按照用途划分，电脑主要可以分为服务器、工作站和家用电脑。

### 1 按照结构类型划分

#### ① 台式机

图1-3为典型台式机的实物外形。从外观上看，台式机的主机和显示器相互独立，电脑的主要配件安装于电脑主机内，电脑主机与显示器之间通过数据线相连。

图1-3　典型台式机的实物外形

#### ② 一体机

图1-4为典型一体机的实物外形。一体机将传统分体式台式机的主机、音箱等设备整合在显示器内，组成一种新形态的电脑。这种电脑从外观上看只有一台显示器，键盘、鼠标等外部设备都直接与显示器上设置的接口相连。由于所有电脑配件都被集成在显示器内，所以一体机内部元件的集成度很高。从外观上看，外部省去了很多多余的设备之间的数据连接线，使得电脑外观更加时尚、体积更加小巧，且方便摆放、节省空间。

但是，由于一体机内部设备（配件）之间的空间限制较大，升级换代相比台式机更为困难。

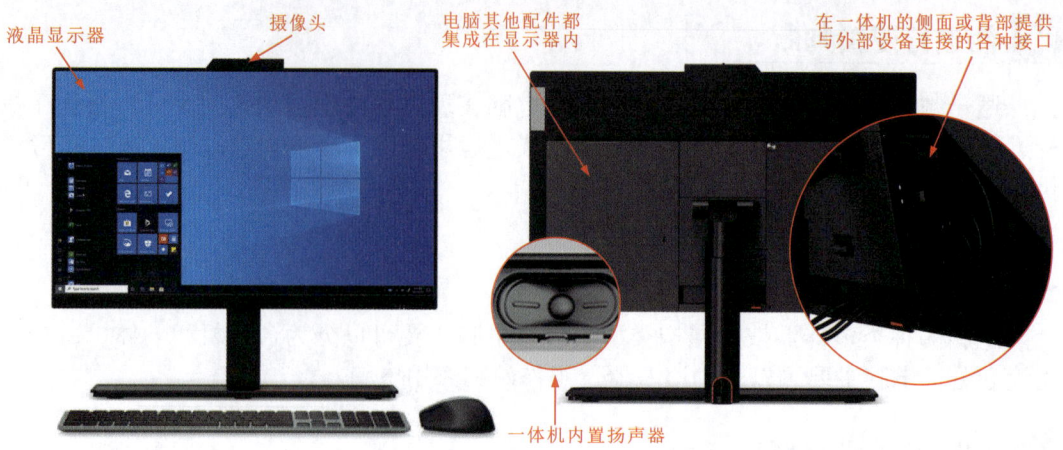

图1-4 典型一体机的实物外形

## 2 按照用途划分

### 1 服务器

服务器是一种具有高速运算能力的高性能电脑。它比普通电脑运行速度更快、负载能力更强、价格更贵。

服务器多用于在网络中为其他客户机（如个人PC机、ATM终端、智能手机等）提供计算或应用服务。这类机器配置较高，可靠性好，具备良好的扩展性能和强大的外部数据吞吐能力。

从外形结构上看，服务器主要分为机架式、刀片式、塔式、柜式四种。

图1-5为机架式服务器的实物外形。机架式服务器的外形类似交换机，这种服务器多安装在标准的19英寸（1英寸=2.54cm）机柜中。

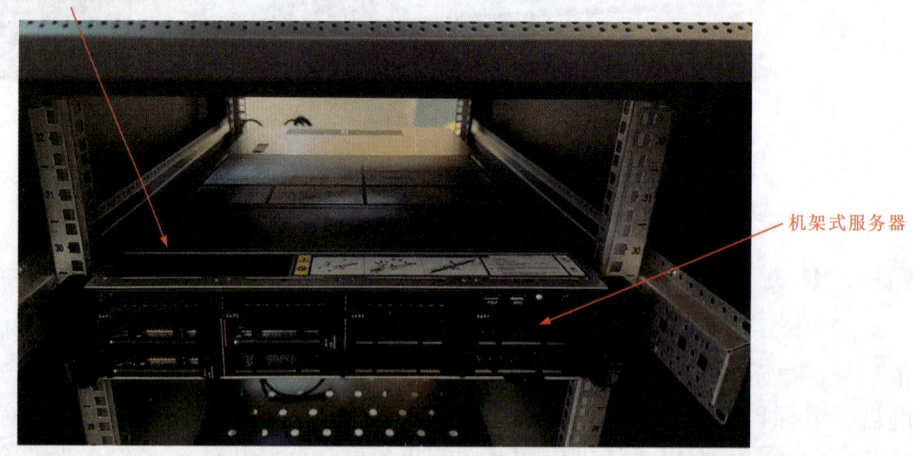

图1-5 机架式服务器的实物外形

图1-6为机架式服务器的结构特征。其内部结构与个人PC机的组成结构基本相同，但相关配件的可靠性和运算能力较个人PC机有很大的提升，并且机架式服务器提供了更多的外部扩展接口。

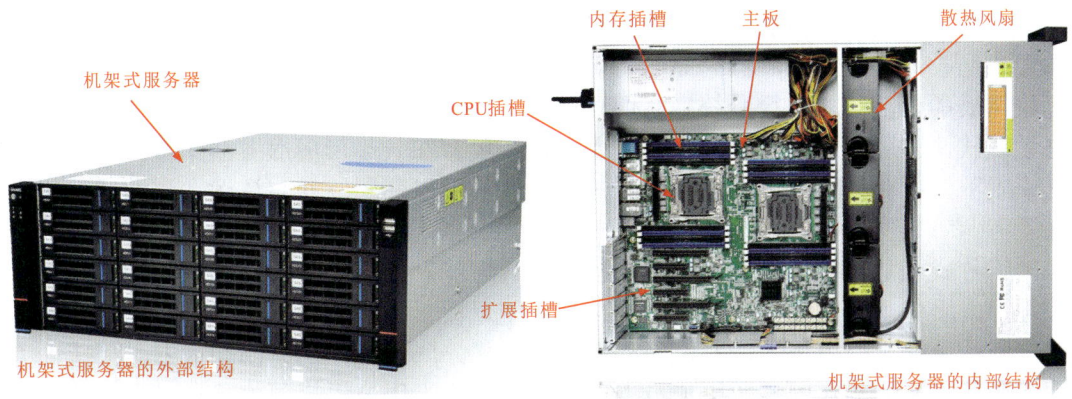

图1-6 机架式服务器的结构特征

通常,根据机架尺寸(一般来说就是其厚度)的不同,机架式服务器可分为1U、2U、3U、4U四种规格。图1-7为不同规格的机架式服务器。

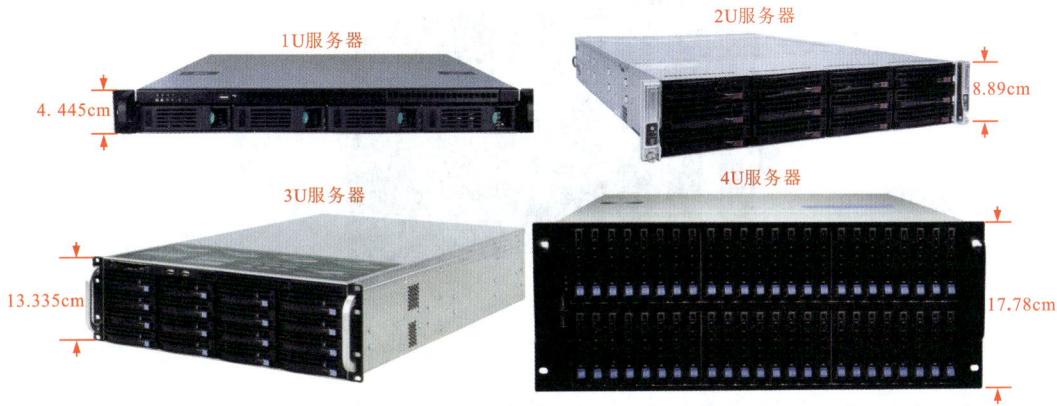

图1-7 不同规格的机架式服务器

> **补充说明**
>
> 这里的"U"是Unit的英文缩写。它是表示组合式机架外部尺寸的单位,该尺寸标准是由美国电子工业协会(EIA)制定的。对机架式服务器规定的宽度为19英寸(48.26cm);而厚度以4.445cm为基本单位,1U=4.445cm,2U则表示厚度为4.445×2=8.89cm,以此类推,3U=3×4.445= 13.335cm,4U=4×4.445=17.78cm。

在四种尺寸的机架式服务器中,以1U和2U服务器最为常见。其中,1U服务器是一种高可用、高密度的低成本服务器平台,它是专门为特殊应用行业和高密度电脑环境设计的。由于受高度的限制,1U服务器对配件有着特殊要求,这在一定程度上增加了整体硬件的成本,同时给配件的筛选增添了难度。

2U服务器高度适中,在扩展性(如硬盘存储数量、扩展槽、电源等)方面较1U服务器有了明显的增强,且散热也得到了进一步的改善。

图1-8为刀片式服务器的实物外形。刀片式服务器是专门为特殊应用行业和高密度使用环境而设计的,是一种高可用、高密度的低成本服务器平台。该服务器从外观

上看是一个大型的主体机箱，其内部可以插接若干块系统母板，这些系统母板的外形如刀片一般，刀片式服务器因此而得名。这些系统母板类似于一个个独立的服务器，每块母板都有自己的运行系统。它们可以相互独立地服务于不同的用户群；也可以通过系统软件将这些系统母板（刀片式服务器）集合在一起形成服务器集群。在这种集群模式下，所有母板都可以连接起来提供高速的网络环境，共享资源，为相同的用户群服务。

刀片式服务器支持热插拔，需要提升整体性能时，可在集群中插入新的系统母板（刀片式服务器）。如果需要对某一单独系统母板（刀片式服务器）进行维护，则只需将其从系统集群中拔下，即可轻松地完成替换，降低维护的时间和成本。因此，刀片式服务器比机架式服务器更加节省空间，同时可为用户提供更加灵活、便捷的升级拓展空间。

图1-8　刀片式服务器的实物外形

图1-9为塔式服务器的实物外形。从外观上看，塔式服务器有立式和卧式两种结构。其整体外形与普通个人PC机类似。但与个人PC机相比，塔式服务器体积较大，其内部采用基板+中央处理器卡相结合的结构，具有强大的输入/输出功能。整体设计

图1-9　塔式服务器的实物外形

更加稳固，具备减震、防尘、防干扰甚至防爆的特点。在运行的稳定性方面，塔式服务器搭配更加稳定、可靠的电源，采用良好的散热设计。电路板及配件符合工业级甚至军用级生产标准。

塔式服务器通常作为入门级和工作组级服务器应用范畴，其成本较低，基本能够满足中小企业用户的需求。但其占用空间较大，管理和维修保养相对不便。

图1-10为柜式服务器的实物外形。柜式服务器是一种应用于高端环境的定制服务器。这种服务器结构通常由机架式服务器、刀片式服务器及其他辅助设备组合安装在特定的机柜中，机柜经精心设计以确保安全和散热功能。同时采用双机热备份设计以及具有完备的故障自修复能力的系统，关键部件采用冗余措施，对关键业务采用双机热备份保护，从而确保系统的绝对安全、可靠。

图1-10　柜式服务器的实物外形

### ② 工作站

工作站通常是指基于个人计算环境或分布式网络计算环境，构建的具备强大运算和处理能力的电脑系统。这类设备多应用于专业领域，如电脑辅助设计、图形图像处理、影音动画制作和科学工程运算等。

图1-11为应用于图形图像处理的工作站。这种工作站具备强大的图形图像处理能力和多任务并行处理能力，并配有高分辨率大屏或多屏显示器，主板搭载高性能CPU和大容量内存，同时配备高性能显卡和大容量外部存储，还提供多种外设接口以方便外设连接。

### ③ 家用电脑

家用电脑也称个人计算机或PC机，这类电脑是专为普通家庭用户设计的微型电脑，如图1-12所示。这类电脑主要满足用户日常的学习、娱乐和办公需求。在组装或更新时，用户可以根据个人需求选择相应的电脑配件。

图1-11 应用于图形图像处理的工作站

图1-12 家用电脑

## 1.2 电脑系统的构成

一台完整的电脑主要由硬件系统和软件系统构成。硬件系统包括外部设备和内部设备；软件系统包括操作系统和应用软件等。

## 1.2.1 电脑系统的硬件构成

图1-13为典型台式电脑系统的硬件构成。台式电脑的显示器和主机相对独立，主机背部提供各种类型的接口用于连接不同的外部设备，而主要电脑配件都安装在电脑主机之中。

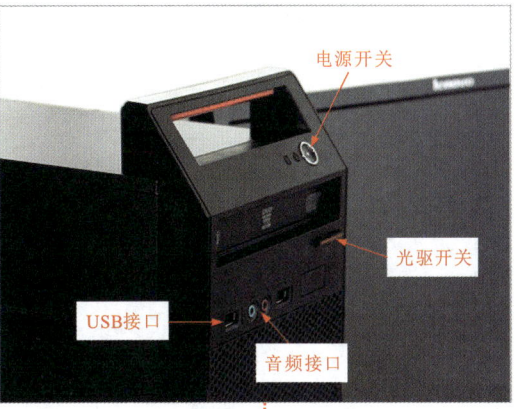
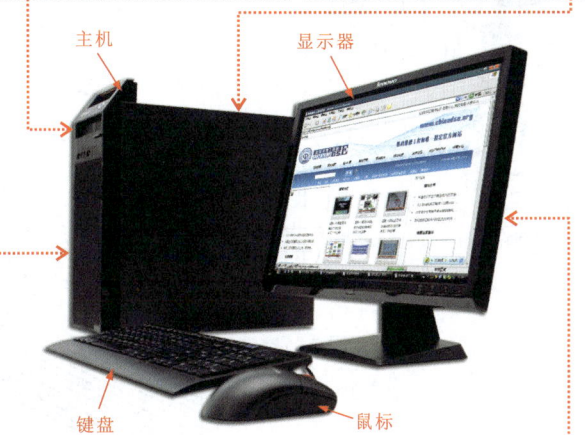

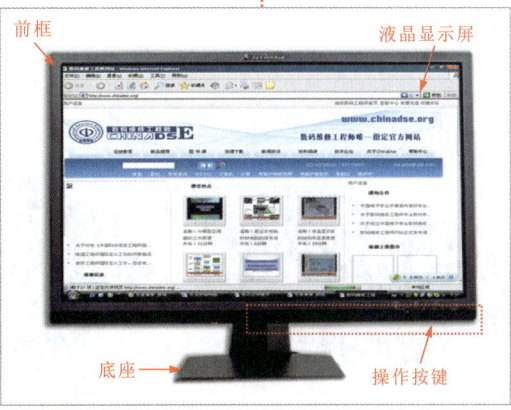

图1-13  典型台式电脑系统的硬件构成

图1-14为典型台式电脑主机（机箱）内部结构组成。主机将台式电脑的各部件和单元电路紧凑地组装成一体。从图中可以看出，主机内部主要由电源、主板、硬盘（用于存储软件系统部分）、CPU（CPU风扇）、内存、显卡、光驱等构成。

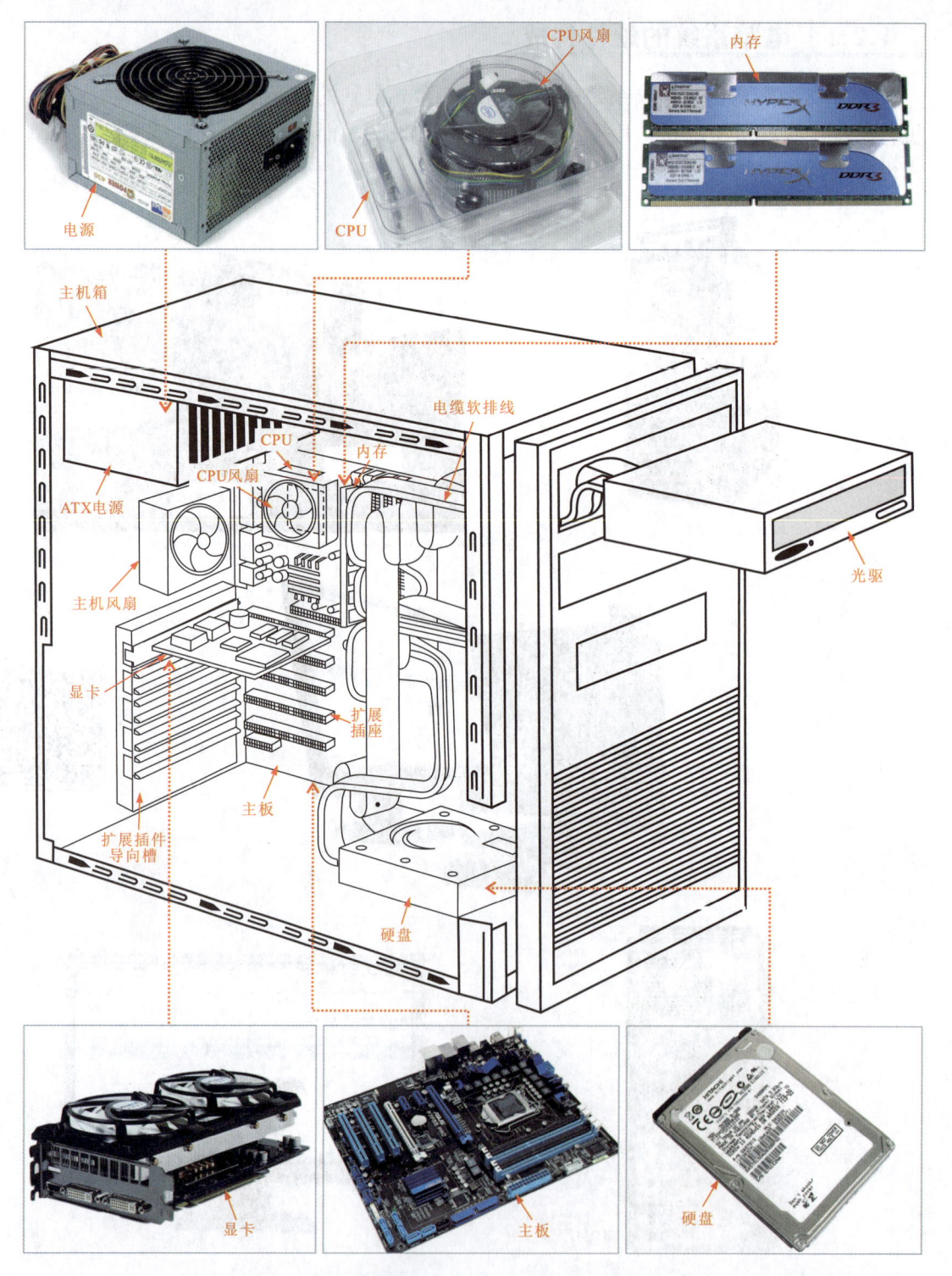

图1-14 典型台式电脑主机（机箱）内部结构组成

图1-15为典型一体机电脑的硬件构成。可以看到，一体机电脑的主机与显示器集成在了一起，主机各配件都安装在显示器内部，使得结构更加紧凑，外形也更加时尚。

图1-15 典型一体机电脑的硬件构成

## 1.2.2 电脑系统的软件构成

如图1-16所示，软件系统是电脑正常运转不可缺少的部分，一般由电脑生产厂家或专门的软件开发公司研发。软件系统按照功能特点的不同可以分为系统软件和应用软件两大类。

系统软件是控制和协调电脑及外部设备，支持应用软件开发和运行的软件，如Windows操作系统就属于系统软件。除此之外，诊断程序、控制程序、数据管理系统等也都属于系统软件。

应用软件是指用户使用程序设计语言编写的，可实现相应功能的应用程序的集合，如办公软件、网页制作软件、图形图像处理软件、动画设计软件等。

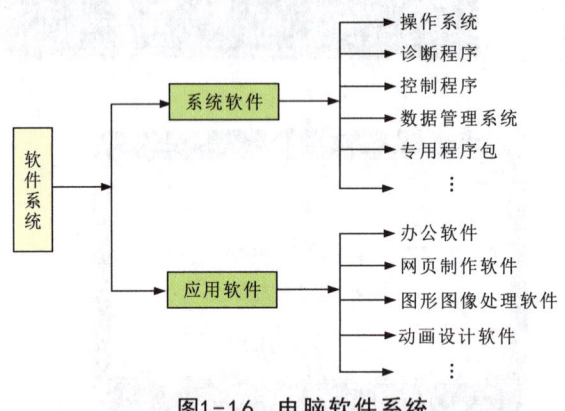

图1-16　电脑软件系统

### 1 操作系统

操作系统（Operating System，OS）控制所有在电脑上运行的程序并管理整个电脑的资源，能最大限度地发挥电脑系统各部分的作用。

从某种意义上说，操作系统是电脑硬件基础的第一层软件，它是硬件和其他软件之间沟通的桥梁。操作系统能控制管理系统资源，提供最基本的计算、管理和分配资源的功能，控制其他程序的运行。当电脑启动时，操作系统会进行包括自启动许多系统服务程序、执行安装文件系统、启动网络服务、运行预定任务在内的一系列操作。

可以说，操作系统为用户和电脑硬件之间提供了一种人机交互方式。目前在全球范围，以微软公司开发的Windows操作系统和苹果公司开发的macOS最具代表性。

Windows操作系统可以在32位和64位的Intel（英特尔）或AMD（美国超威半导体）处理器上运行，其版本会随着电脑硬件的不断升级而进行一定的更新。

图1-17为微软公司开发的Windows 11操作系统界面。

图1-17　微软公司开发的Windows 11操作系统界面

相较于更旧版本的Windows操作系统，Windows 11操作系统整体界面设计整洁、美观，同时在安全隐私、易用性、辅助功能、性能和功耗优化等方面做了优化，能够更好地适配触屏场景使用。

图1-18为苹果公司开发的macOS界面。macOS是一套运行于Macintosh系列电脑上的操作系统。macOS的界面更加友好，图形化特征十分明显，用户体验感极佳。

图1-18　苹果公司开发的macOS界面

## 2 应用软件

应用软件是在系统软件的基础上，为满足用户在不同领域、不同用途的需求，使用相应的程序设计语言开发设计的程序集合。应用软件种类多样，如办公软件、互联网软件、多媒体软件、图形图像处理软件、影音编辑软件等。

图1-19为Microsoft Office中的部分应用软件。Microsoft Office是非常具有代表性的办公类软件套装，其中包括文字编辑软件（Word）、表格制作软件（Excel）、幻灯片制作软件（PowerPoint）等。

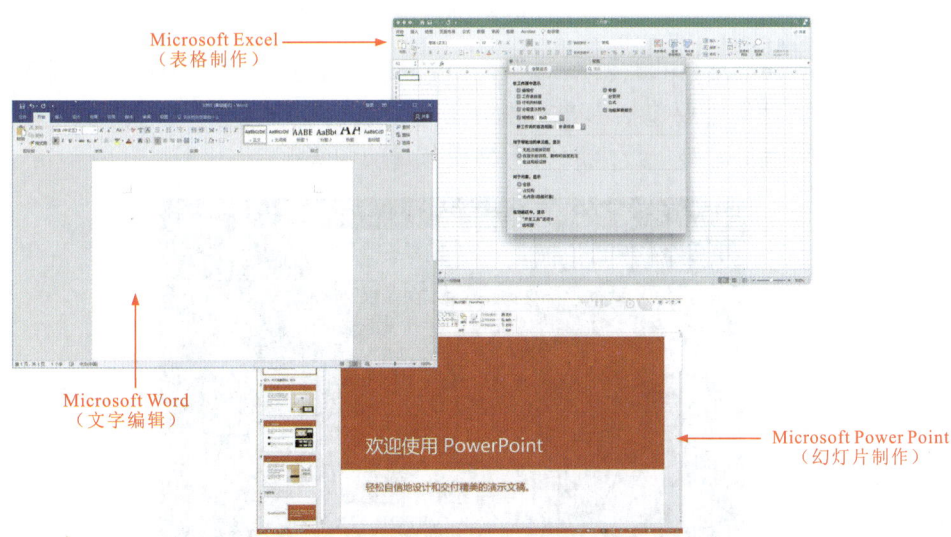

图1-19　Microsoft Office中的部分应用软件

图1-20为Photoshop图像处理软件。Photoshop简称PS，是由Adobe Systems公司开发和发行的图像处理软件。Photoshop主要处理由像素构成的数字图像（位图）。该软件功能强大，应用范围广泛，是非常具有代表性的位图处理软件。

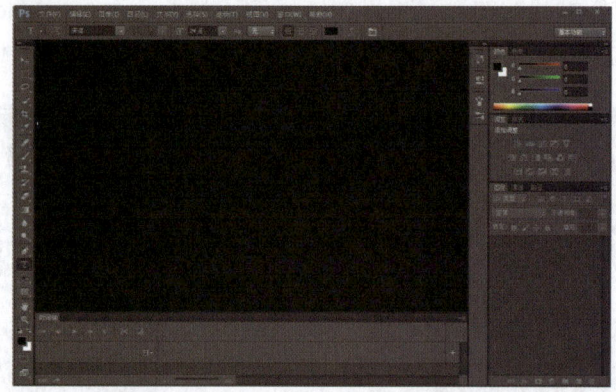

图1-20 Photoshop图像处理软件

图1-21为CorelDRAW平面设计软件。CorelDRAW是由Corel公司出品的矢量图形制作软件，为设计人员提供了矢量与网页动画设计、页面设计、网站制作、位图编辑等多种功能。

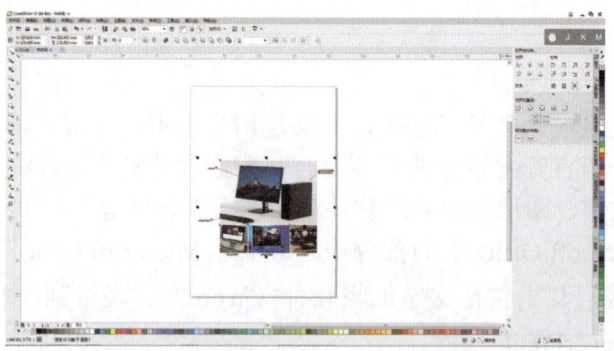

图1-21 CorelDRAW平面设计软件

图1-22为Premiere Pro影视编辑软件。Premiere Pro是一款经典的影视非线性编辑软件，该软件的功能主要包括影音剪辑、影音合成、特效处理、合成压缩，以及与线性设备的实时对接等，被广泛地应用于影视节目的剪辑制作中。

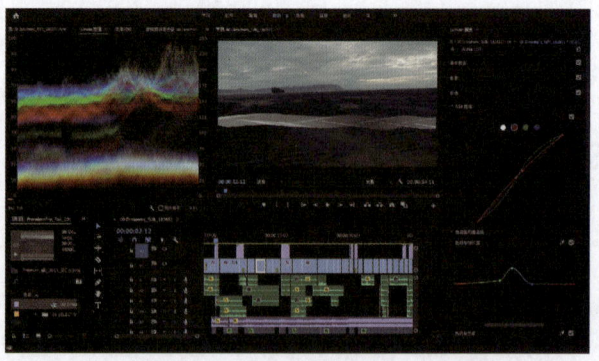

图1-22 Premiere Pro影视编辑软件

# 第2章 CPU的功能、种类与选购

## 2.1 认识CPU

### 2.1.1 CPU的功能

如图2-1所示，中央处理器（Central Processing Unit，CPU）又称微处理器，它是整个电脑系统运算和控制的核心。在电脑硬件系统中，CPU对所有硬件资源（如存储器、输入/输出单元）进行控制、调配、执行通用运算工作。

图2-1　CPU的实物外形

图2-2为CPU的功能框图。由图可知，CPU主要由总线接口、指令输入接口、指令译码器、控制单元、指令输出执行单元、逻辑运算单元和高速缓冲存储器等部分构成。CPU通过数据总线、地址总线和控制总线与外围电路相连，电源供电、复位信号、时钟信号为CPU提供必要的工作条件。电脑启动后，CPU根据程序进行数据处理、数据运算和系统控制工作。

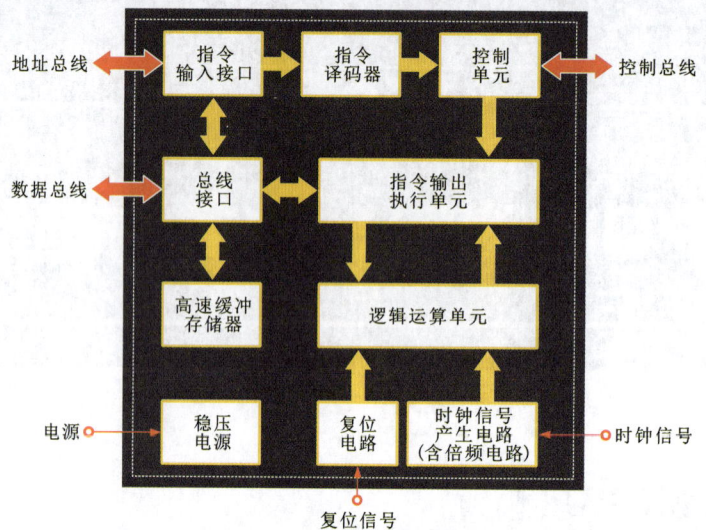

图2-2 CPU的功能框图

图2-3为CPU的内部结构。CPU从逻辑上可以划分为3个模块，即控制单元、运算单元和存储单元，这3个模块之间由CPU内部总线连接。

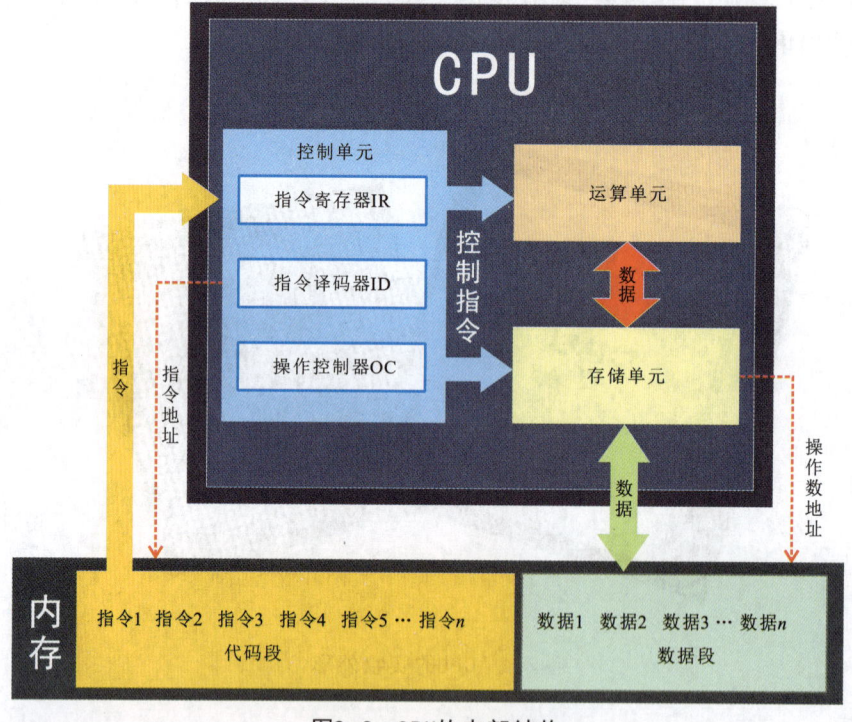

图2-3 CPU的内部结构

其中，控制单元是整个CPU的控制核心，它包括指令寄存器（Instruction Register，IR）、指令译码器（Instruction Decoder，ID）和操作控制器（Operation Controller，OC）。预先编写好的程序依次从内存中取出指令，放入指令寄存器IR中，通过指令译码器ID进行译码解析，确定要执行何种操作，然后再通过操作控制器OC，按确定的时序向相应的部件发出控制信号。

控制单元的控制指令由运算单元接收，运算单元会根据指令要求执行相应的算术运算和逻辑运算。

为了使CPU的处理速度更加高效，其内部还设有存储单元，它包括片内缓存和寄存器组，主要用于暂时存放数据。将待处理的数据和已经处理过的数据暂时存放在存储单元中，可有效减少CPU访问内存的次数，从而使CPU的运行效率大大提升。

CPU的工作与一般电路的不同之处在于CPU是按照设置好的程序进行工作的，它的工作程序保存在内存中。如图2-4所示，CPU工作时分别通过总线接口（指令总线、地址总线和数据总线）从内存中读取程序指令，并送入CPU。

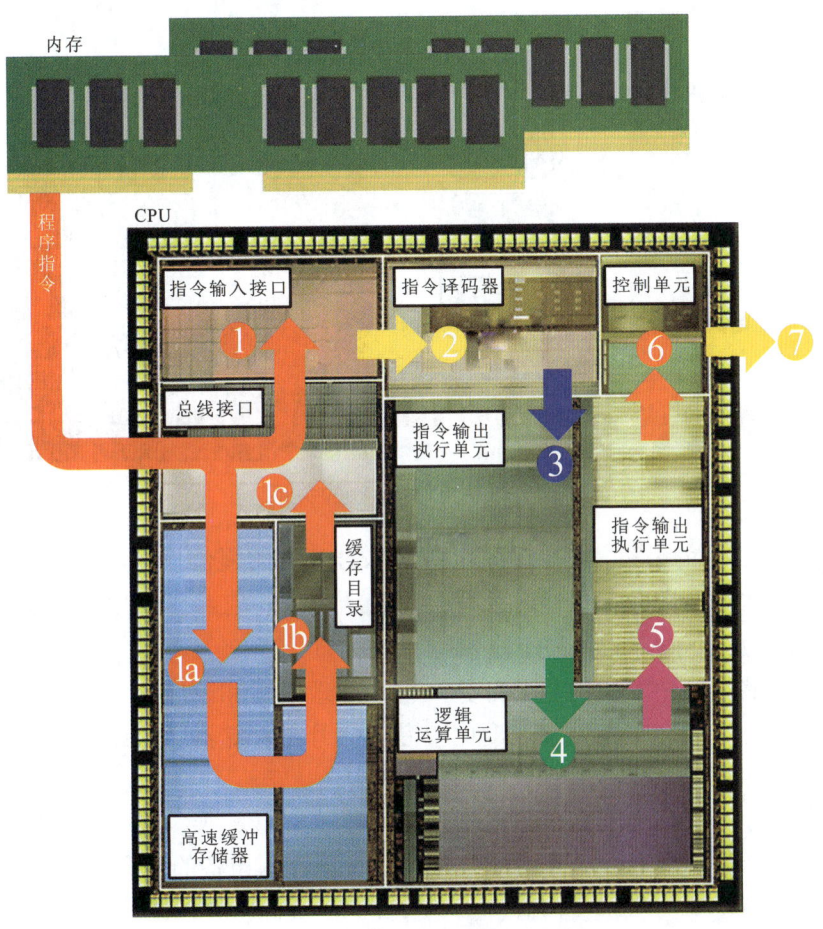

图2-4　CPU指令流程示意图

总线接口接收的程序指令送到CPU内部的指令输入接口①，为了提高CPU的运行速率，程序指令有一部分会先进入高速缓冲存储器⒜，然后经过缓存目录⒝，顺序进入指令输入接口⒞。CPU指令输入接口接收到程序指令后会进行暂存，然后顺次将程序指令送入指令译码器②。在指令译码器中进行译码操作后的程序指令，会被送到指令输出执行单元③，CPU即按照指令处理相应的工作。在执行程序指令时，逻辑运算和逻辑控制任务被送入逻辑运算单元④。逻辑运算单元完成逻辑运算和逻辑控制任务后，再将结果送回指令输出执行单元⑤，然后指令进入控制单元⑥，最后通过控制总线（总线信号）对外部的各种电路和设备进行控制⑦。

指令都是由二进制数字编码的信号构成的。例如，"00110101"这样的指令需要被译码器解读，以确定对操作对象执行怎样的处理，这一工作即"译码"，是指令译码器的任务。

CPU在工作时需要同步时钟信号（脉冲），该信号由专门的时钟信号振荡电路提供，并经过倍频电路后送入CPU。目前，大多数CPU都内置倍频电路，它可以将时钟信号进行加倍，从而提高CPU的工作速度。图2-5为时钟电路与CPU的关系。

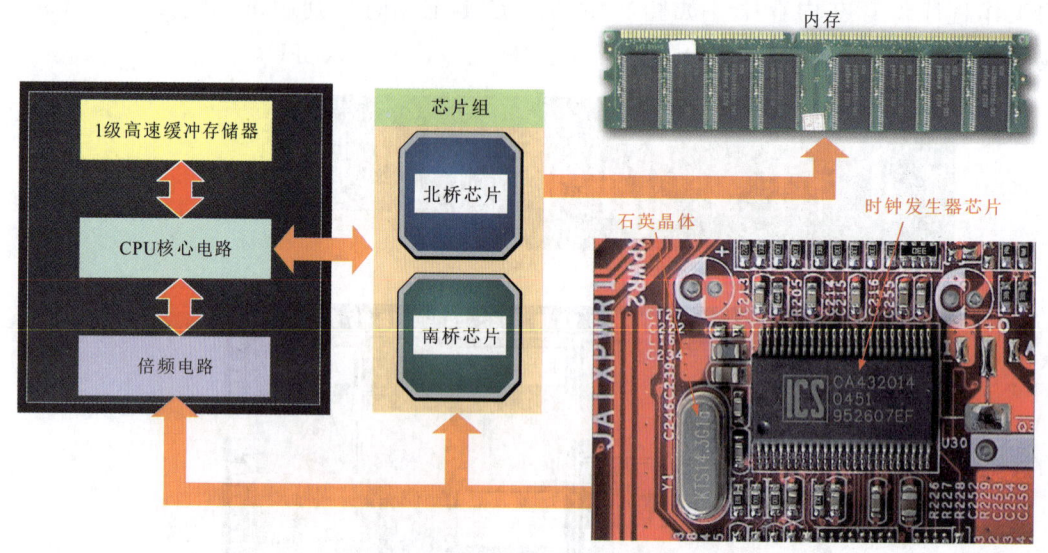

图2-5　时钟电路与CPU的关系

CPU内部设有复位电路，用于接收电源加入时产生的复位信号，使CPU初始化并处于待机状态。此外，CPU在工作时还有一个稳压电路，它将外部电源提供的电源电压进行稳压后，为CPU内部的各种电路供电。

高速缓冲存储器是CPU中的重要部分，用于处理数据和地址信号，与外部速度不同的器件进行信息交流。它使外部速度比较慢的信号在存储器中得以缓存，使其适应CPU高速工作的需要。

CPU所能执行的指令种类繁多，包括可以进行加、减、乘、除等运算指令，两个数的比较指令，从存储器中读出的指令，以及发送至外围设备的指令等。

译码器解读指令后，将指令内容送入执行单元，执行单元根据指令内容输出所要求的动作。执行单元是CPU的核心部分，其中包含移位寄存器、逻辑运算单元（ALU）等关键组件。

移位寄存器是CPU中的最高速存取存储器，用于寄存运算对象的数据内容。不同的CPU其内部移位寄存器的数量也不同，一般为8～32个。

如图2-6所示，下面通过"将100号和400号的地址中的内容相加，然后存入300号地址中"这个程序，简单讲解CPU中的移位寄存器、逻辑运算单元的工作原理。在该程序中应明确区分地址和数据的概念，其中，地址是指内存的位置，而数据是指位置中存储的内容。

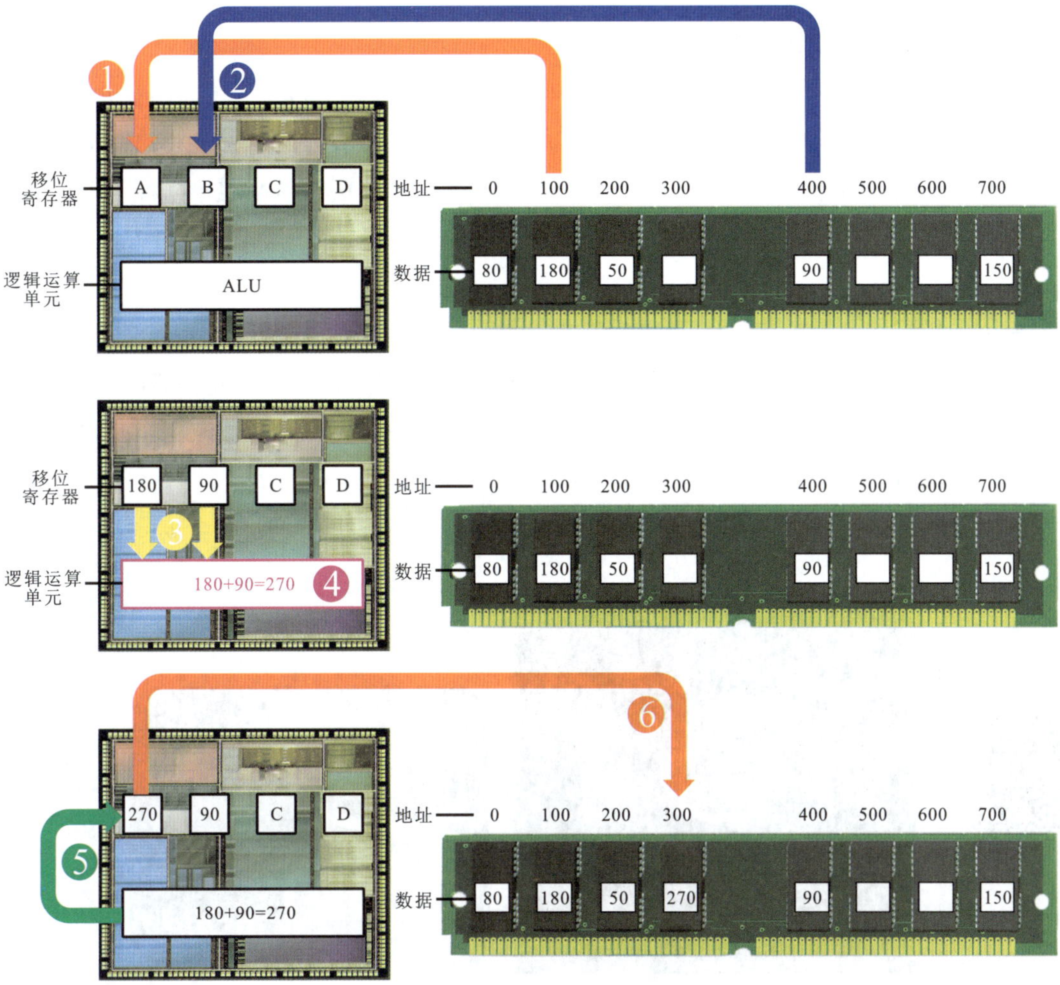

图2-6 移位寄存器的工作原理

完成"将100号和400号的地址中的内容相加，然后存入300号地址中"这个程序，CPU需要6个步骤：

①将100号地址中的数据读入移位寄存器A中；
②将400号地址中的数据读入移位寄存器B中；
③将移位寄存器A和B中的数据送入逻辑运算单元中；
④在逻辑运算单元中对送入的数据进行相加；
⑤将逻辑运算单元中得到的运算结果再送入移位寄存器A中；
⑥将移位寄存器A中的数据存入300号地址中。

从上述的步骤可知，CPU所要执行的一个程序是如此简单，但要做一项完整的工作，实际上需要成千上万条这些简单的程序组合起来。由于CPU的工作速度非常快，因此，处理很复杂的工作也很容易完成。

对移位寄存器中的数据进行处理的电路是算术运算单元，该单元能够进行整数的四则运算或逻辑运算，以及数据比较等。但是算术运算单元不能进行小数的运算，小数运算是由专门的浮点小数运算单元完成的。

## 2.1.2 CPU的种类

电脑的CPU是统管并协调电脑各部分运行工作的核心部件，其性能的好坏直接影响电脑整体性能和工作效率。为了适应不同用户的需求，CPU的生产厂商也推出了适应不同运行环境的CPU产品。在众多CPU厂商中，以Intel和AMD两大品牌最具代表性。

### 1 Intel的CPU

Intel公司是全球知名的半导体芯片制造商。Intel的CPU大体可以分成Celeron（赛扬）系列、Pentium（奔腾）系列、Core（酷睿）系列、Atom（凌动）系列和Xeon（至强）系列。

如图2-7所示，Atom系列CPU多应用于笔记本产品。

图2-7 典型的Atom系列CPU及产品标识

如图2-8所示，Xeon系列CPU专为服务器设计。

图2-8 典型的Xeon系列CPU及产品标识

如图2-9所示，Celeron系列CPU和Pentium系列CPU更多地面向低端产品。

图2-9 典型的Celeron系列CPU和Pentium系列CPU

目前，Core系列CPU是市场最主流的高性能处理器。自2008年Core i系列诞生，2009年推出第一代Core i系列CPU至今，Core i系列一直保持每年更新一代的节奏。

图2-10为典型的Intel Core系列产品。

第10代 Core i3处理器　　　　　　第12代 Core i5处理器

第12代 Core i7处理器　　　　　　第10代 Core i9处理器

图2-10 典型的Intel Core系列产品

按照i的级数，Core处理器分为Core i3、Core i5、Core i7和Core i9四个品类。其中，Core i3主要面向大众需求，其性能和价格与其他三类产品相比明显较低；Core i5属于主流产品，是使用率很高的一款产品；Core i7则面向中高端市场，是商务办公的主要选择对象；Core i9性能最佳，价格也相对较贵，主要面向高端市场，其运算速度和处理能力相较其他三类产品有着显著的提升。

### 2 AMD的CPU

AMD公司是继Intel公司后，另一大专门研发微处理器的生产厂商。如果说专业、稳定是Intel CPU的特点，那么具备良好的超频功能和相对低廉的价格则是AMD CPU所具备的主要特征。另外，与Intel CPU相比，AMD CPU在多核心、多线程方面的性能更加突出，其内置核心显卡在图像性能上的表现力也更加出色。

AMD CPU大体可以分为Turion（炫龙）系列、Opteron（皓龙）、Sempron（闪龙）系列、Athlon（速龙）系列、Phenom（弈龙）系列、Athlon FX（速龙FX）系列和Ryzen（锐龙）系列。

图2-11为典型的Turion CPU的实物外形，该类型的CPU多应用于早期的笔记本电脑等便携式移动设备。

图2-11 典型的Turion CPU的实物外形

图2-12为典型的Opteron CPU的实物外形，该类型的CPU多服务于早期工作站或服务器等高端电脑设备。现已被EPYC CPU取代。

图2-12 典型的Opteron CPU的实物外形

图2-13为典型的Sempron CPU的实物外形。Sempron系列CPU与Intel的Celeron系列CPU属于同级别产品，多面向低端设备。

图2-13 典型的Sempron CPU的实物外形

Athlon系列、Phenom系列以及Athlon FX系列CPU在过去的20年里相继成为AMD的主要产品。2016年，AMD摆脱了追随Intel CPU的命名规则，推出了全新的处理器架构（Zen），并在同年12月，发布了基于该架构的CPU品牌Ryzen。对应Intel的Core系列，Ryzen是目前AMD针对桌面市场的主流微处理器产品系列。

Ryzen处理器可以分为三个不同的系列，即Ryzen、Ryzen Pro（锐龙Pro）和Ryzen Threadripper（锐龙线程撕裂者）。Ryzen是目前AMD最主流的桌面级CPU产品；Ryzen Pro更多地面向商业用户，如一些专业性强的品牌机和笔记本电脑；Ryzen Threadripper则面向发烧级用户，多应用于诸如动画设计、非编工作站等领域。

如图2-14所示，Ryzen CPU针对不同用途的需求，也有不同等级的划分。即R3（低端）、R5（中端）、R7（高端）、R9（旗舰），该等级划分类似于Intel Core系列CPU的i3、i5、i7、i9。

AMD Ryzen 第3代R3 CPU

AMD Ryzen 第3代R7 CPU

图2-14 常见的AMD Ryzen系列CPU

AMD Ryzen 第5代R9 CPU　　　　　　AMD Ryzen 第7代R9 CPU

图2-14　常见的AMD Ryzen系列CPU（续）

> **补充说明**
>
> Ryzen CPU第1代所支持的微架构是Zen；Ryzen CPU第2代所支持的微架构是Zen+；Ryzen CPU第3代所支持的微架构是Zen2；Ryzen CPU第4代所支持的微架构是Zen3；Ryzen CPU第5代所支持的微架构是Zen3+；Ryzen CPU第6代所支持的微架构是Zen4。

## 2.2　CPU的选购

### 2.2.1　CPU的性能参数

CPU的性能参数客观地反映了CPU的性能。不同品牌、不同型号的CPU，其性能上的优劣差异可以从CPU的性能参数中得到直观了解。因此，CPU的性能参数也是选配CPU时重要的参考依据。

其中，CPU的位（字长）、频率、核心、线程、缓存是选配CPU时需要重点参考的性能参数。

**1　位**

在数字电路中，二进制代码只有"0"和"1"，而一个二进制代码就被称为1位（二进制位）。通常，一个英文字符用8个二进制位表示，这个8位二进制数就被称为1字节。对于CPU而言，单位时间内一次处理的二进制数的位数被称为字长。例如，某CPU被称为8位CPU，则意味着该CPU在单位时间内一次能够处理字长为8位的数据，即1字节；同理，64位CPU则意味着它在单位时间内一次能够处理字长为64位的数据，即8字节。

**2　频率**

CPU的频率就是CPU的时钟频率，是指CPU运算时的工作频率，基本单位是Hz。该参数直接反映了CPU的运算速度。CPU的频率又可以细分为主频、外频和倍频。

### 1 主频

主频是指CPU的时钟频率。简单来说，CPU内部在1s内所能产生的脉冲信号数量就是该CPU的频率。例如，某CPU频率为4.5GHz，则说明该CPU每秒可以产生45亿个脉冲信号。这个频率就是CPU的主频。

### 2 外频

外频是指CPU的外部时钟频率。通俗地讲，可以理解为CPU与主板交互的速度。该频率由主板提供，也就是说CPU会以这个频率与系统其他配件进行数据沟通。因此，外频也被称为系统总线频率。

### 3 倍频

倍频是指CPU外频与主频之间存在的倍数比例关系。早期，CPU的内部频率和外部频率是相同的，没有倍频的概念。随着技术的不断进步，CPU的运算速度越来越快，倍频技术应运而生。它最大的作用就是能够使系统总线工作在相对较低的频率上，而CPU速度依然能够得到提升。

主频、外频和倍频的关系：主频=外频×倍频。

> **补充说明**
>
> 图2-15为第13代Intel Core i7 CPU的宣传资料，其中提到睿频频率至高可达5.4GHz。这里所提到的睿频，其实是加速频率的概念。睿频技术是指CPU在应对复杂应用时可以自动提高运行的主频，最大限度地提升性能来匹配工作负载，以轻松应对更高的多任务处理。因此，睿频代表了CPU的实际满载性能。
>
>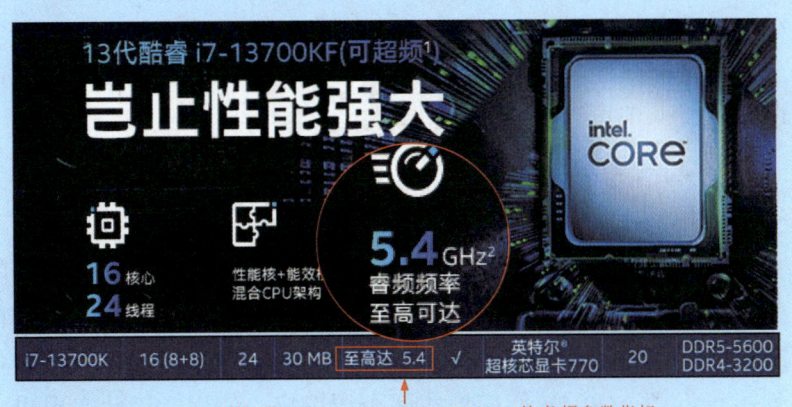
>
> 图2-15 第13代Intel Core i7 CPU的宣传资料

### 3 核心

核心就是CPU的内核。CPU的核心数量（简称CPU核数）也是CPU性能的重要参考依据。CPU所有的计算、接收/存储指令、处理数据都由内核执行。单核CPU表示CPU核数只有1个，而4核CPU则表示CPU核数有4个。

从Intel第12代CPU开始，推出了大小核设计理念。CPU封装中包含了两种不同的内核，即CPU的核心采用性能核P-Cores（简称P核）和能效核E-Cores（简称E核）混合架构。图2-16为第13代16核Intel Core i7 CPU的宣传资料。

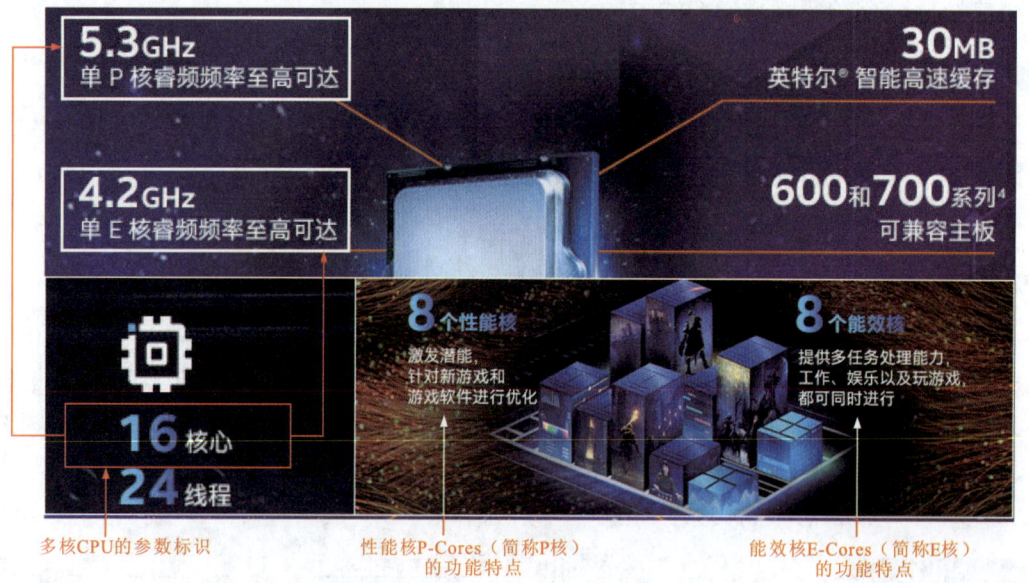

图2-16 第13代16核Intel Core i7 CPU的宣传资料

其中，P核是CPU最强的核心，它强化了单线程处理能力，通常会处理掉大部分较为繁重的运算。E核的主要任务是对多线程性能的优化，提高并行效率、协调整体能耗。可以处理多核工作负载和其他类型的后台任务。

这种设计在保证单核性能出色的前提下，带来了更多的核心和线程数量，多核性能提升非常明显。

### 4 线程

线程是操作系统能够进行运算调度的最小单位，即在进程中并行工作的分支。早期，CPU核数与线程数是对应的，即一个核心能运行一个线程。如果是4核CPU，则意味着能同时运行4个线程。后来，Intel公司率先推出了超线程技术。这种技术可以通过特殊的硬件指令将一个CPU核心模拟成两个逻辑核心使用，以此实现更多线程的并行处理，大大提升运算效率。因此，超线程技术可以为高速的运算核心准备更多的待处理数据，减少运算核心的闲置时间。

### 5 缓存

缓存（Cache Memory）是位于CPU与内存之间的临时存储器。缓存的参数也是衡量CPU性能的一项重要指标。

通常，电脑的程序和数据都存储在硬盘中，当执行程序时，相应的程序数据会暂存到内存中，再由CPU调取完成运算。然而，内存和硬盘的数据存取速度与CPU相比会慢很多，每执行一条程序都要等待内存或硬盘读取，会严重影响机器运行速度。

因此，为了解决这一问题，CPU都会在芯片内部开辟出缓冲存储器（简称缓存），缓存的数据读取速度要比内存快很多。程序执行时，CPU会将待调用的数据存入缓存，然后直接从缓存中读取，这样可以大大提升工作效率。但由于制造工艺和制造成本的限制，与内存相比，缓存的容量一般很小。早期的CPU只设有内部缓存和外部缓存。现在的CPU则设有L1 Cache（一级缓存）、L2 Cache（二级缓存）和L3 Cache（三级缓存）。三个缓存之间的读取速度逐级递减，但容量逐级递增。

图2-17为缓存和CPU的关系。原则上，CPU缓存的容量越大越好。

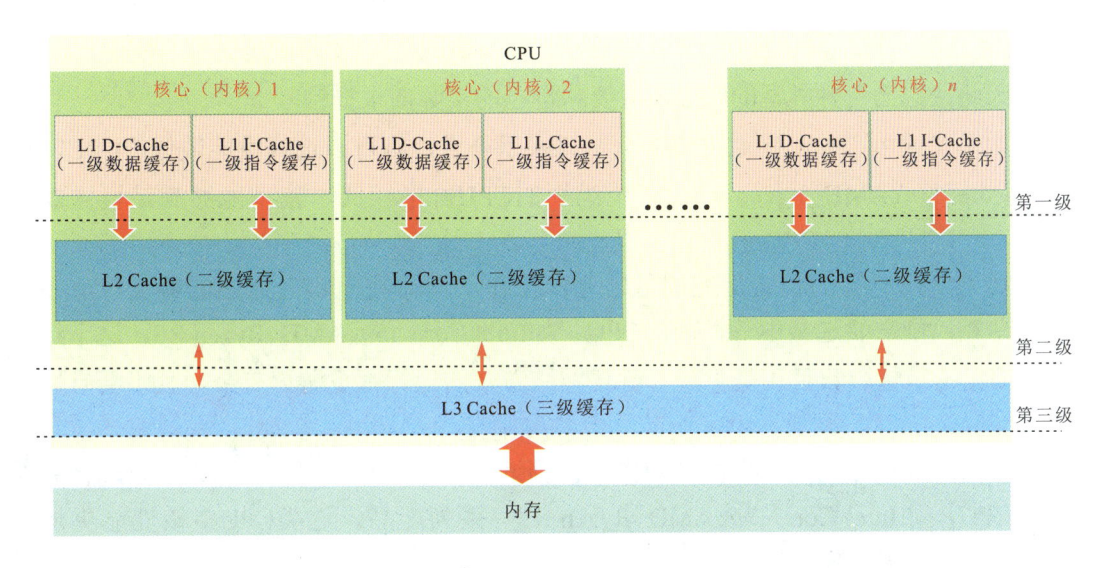

图2-17 缓存和CPU的关系

### 1 L1 Cache

L1 Cache位于CPU内核的旁边，是CPU的第一层高速缓存。它分为一级数据缓存（Data Cache，简称D-Cache）和一级指令缓存（Instruction Cache，简称I-Cache）。L1 Cache缓存结构复杂，且受CPU核心面积和制造成本的限制，其容量在三个缓存中最小。

### 2 L2 Cache

L2 Cache是CPU的第二层高速缓存，它分为内部和外部两种芯片。内部芯片二级缓存的运行速度与CPU主频相同，而外部芯片二级缓存的运行速度只有CPU主频的一半。

### 3 L3 Cache

L3 Cache是CPU的第三层高速缓存，其由CPU多个核心共享。与前两级缓存相比，L3 Cache的容量最大，但速度也相对最慢。

## 2.2.2 选购CPU的注意事项

CPU是电脑的核心部件,在选配CPU时,应首先明确用途,并结合预算进行合理、科学的选配。

**1 选择Intel还是AMD**

首先,选购CPU面对的最直接的一个问题就是选择哪个品牌的CPU。其实,就目前技术的发展而言,Intel和AMD的CPU在技术上并没有非常明显的差距。只是从发展历史和用户使用习惯上看,Intel的用户喜爱度仍然占很大的比例。但从专业技术层面来说,AMD高端产品的多核性能更加突出,而Intel的CPU在单核性能上的表现更加优异。

因此,选购何种类型的CPU还需要和自己的实际需求挂钩。

如果仅使用电脑来满足日常的上网、娱乐需求,则可以选择性能较低的CPU,如Intel Core i3或AMD Ryzen R3。这个级别的CPU价格较低,基本能够满足日常娱乐需求。

如果使用电脑的目的是完成日常基本工作,同时在闲暇之余还能够支持流畅的网络游戏,则需要选择中等性能的CPU,如Intel Core i5或AMD Ryzen R5。这个级别的CPU无论是核心数目还是主频,胜任网络游戏的运行都更游刃有余,且不会有性能瓶颈。

如果需要电脑完成图形图像制作、视频编辑等更加专业的工作,则需要选择高性能的CPU,如Intel Core i7或AMD Ryzen R7等系列产品。这类CPU多核性能更加突出,能够大幅提升工作效率。

如果需要电脑完成更复杂的电脑工程设计、三维动画制作或更高端的游戏体验,则可以搭配诸如Intel Core i9或AMD Ryzen R9等级别的CPU产品。

**2 选择什么型号**

CPU规格多样,型号更是繁多。以Intel Core系列CPU为例,目前已经开发到第13代,每一代又包括4个品类,每个品类可能有带核显和不带核显的区分。因此,在选购时一定要认真比对所选购CPU的性能参数。另外,为了便于用户选择CPU产品,很多电脑网站或专业评测机构(个人)都会根据CPU的性能指标评测出优劣排名,制作成CPU天梯图供用户参考,帮助用户快速、客观地分析、选购CPU。

图2-18为一张2022年的CPU天梯图。天梯图将CPU按照性能高低进行排列,对当前销售的主流CPU进行了排名。天梯图中间的彩色渐变竖条里的数字是对应CPU性能给出的评测分数,分数越高,性能越好。用户可以方便对比不同CPU之间的打分情况,客观、快速地选择出想要的CPU产品。

第2章　CPU的功能、种类与选购

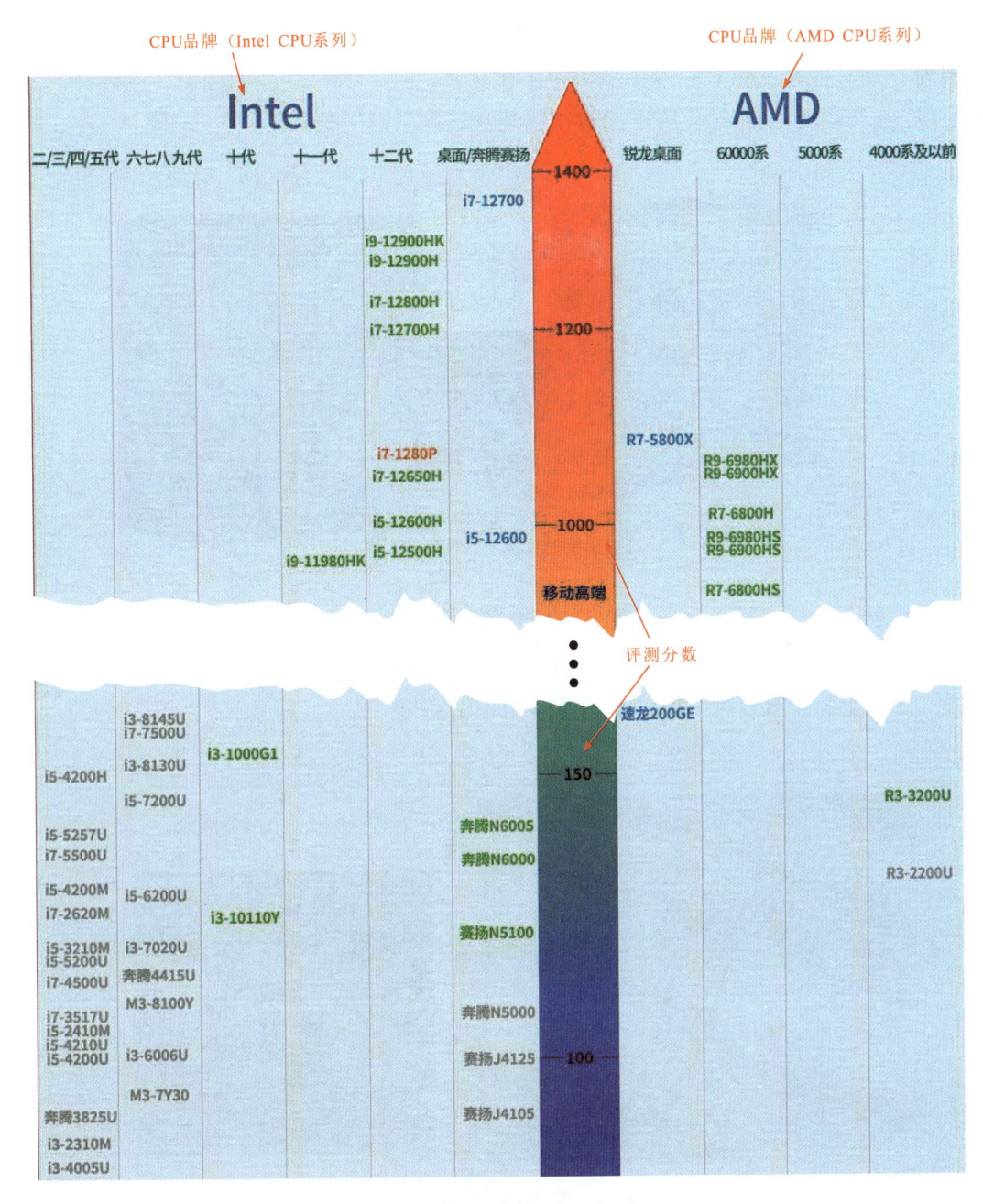

CPU品牌（Intel CPU系列）　　　　　　　　　　CPU品牌（AMD CPU系列）

图2-18　CPU天梯图（2022版）

## 3　选择盒装还是散装

目前，市面上销售的CPU分为盒装CPU和散装CPU。原则上，出于销售策略，盒装CPU主要供应给零售市场，散装CPU则主要提供给品牌机厂商。但受销售成本的影响，用户在市面上都可买到盒装CPU或散装CPU。

通常，盒装CPU是将CPU芯片和专业配备的CPU散热风扇集成封装在一起销售，这类CPU的质保期一般为三年。

图2-19为盒装CPU的实物外形。从图中可以看到CPU的包装完整、字迹工整、印刷清晰、封装良好。CPU标识条形码位于包装盒右侧，为了让CPU标识条形码能够清晰展现，塑料封装纸的封装线不能封在包装盒右侧条形码处。

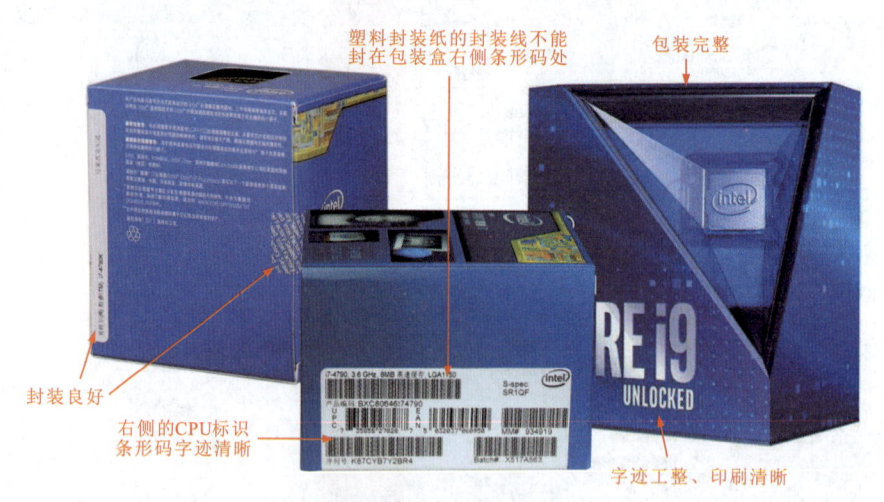

图2-19　盒装CPU的实物外形

图2-20为散装CPU的实物外形。散装CPU没有密封的良好包装，仅仅是散片简易包装，且不配备专用散热风扇，质保期多为一年。

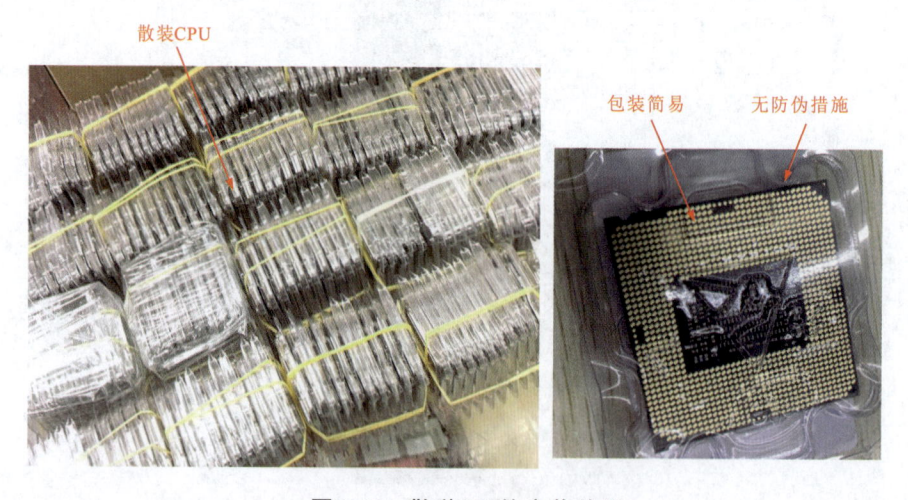

图2-20　散装CPU的实物外形

理论上讲，盒装CPU和散装CPU在品质上是没有区别的，但盒装CPU的价格比散装CPU高很多。

如果是普通用户，建议选择盒装CPU。这类CPU的真伪较容易判别，用户可通过外包装的品质及防伪标识进行判别。

由于散装CPU包装形式过于简单，而且受利益的驱使，会有一些不良商家以次充好、以旧充新。因此，选购散装CPU需要有丰富的经验，否则有可能会买到次品。建议用户尽可能在正规平台购买产品。

## 4 识读CPU编号

能够准确识读CPU编号是选购CPU的基础。在CPU编号中有该CPU的核心数据信息。通过识读CPU编号可以快速获取该CPU的性能指标信息。

### 1 Intel CPU的编号识读

Intel CPU的编号通常会印在CPU产品的外包装盒和CPU芯片的表面。

图2-21为典型Intel Core系列CPU的编号规则。Intel Core系列CPU采用字母+数字组合排列的方式进行编号。该编号由三部分构成，第一部分表示CPU的品牌和系列名称；第二部分表示CPU系列等级；第三部分由几个数字和字母后缀组合而成，该部分标识CPU的具体参数。

CPU的具体参数中，第一个数字（或前两个数字）表示CPU的代级，后面三位数字表示CPU的型号代码（SKU编号）。一般来说，型号代码（SKU编号）数字越大，表示CPU频率越高、性能越强。

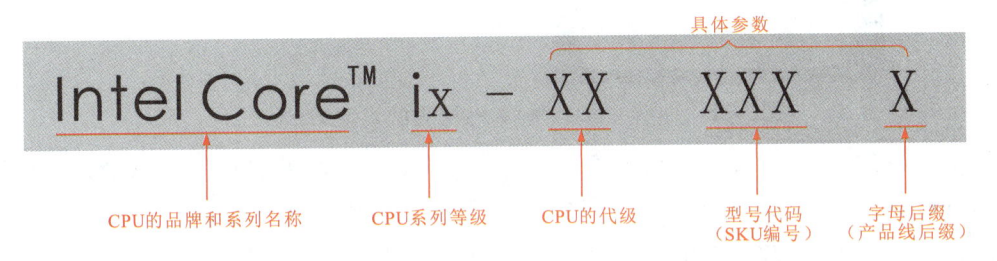

图2-21 典型Intel Core系列CPU的编号规则

数字后面的字母后缀，即产品线后缀，用字母标识，不同的字母代表了不同的含义。表2-1为Intel Core系列CPU字母后缀表示含义对照表。

表2-1 Intel Core系列CPU字母后缀表示含义对照表

| 字母后缀 | 表示含义 |
| --- | --- |
| K | 未锁频，可超频 |
| U | 超低功耗（Ultra-low Power） |
| H | 高性能版本（High Performance） |
| HQ | 高性能4核（多在第7代之前使用，重点表示4核处理器，第8代之后取消） |
| Y | 极致低功耗（Extremely-low Power） |
| HK | 高性能且未锁频 |
| T | 低功耗 |
| G | 封装中带有集成的独立显卡 |
| MX | 移动式至尊版本（见于第4代） |
| MQ或QM | 移动式四核（见于第4代之前） |
| S | 性能优化（特别版） |
| M | 移动式 |
| R | 带高性能显核（Iris）的移动式封装 |

续表

| 字母后缀 | 表示含义 |
| --- | --- |
| C | 未锁频台式，带高性能显卡（第5代） |
| X | 极限版（性能更强） |
| φ | 需要独立显卡 |
| XE | 顶级产品 |

图2-22为Intel Core系列CPU编号的识读案例。

图2-22　Intel Core系列CPU编号的识读案例

该CPU编号为"Intel Core i9-10850K"。由"Intel Core i9"可知，该CPU是Intel公司的Core i9处理器；后面数字部分的"10"表示这是第10代处理器；"850"是这款CPU的型号代码；"K"表示未锁频（Unlock）。也就是说，这是第10代Intel Core i9处理器，该CPU支持超频功能。

### ② AMD CPU的编号识读

AMD CPU的编号通常会印在CPU产品的外包装盒和CPU芯片的表面。

图2-23为典型AMD Ryzen系列CPU的编号规则。AMD Ryzen系列CPU采用字母+数字组合排列的方式进行编号。该编号由三部分构成，第一部分表示CPU的品牌和系列名称；第二部分表示CPU系列等级；第三部分由几个数字和字母后缀组合而成，该部分标识CPU的具体参数。

其中，第一个数字表示CPU的代级，后面三位数字表示CPU的型号代码（SKU编号）。一般来说，型号代码（SKU编号）数字越大，表示CPU频率越高、性能越强。数字后面的字母后缀即产品线后缀，用字母标识，不同的字母代表了不同的含

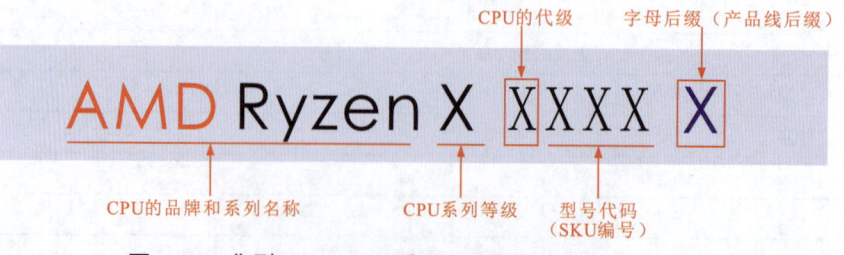

图2-23　典型AMD Ryzen系列CPU的编号规则

义。表2-2为AMD Ryzen系列CPU字母后缀表示含义对照表。

表2-2 AMD Ryzen系列CPU字母后缀表示含义对照表

| 字母后缀 | 表示含义 |
| --- | --- |
| K | 未锁频,可超频 |
| E | 低功耗版本 |
| X | 支持完整自动超频(类似Intel的睿频) |
| B | 特指APU的超低功耗商务版本 |
| M | APU的移动版 |
| G | 集成Vega核显,可不插显卡独立工作 |
| XT | 官方优选型号 |
| WX | 工作站 |

图2-24为AMD Ryzen系列CPU编号的识读案例。

图2-24 AMD Ryzen系列CPU编号的识读案例

该CPU编号为"AMD Ryzen 9 7900X"。由"AMD Ryzen"可知,该CPU为AMD Ryzen系列CPU;后面数字部分的"9"表示这是Ryzen R9处理器;"7900"第1个数字是7,表示这是AMD第7代处理器;字母"X"表示该CPU支持完整自动超频功能。

> **补充说明**
>
> 图2-25为早期AMD CPU的编号规则。
> 第一部分通常由三个字母组成,这三个字母表示CPU的所属类型。其中,"SDA"表示低端的Sempron系列;"ADA"表示高端的Athlon 64系列;"ADA(X2)"表示双核心Athlon 64 X2系列。
> 第二部分是由四位数字组成的代码(PR标称值),表示CPU的速度档次。该数值反映了CPU性能的优劣,但并不是CPU的频率值。通常,该数值越高,性能相对越优。
> 第三部分是CPU针脚数量及封装形式的代码,用一个字母标识。表2-3为AMD CPU针脚数量及封装形式的代码对照表。

**AMD Sempron**
**SDA 2500 A I O 3 BX**

- CPU针脚数量及封装形式代码（A：表示Socket754针，普通封装形式）
- CPU核心工艺信息代码
- CPU类型
- PR标称值（CPU速度档次）
- CPU核心工作电压代码（I：表示工作电压1.4V）
- CPU耐温极限代码（O：表示耐温最高不超过69℃）
- CPU二级缓存容量代码（3：表示二级缓存容量为256KB）

图2-25　早期AMD CPU的编号规则

表2-3　AMD CPU针脚数量及封装形式的代码对照表

| 代码 | 针脚数量 | 封装形式 |
| --- | --- | --- |
| A | Socket754针 | 普通封装 |
| B | Socket754针 | 金属外壳封装 |
| D | Socket939针 | 金属外壳封装 |
| I | Socket940针 | 金属外壳封装 |

第四部分是CPU核心工作电压的代码，用一个字母标识。表2-4为AMD CPU核心工作电压的代码对照表。

表2-4　AMD CPU核心工作电压的代码对照表

| 代码 | A | C | E | I | K | M | O | Q | S |
| --- | --- | --- | --- | --- | --- | --- | --- | --- | --- |
| 核心工作电压 | 1.35~1.4V | 1.55V | 1.5V | 1.4V | 1.35V | 1.3V | 1.25V | 1.2V | 1.15V |

第五部分是CPU耐温极限的代码，用一个字母标识。表2-5为AMD CPU耐温极限的代码对照表。

表2-5　AMD CPU耐温极限的代码对照表

| 代码 | 耐温极限 |
| --- | --- |
| A | 不确定温度 |
| I | 最高不超过63℃ |
| K | 最高不超过65℃ |
| M | 最高不超过67℃ |
| O | 最高不超过69℃ |
| P | 最高不超过70℃ |
| X | 最高不超过95℃ |
| Y | 最高不超过100℃ |

第六部分是CPU二级缓存容量的代码，用一个数字标识。表2-6为AMD CPU二级缓存容量的代码对照表。

表2-6　AMD CPU二级缓存容量的代码对照表

| 代码 | 2 | 3 | 4 | 5 | 6 |
|---|---|---|---|---|---|
| 二级缓存容量 | 128KB | 256KB | 512KB | 1MB | 2MB |

第七部分是CPU核心工艺信息的代码，用两个字母标识。表2-7为AMD CPU核心工艺信息的代码对照表。

表2-7　AMD CPU核心工艺信息的代码对照表

| 代码 | 核心工艺信息 |
|---|---|
| AD | CPUID：Model4 ES；C0步进版本；0.13μm制造工艺；Sledgehammer核心 |
| AG | CPUID：Model5（max.1CPU）；B3步进版本；0.13μm制造工艺；Sledgehammer核心 |
| AH | CPUID：Model5（max.2CPU）；B3步进版本；0.13μm制造工艺；Sledgehammer核心 |
| AI | CPUID：Model5（max.8CPU）；B3步进版本；0.13μm制造工艺；Sledgehammer核心 |
| AK | CPUID：Model5（max.1CPU）；C0步进版本；0.13μm制造工艺；Sledgehammer核心 |
| AL | CPUID：Model5（max.2CPU）；C0步进版本；0.13μm制造工艺；Sledgehammer核心 |
| AM | CPUID：Model5（max.8CPU）；C0步进版本；0.13μm制造工艺；Sledgehammer核心 |
| AP | CPUID：Model4（max.1CPU）；P过渡版本；0.13μm制造工艺；Clawhammer核心 |
| AR | CPUID：Model4（max.1CPU）；CG步进版本；0.13μm制造工艺；Clawhammer核心（如果CPU为512KB缓存，则为Newcastle核心） |
| AS | CPUID：Model7（max.1CPU）；CG步进版本；0.13μm制造工艺；Clawhammer核心（如果CPU为512KB缓存，则为Newcastle核心） |
| AT | CPUID：Model5（max.1CPU）；CG步进版本；0.13μm制造工艺；Sledgehammer核心 |
| AU | CPUID：Model5（max.2CPU）；CG步进版本；0.13μm制造工艺；Sledgehammer核心 |
| AV | CPUID：Model5（max.8CPU）；CG步进版本；0.13μm制造工艺；Sledgehammer核心 |
| AW | CPUID：Model F（max.1CPU）；CG步进版本；0.13μm制造工艺；Newcastle核心 |
| AX | CPUID：Model C（max.1CPU）；CG步进版本；0.13μm制造工艺；Newcastle核心（如果是Sempron CPU，则采用Paris核心） |
| AY | CPUID：Model C（max.1CPU）；CG步进版本；0.13μm制造工艺；Dublin核心 |
| BA | CPUID：Model F1（max.1CPU）；D0步进版本；0.13μm制造工艺；Oakville核心 |
| BI | CPUID：Model F1（max.1CPU）；D0步进版本；0.09μm制造工艺；Winchester核心 |
| BL | CPUID：Model 25（max.2CPU）；E4步进版本；0.09μm制造工艺；Troy核心 |
| BM | CPUID：Model 25（max.8CPU）；E4步进版本；0.09μm制造工艺；Athens核心 |
| BN | CPUID：Model 27（max.1CPU）；E4步进版本；0.09μm制造工艺；San Diego核心 |
| BP | CPUID：Model 2F（max.1CPU）；E3步进版本；0.09μm制造工艺；Venice核心 |
| BV | CPUID：Model 23；E4步进版本；0.09μm制造工艺；Manchester核心 |
| BO | CPUID：Model C（max.1CPU）；E3步进版本；0.09μm制造工艺；Palermo核心 |
| BS | CPUID：Model 25（max.8CPU）；E1步进版本；0.09μm制造工艺；Egypt核心 |
| BU | E6步进版本；0.09μm制造工艺；Newark核心 |
| BW | E6步进版本；0.09μm制造工艺；Venice核心 |
| BX | CPUID：Model C（max.1CPU）；E6步进版本；0.09μm制造工艺；Georgetown核心（如果是Sempron CPU，则采用Palermo核心） |
| CC | CPUID：Model 23；E6步进版本；0.09μm制造工艺；Italy核心 |
| CB | CPUID：Mode23（max.2CPU）；E6步进版本；0.09μm制造工艺；Italy核心 |
| CD | CPUID：Model 23；E6步进版本；0.09μm制造工艺；Toledo核心（如果是Opteron CPU，则采用Denmark核心） |
| LA | CPUID：Model 4（max.1CPU）；CG步进版本；0.13μm制造工艺；Roma核心 |
| LD | E5步进版本；0.09μm制造工艺；Lancaster核心 |

# 第3章 主板的结构、种类与选购

## 3.1 认识主板

### 3.1.1 主板的结构

电脑主板又称为母板,其中安装了电脑系统中的主要芯片、扩展卡和接口电路。几乎所有的电脑硬件都通过主板承插、连接。因此,主板的性能直接影响整个电脑系统的性能。图3-1为典型主板的基本结构。

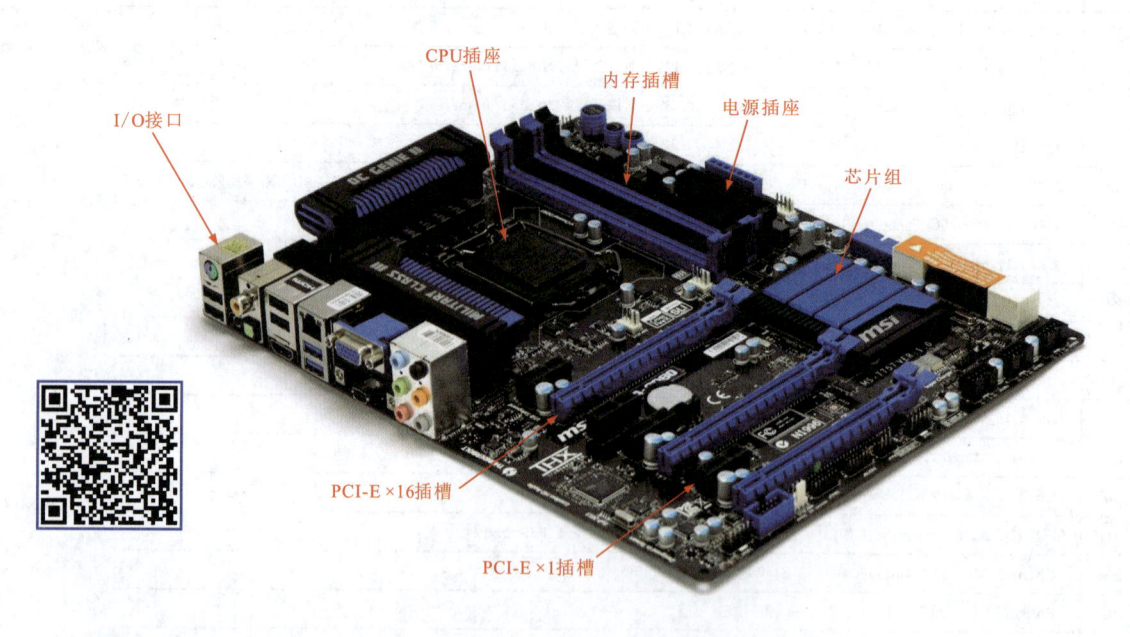

图3-1 典型主板的基本结构

**1 CPU插座**

如图3-2所示,CPU插座是用于安装CPU的。一般来说,CPU插座主要有插槽式、针脚插入式和触点式三种。目前,CPU插座多采用金属触点式。针对不同类型的CPU,CPU插座的接口类型、插孔数、体积和形状也会有所不同。

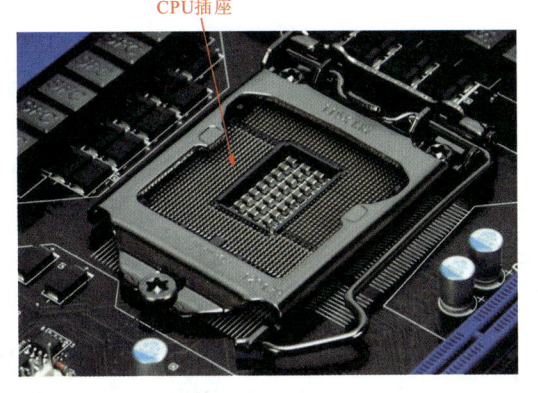

图3-2 CPU插座

图3-3为插槽式CPU插座。这种插座类型也被称为Slot结构，支持早期采用插槽式接口设计的PentiumⅡ、PentiumⅢ及Celeron（赛扬）CPU，目前已趋于淘汰。

图3-3 插槽式CPU插座

图3-4为针脚插入式CPU插座，这种CPU插座支持针脚插入式CPU。目前，支持AMD CPU的主板多采用针脚插入式CPU插座。

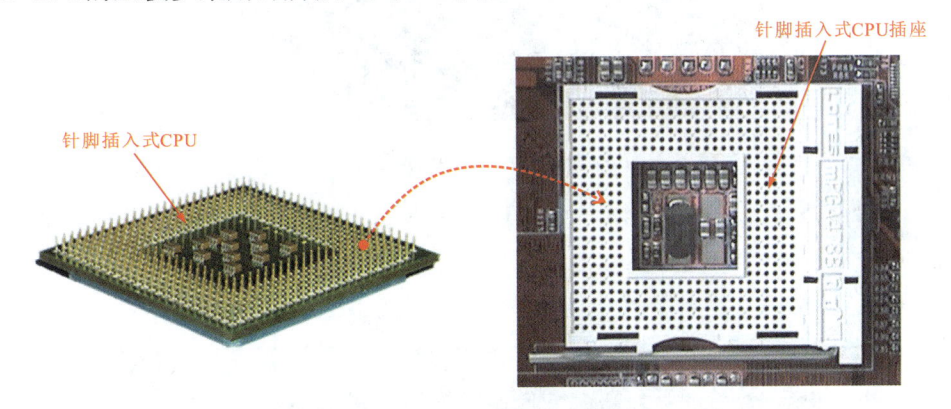

图3-4 针脚插入式CPU插座

图3-5为触点式CPU插座。这种插座用金属触点式封装取代了以往的针状插脚。安装CPU时并不是利用针脚固定接触，而是需要一个安装扣架固定，让CPU可以准确地压在插座（Socket）露出来的具有弹性的触须上。目前，支持Intel CPU的主板多采用这种CPU插座。

37

具有弹性的触须代替了针脚插入式的设计

金属触点式封装的CPU

触点式CPU插座

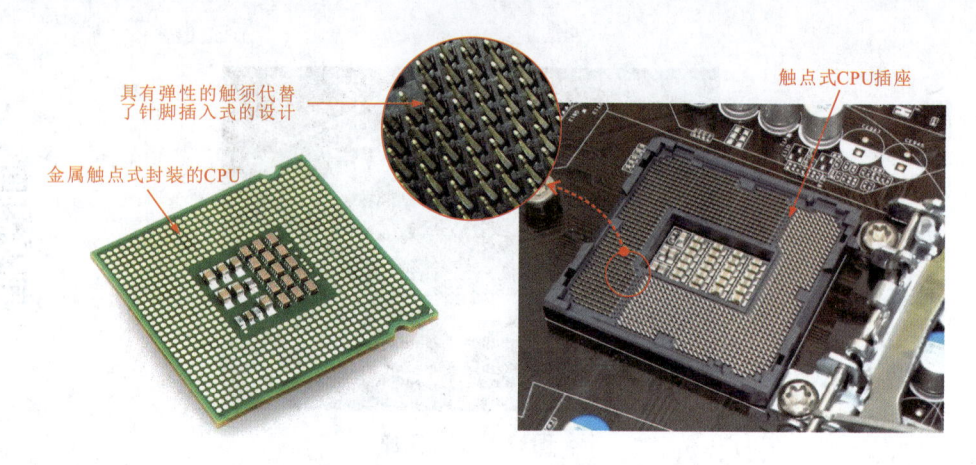

图3-5　触点式CPU插座

## 2　内存插槽

如图3-6所示，内存插槽通常位于CPU插座的旁边，是指主板上用来插内存条的插槽。一般来说，主板上的内存插槽通常最少有2个，常见的为4个（ATX和M-ATX主板一般是4个，Mini-ITX主板是2个），更多的还有6个或者8个。

CPU插座

内存插槽

图3-6　内存插槽所在位置

目前，内存插槽都采用DIMM（Dual In-Line Memory Module）双列接插式设计。

图3-7为一块采用168线内存插槽的主板。在内存插槽的两边均有金属引脚线，每边84线，双边共168线，这种插槽主要适用于168线的SDRAM内存。

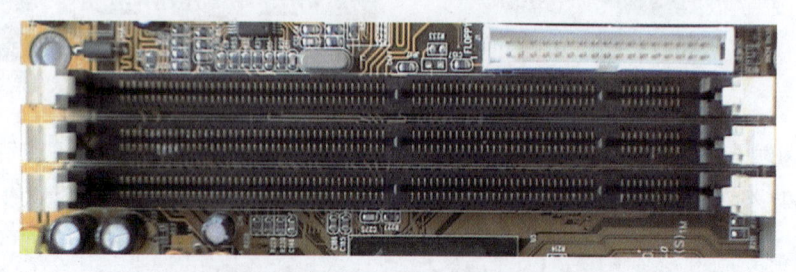

图3-7　采用168线内存插槽的主板

图3-8为采用184线内存插槽的主板。它采用双列接插式设计，插槽两边的金属引脚线分别为92线，双边共184线，这种内存插槽主要适用于184线的DDR内存。

图3-8　采用184线内存插槽的主板

图3-9为支持DDR2和DDR3的内存插槽。DDR2和DDR3采用240线 DIMM结构，金手指（内存下方用于与插槽连接的金色导电触片）每面有120线。但DDR2内存和DDR3内存金手指上的缺口位置不同（防呆设计的规格不同）。因此，DDR2、DDR3内存并不能相互兼容。

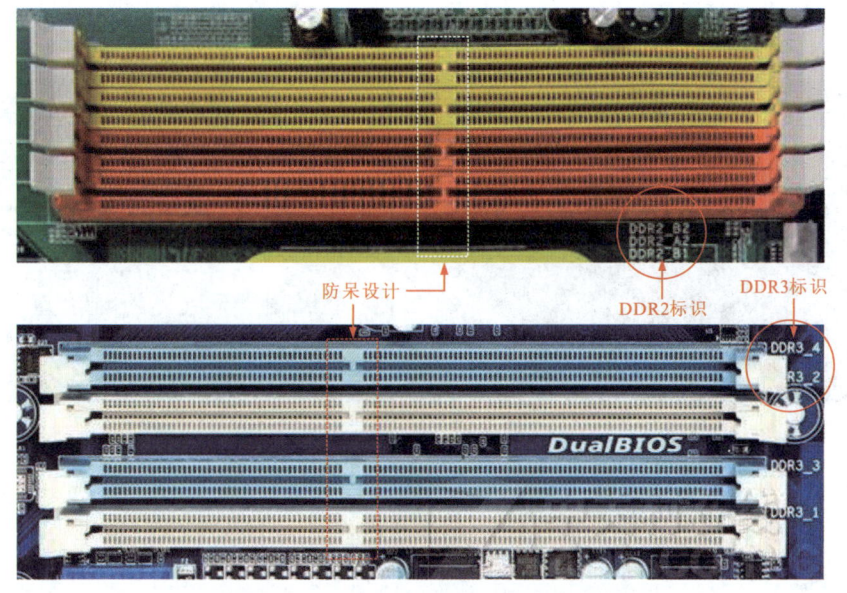

图3-9　支持DDR2和DDR3的内存插槽

图3-10为支持DDR4的内存插槽。DDR4采用284线，防呆设计比DDR3更靠近中央。

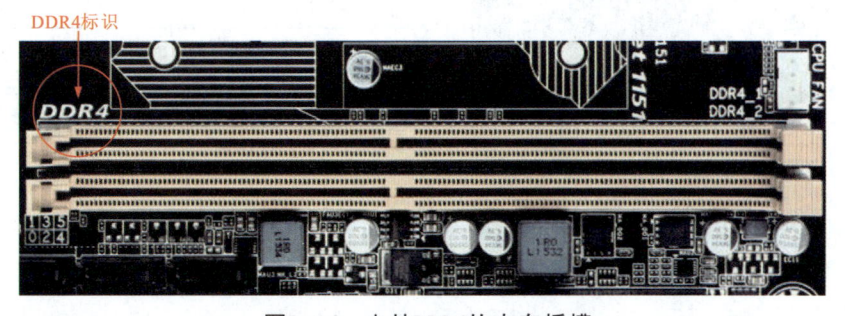

图3-10　支持DDR4的内存插槽

### 补充说明

目前，DDR内存已经推出了DDR5，图3-11为支持DDR5的内存插槽。与DDR4内存相比，DDR5标准性能更强，功耗更低。不同代的DDR内存不能相互兼容，在选配主板时要注意内存插槽所支持的内存类型。

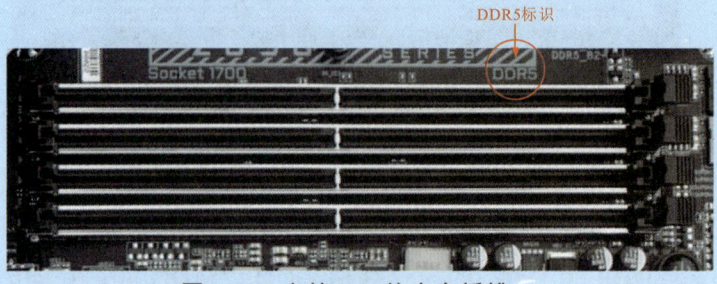

图3-11 支持DDR5的内存插槽

## 3 电源插座

如图3-12所示，主板上的电源插座用于连接ATX电源，保证主板的电力供应。

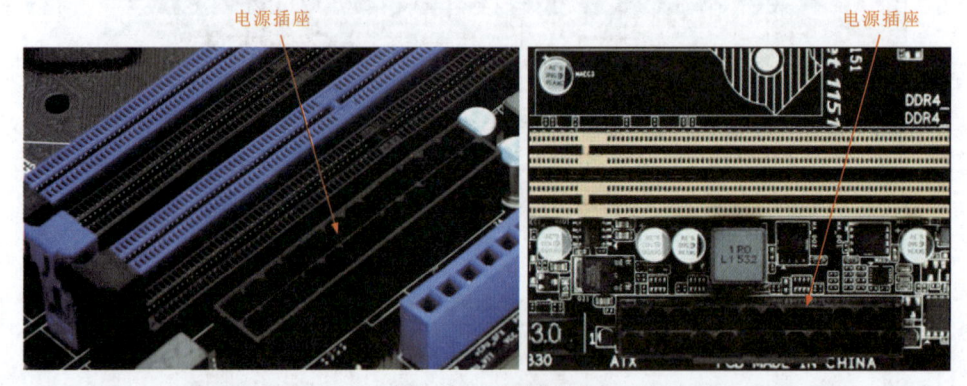

图3-12 电源插座

图3-13为20针ATX电源插座。为了达到电脑主板供电的标准，初期生产的ATX电源都为20个针脚。该电源部分可以输出电脑主板所需要的+12V、-12V、+5V、-5V、+3.3V等不同的电压。

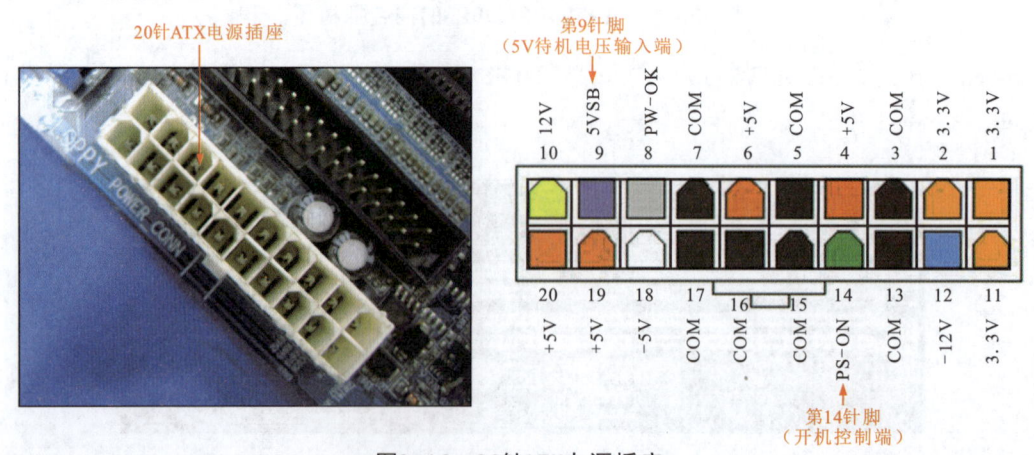

图3-13 20针ATX电源插座

正常情况下，ATX电源输出电压的变化范围允许误差一般在5%之内，不能有太大范围的波动，否则容易导致死机或数据丢失的情况。

目前，电脑的电源多采用24针脚ATX电源，它通过一个24针脚的接口为主机供电。图3-14为24针ATX电源插座。

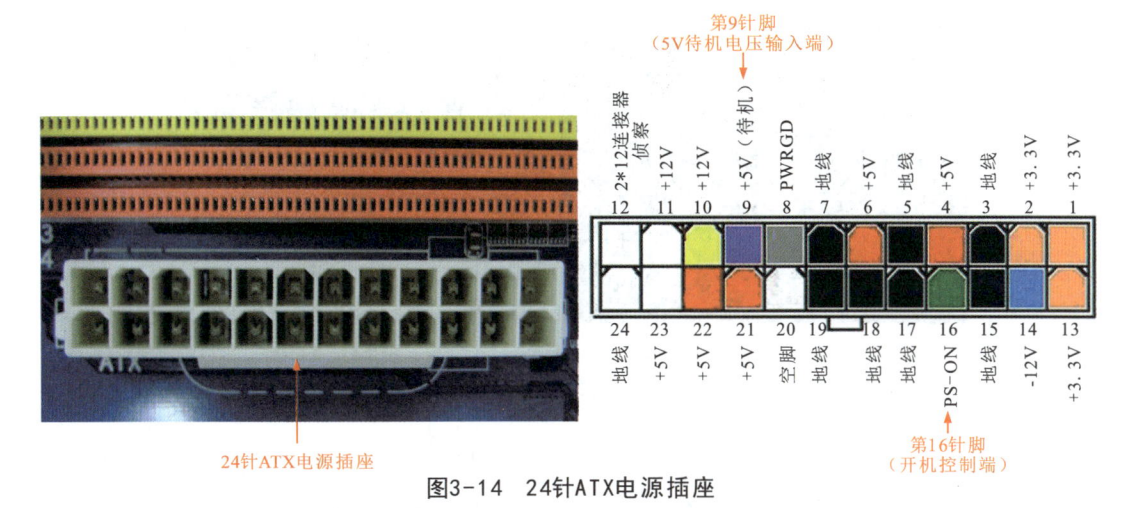

图3-14  24针ATX电源插座

如图3-15所示，除24针ATX电源插座之外，在新型主板上，还设有CPU辅助电源插座，其规格有4针、8针（4+4）、12针（8+4）和双8针（8+8）几种，它是专为CPU提供电力的接口。由于现在CPU的功率较大，所需的电流也随之增大，尤其是很多CPU都支持超频，因此对CPU进行辅助供电以确保CPU工作的稳定非常重要。

图3-15  CPU辅助电源插座

图3-16为CPU散热风扇供电插座。将CPU散热风扇的供电插头插接在该插座上，便可为CPU散热风扇提供电力，以确保CPU散热风扇在工作时旋转，为CPU散热降温。通常，该插座的旁边会标有"CPU_FAN"的字样。

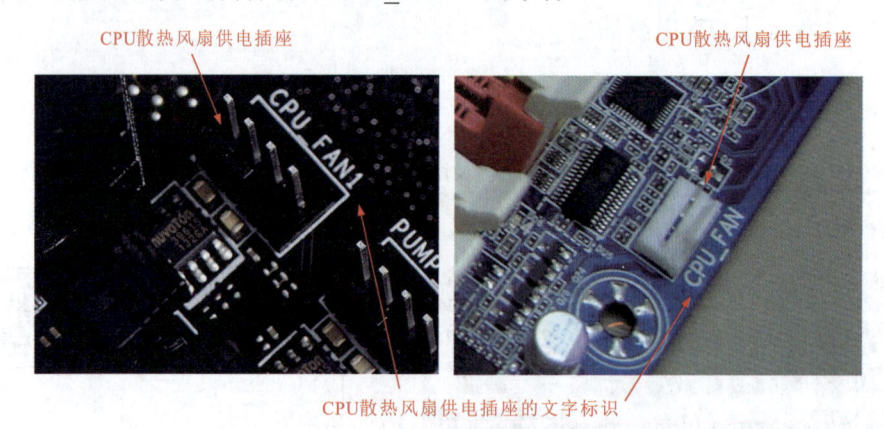

图3-16 CPU散热风扇供电插座

图3-17为机箱风扇供电插座。这是为机箱上散热风扇提供的电源供电插座。通常，该插座旁边会标有"SYS_FAN"的字样（有些主板上会标识"CHA_FAN"）。

图3-17 机箱风扇供电插座

## 4 芯片组

主板芯片组是主板的核心，其主要负责CPU和其他与主板相连设备之间的信息沟通。可以说，芯片组性能的优劣直接决定了主板的好坏。

早期，主板的芯片组主要由北桥芯片（North Bridge）和南桥芯片（South Bridge）构成。如图3-18所示，位于CPU插座附近，装有大散热片的超大规模集成电路芯片就是主板的北桥芯片，它主要负责CPU、内存和显卡的控制，提供对CPU类型、主频和其他各硬件设备的支持。

在北桥芯片的另一侧，靠近扩展插槽的芯片被称为南桥芯片，它主要负责USB、SATA等接口及各种集成设备和外接设备（如USB设备、键盘、鼠标等）的拓展和管理。

图3-18 主板的北桥芯片和南桥芯片

目前，电脑主板的集成度越来越高，北桥芯片的功能已经可以整合到CPU中。因此，现在大多数主板上已经看不到北桥芯片。如图3-19所示，现在主流的主板上都只能找到一个主板芯片，该芯片的功能主要是对主板各承载设备的管理和通信。有些产品还将显示芯片的功能（图形处理内核）集成到了芯片中。因此，该芯片已经不再是传统意义上的南北桥芯片组。

图3-19 集成了显示芯片功能（图形处理内核）的主板芯片

由于芯片组是主板的核心，因此，很多时候主板会采用芯片组命名型号。目前，Intel主流的主板芯片组型号有H510、H610、B365、B660、Z370、Z390、Z590、Z690、Z790等；AMD主流的主板芯片组型号有A68、A320、B350、B450、X370、X399、X470、X570、X670等。

## 5 扩展插槽

扩展插槽是与其他扩展适配卡连接的接口。例如，声卡、显卡、网卡、视频采集卡等都可以通过相应的扩展插槽与主板连接，以实现相应的功能。

如图3-20所示，早期的电脑主板主要提供三种扩展插槽，即ISA扩展插槽、PCI扩展插槽和AGP扩展插槽。

图3-20 ISA扩展插槽、PCI扩展插槽和AGP扩展插槽

ISA（Industrial Standard Architecture）扩展插槽目前已经被淘汰，不再赘述。

PCI（Peripheral Component Interconnect）扩展插槽是标准的32位总线扩展插槽，颜色为蓝色或白色。它的最大传输速率可达132MB/s，并且可以同时支持多组外部设备，在早期电脑中是主要的扩展插槽。当时主流的声卡、网卡等多为PCI适配卡，都通过PCI扩展插槽与主板连接。但随着PCI-Express（简称PCI-E）标准的推出，其逐渐被PCI-E扩展插槽所取代。

AGP扩展插槽（Accelerated Graphics Port）是在PCI总线基础上发展起来的，主要针对图形显示方面进行优化，专门用于安装AGP图形显示卡（AGP显卡）。该扩展插槽颜色多为棕色，其传输速率较PCI插槽来说快很多。AGP标准从最初的AGP 1X开始，经过AGP 2X、AGP 4X、AGP PRO，到AGP 8X时，其最大传输速率可达2.1GB/s。目前，该扩展插槽已基本被PCI-E扩展插槽所取代。

图3-21为PCI-E扩展插槽。PCI-E是最新的总线和接口标准，该标准已开始全面取代现行的PCI扩展插槽和AGP扩展插槽。

PCI-E扩展插槽的主要优势是数据传输速率高，PCI-E的技术规范从PCI-E 1.0开始，经过PCI-E 2.0、PCI-E 3.0，已经到了PCI-E 4.0，目前最大传输速率可达10GB/s。而且随着PCI-E技术规范的不断升级，PCI-E还有相当大的发展潜力。

另外，为适应不同外设的需求，PCI-E也有多种规格，如PCI-E×1、PCI-E×4、PCI-E×8、PCI-E×16。

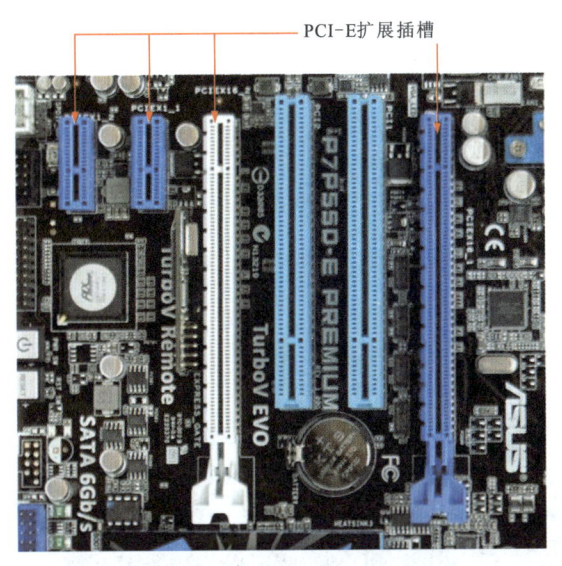

图3-21 PCI-E扩展插槽

　　PCI-E×16扩展插槽主要用于插接显卡（或RAID阵列卡）。该插槽的设计尺寸为89mm，有164线引脚，其位置离CPU最近，以尽可能减少显卡与CPU之间的数据交换延迟，使系统性能能得到充分的发挥。该扩展插槽具备良好的兼容性，可以向下兼容PCI-E×8、PCI-E×4、PCI-E×1的扩展设备。

　　PCI-E×8扩展插槽的设计尺寸为56mm，有98线针脚。PCI-E×4扩展插槽的设计尺寸为39mm，主要用于连接PCI-E固态硬盘，或者扩展为M.2接口，多用于连接M.2固态硬盘、M.2无线网卡或其他M.2接口设备。

> **补充说明**
>
> 　　如图3-22所示，考虑到PCI-E扩展插槽之间的兼容性，虽然PCI-E×16、PCI-E×8、PCI-E×4的设计尺寸并不相同，但在实际制作时，PCI-E×8和PCI-E×4都被加工成了与PCI-E×16相同的尺寸。用户可以通过扩展插槽旁边的标识进行分辨。
>
> 图3-22 同尺寸不同规格的PCI-E扩展插槽

PCI-E×1扩展插槽在制造时保留了设计尺寸，从外观上看，该扩展插槽比其他扩展插槽短很多，长度只有25mm，14线针脚。其带宽通常由主板芯片提供，主要安装连接独立声卡、网卡等符合PCI-E×1标准的扩展卡。

### 6  I/O接口

I/O接口通常位于主板的侧面，电脑的外部设备大都通过I/O接口和电脑相连。

图3-23为早期电脑主板标准的I/O接口。由于现在的主板都符合PC99规范，因此，图3-23所示的主板I/O接口处，不同的接口都以统一的颜色进行标识。

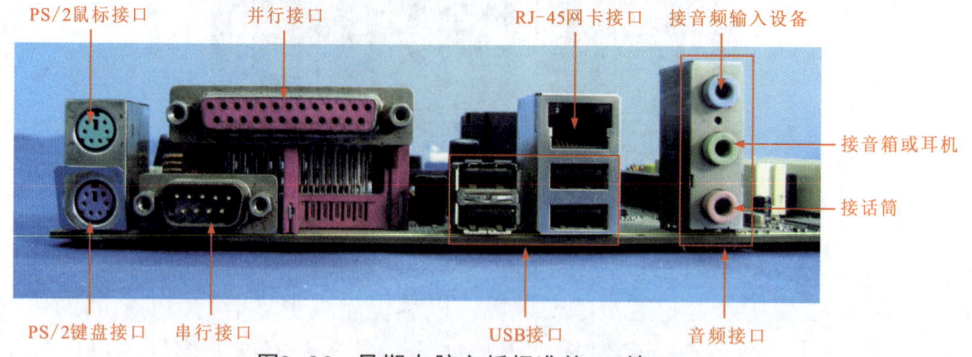

图3-23　早期电脑主板标准的I/O接口

图3-23中紫色的圆形接口是PS/2键盘接口，用于连接键盘；位于PS/2键盘接口上方的绿色圆形接口是PS/2鼠标接口，其大小形状与PS/2键盘接口一致，主要用于连接PS/2鼠标。

右侧，紧靠PS/2键盘、鼠标接口的是并行接口和串行接口。其中，体积较大的接口是并行接口，简称"并口"。它是一个25针双排针梯形接口，主要用于连接打印机。因此，许多时候该接口也被直接称为打印机接口。

并口下方的是9针D型接口，为串行接口，简称"串口"。它是电脑的标准接口，与并口相比，串口的数据和控制信息是一位一位顺序传输的。因此，在传输速度上串口比并口慢，但其传输距离却比并口长。在早期的586电脑上，由于没有PS/2键盘和鼠标接口，因此，一般都用该接口来连接键盘和鼠标。

并口和串口的右侧有4个长方形的扁平接口，为USB接口。USB接口又称为通用串行总线接口，它是新一代的硬件接入总线技术。它的最大特点是支持热插拔，最多可同时连接127台设备，最大传输速率可达13MB/s，USB2.0的速率甚至可以达到480MB/s，速度明显快于串口和大多数并口。同时，该接口由总线提供电源，并有检错、纠错功能，以确保数据的正确传输。目前，许多外设，如摄像头、数码相机、扫描仪、数字摄录一体机等都采用该接口与电脑连接。

由于现在许多电脑的声卡和网卡都集成到了主板之中，因此，在I/O接口处还可以看到网卡接口和音频接口。图3-23中，三个圆形的小孔与声卡上的插孔相似，当声卡与主板集成在一起后，就可以在I/O接口处找到这三个接口，它们分别用不同的颜色和标识来区分。其中，绿色的接口用于连接音箱或耳机，红色的接口用于连接话筒（麦克风），蓝色的接口用于连接其他的音频输入设备。

图3-24为目前主流主板的I/O接口。可以看到，现在很多主板都已取消了并口和串口，PS/2键盘接口和PS/2鼠标接口也压缩成了一个。有些主板甚至将该接口也取消了，取而代之的是传输速率更快且更稳定的USB接口。新一代主板还配备了高速的网络接口、S/PDIF光纤接口以及Wi-Fi 6天线接口，以方便网络通信互联。

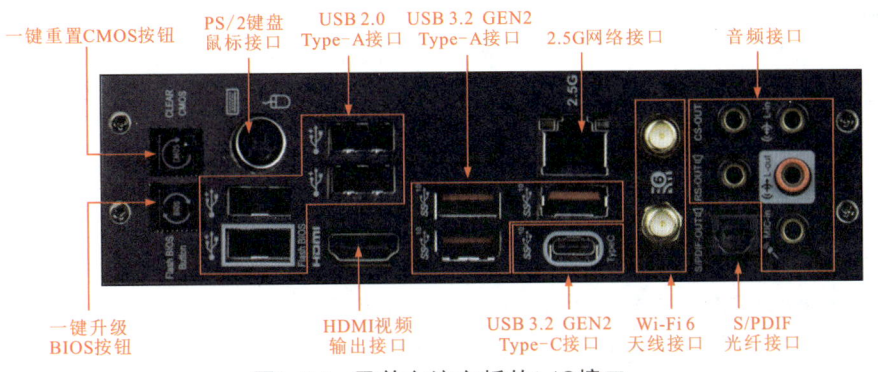

图3-24 目前主流主板的I/O接口

## 3.1.2 主板的种类

主板的品牌众多，按照结构的不同，主板可分为AT、Baby-AT、ATX、E-ATX、M-ATX、Mini-ITX等。其中，AT结构和Baby-AT结构已经趋于淘汰。目前，主流的主板结构为ATX、E-ATX、M-ATX、Mini-ITX四类。

### 1 ATX主板

图3-25为典型ATX主板的规格。

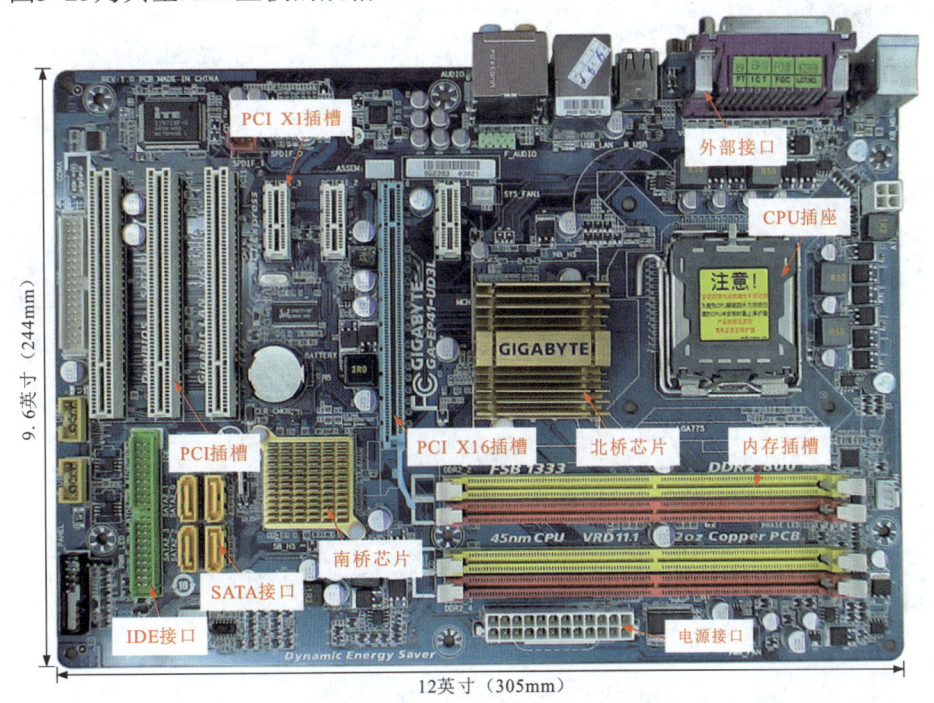

图3-25 典型ATX主板的规格

ATX（Advanced Technology Extended）主板结构是由Intel公司于1995年提出并制定的全新的主板结构。自此，ATX主板取代了AT主板，成为新一代电脑系统的默认主板规格。几乎所有标准机箱都以ATX主板规格为参照。

> **补充说明**
>
> ATX主板的尺寸较大，俗称"大板"，这种主板的尺寸规格为30.5cm×24.4cm。它的CPU插槽位于内存插槽的旁边，电源接口也位于内存插槽的旁边，靠近边缘位置，以方便连接。硬盘接口则移到了主板中部边缘位置，不仅方便了连线，同时有效降低了电磁干扰，使得整体空间利用更加合理。

## 2 E-ATX主板

E-ATX（Extended ATX）主板也被称为增强型主板。这种主板的标准尺寸为30.5cm×33cm，多用于高性能电脑或工作站中。

图3-26为典型E-ATX主板的规格。

图3-26 典型E-ATX主板的规格

### 3  M-ATX主板

M-ATX即Micro ATX主板，它也被称为紧凑型主板。这种主板结构是由Intel公司于1997年提出并构建的。图3-27为典型M-ATX主板的规格。

图3-27  典型M-ATX主板的规格

这种主板大体呈方形结构，最常见的尺寸为24.4cm×24.4cm。该类型主板通常将扩展插槽减少到3～4个，内存插槽则控制在2～4个。相对紧凑的设计使其能更好地应用于小型机箱中。

### 4  Mini-ITX主板

Mini-ITX主板也称为迷你主板。图3-28为典型Mini-ITX主板的规格。这种主板的外观呈方形，但其标准尺寸为17cm×17cm，比M-ATX主板更小，更适合一些迷你小型机箱。

由于尺寸的限制，这种规格的主板的扩展性不强（往往仅有一条扩展插槽），多应用于智能制造、数字标牌、金融、教育、广告灯嵌入式系统中。

图3-28 典型Mini-ITX主板的规格

## 3.2 主板的选购

### 3.2.1 主板的性能参数

主板的品牌各异，型号更是多种多样。衡量主板性能的重要参数主要有芯片组性能、最高支持总线频率、最高支持内存类型及频率、硬件的可扩展性以及主板上电子元器件的用料。

**1  芯片组性能**

芯片组是主板的核心部分，是连接CPU与电脑周边设备的桥梁。芯片组的性能直接决定了主板的功能。目前，主板采用的芯片组多为南北桥结构，其中，北桥主要负责与CPU、内存、显卡等关键组件之间的信息传输，并控制内存、PCI-E数据的内部传输，提供对总线频率、内存管理、显卡插槽及ISA、ECC纠错等支持，确保整个电脑系统高效运行。而南桥主要提供对I/O的支持，决定扩展插槽的种类和数量。

### 2 最高支持总线频率

总线频率是主板上数据传输速率的衡量标准，该项参数指标很大程度上反映了主板与CPU之间的数据传输速率。一般来说，总线频率越高，数据传输速率越快，这也意味着主板处理速度越快。这也是主板非常重要的一项性能参数。

### 3 最高支持内存类型及频率

最高支持内存类型及频率这项参数指标主要包括支持内存的类型、可扩展内存容量和速度的上限。

### 4 硬件的可扩展性

主板硬件的可扩展性主要是指主板所设置的插槽和外部接口的类型和数量。越多的插槽、接口类型意味着主板能够兼容更多不同类型的外部设备。而接口数量越多则意味着主板能够连接更多同类型接口的外部设备。

### 5 电子元器件的用料

考虑到生产成本，不同类型的主板所采用的电子元器件用料及制作工艺也不相同。图3-29所示为两块不同类型的主板，左侧主板的电容多采用铝电解电容器，右侧主板的电容则多采用固态电解电容器。从生产成本上看，左侧主板的生产成本更低，且由于电子元器件用料的差距，有更高的故障率，主板的整体性能和使用可靠性更差。

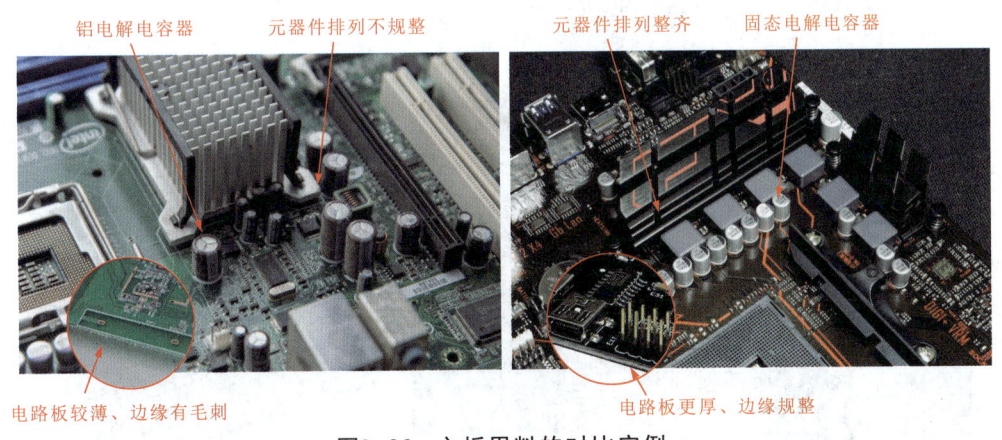

图3-29 主板用料的对比实例

## 3.2.2 选购主板的注意事项

### 1 与CPU的匹配

目前，主流的CPU主要有Intel和AMD两大类。不同类型的CPU的接口针脚数和排列位置会有所区别。这就要求用户在选购主板时要考虑到和CPU的匹配。目前，Intel主流CPU的接口有LGA1151、LGA1150、LGA775、LGA1366等。

图3-30为Intel Core 6系列CPU,该CPU采用LGA1151封装方式。这种封装方式采用整齐排列的金属圆点代替了以往的针脚。因此,CPU并不是利用针脚插入固定接口的安装方式,而是采用弹性触须式设计。用户只需将CPU正确地按压入接口中,使CPU的圆点按压在弹性触须上即可。

CPU接口为弹性触须式设计

CPU采用LGA1151封装方式

整齐排列的金属圆点代替针脚

图3-30 Intel Core 6系列CPU及对应接口(插座)

AMD主流CPU的接口有Socket AM3、Socket AM3+、Socket FM1、Socket FM2、Socket AM4等。

图3-31为AMD Athlon II CPU,该CPU采用Socket AM3封装方式,有940个针脚,可通过针脚插入的方式与主板CPU接口相连。

通过针脚插入的方式与主板CPU接口相连

CPU采用Socket AM3封装方式

图3-31 AMD AthlonII CPU及对应接口(插座)

由上述内容可见,在选购主板时需要考虑所匹配的CPU类型,不同类型的CPU所选用的主板也不相同。

Intel主板芯片组有以下四个等级。

◆ X字母开头:高端类型,该类型主板多用于搭配高端CPU。

◆ Z字母开头:次高端类型,该类型主板支持CPU超频。

- ◆B字母开头：中端类型，该类型主板性价比较高，不支持CPU超频。
- ◆H字母开头：入门级类型，该类型主板不支持超频。

> **补充说明**
>
> H字母开头的不代表都是低端产品，第二个数值越高，规格就越高。例如，H670就比B660的规格要高。

AMD主板芯片组有以下三个等级。
- ◆X字母开头：专业级类型，搭配高端CPU，支持超频。
- ◆B字母开头：主流级类型，搭配中端CPU，支持超频。
- ◆A字母开头：入门级类型，搭配低端CPU，不支持超频。

## 2 与内存的匹配

主板芯片组集成了主板的许多核心功能，负责在CPU、内存、显卡、硬盘等硬件之间高效传输信息。不同型号的主板，其芯片组所支持的内存类型也会有所区别。型号较旧的主板，所搭载的芯片组无法支持较新的内存。如图3-32所示，AMD平台的B450/550主板、Intel平台的B560/H570等主板可以支持DDR4内存，而型号较旧的主板，如Intel平台的H61/B65等主板只能支持DDR3内存。

可以看出，主板和内存之间的兼容性会直接影响电脑系统的性能和稳定性。因此，在选购时要注意查看主板和内存的规格、接口类型、数据传输速率、电压等关键参数。

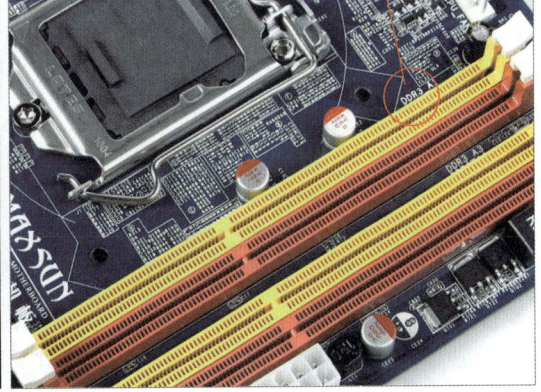

图3-32 支持不同类型内存的主板

## 3 主板尺寸的选择

主板尺寸的选择要与机箱相匹配。如果选用的是标准ATX机箱，则可以标配安装ATX主板，其标准尺寸为30.5cm×24.4cm。此外，M-ATX主板和Mini-ITX主板也都可以安装。但如果所选用的是紧凑型M-ATX机箱，这类机箱的尺寸从外观上看会比标准ATX机箱小，因此只能匹配M-ATX主板，而不能匹配ATX主板。

## 4 主板品牌的选择

市场上主板的品牌众多,如图3-33所示,常见的主板品牌主要有华硕(ASUS)、技嘉(GIGABYTE)、微星(MSI)、映泰(BIOSTAR)、七彩虹(Colorful)、昂达(ONDA)、梅捷(SOYO)等。这些品牌主板各有特色,不同型号的主板在功能上也存在较大差异。

图3-33 常见的主板品牌

例如,华硕作为全球最大的主板制造商之一,其产品以性能稳定、电路设计和布局合理著称,并且提供了丰富的接口,以满足用户各种外设的连接需求。同时,该品牌主板的元器件材料和制造工艺都具备良好的品质保证。华硕占据了很大的市场份额,其价格也相对较高。

技嘉也是一个知名度很高的主板品牌,其产品制造工艺精湛,性能出色,特别是在耐用性和稳定性方面表现良好。值得一提的是,技嘉主板的个性化灯光系统为很多追求个性的用户提供了不错的选择。

微星主板具备出色的超频能力,用户可通过调整主板参数提升处理器和内存的工作频率以提升系统性能。加之微星主板提供了多样的扩展插槽和外部接口,支持用户多样化的硬件扩展,受到了很多电脑发烧友和游戏玩家的青睐。

映泰主板最大的特色就是性价比非常高。其产品做工扎实,采用最新的Intel和AMD处理器技术,以及一系列先进的散热和电源技术,让整个主板的性能更加出色,同时也让用户的使用更加安全。

七彩虹主板主要面向中端市场。其产品性能稳定,具备良好的扩展性和个性化设计。其BIOS界面友好,易于操作,便于用户进行系统设置和调整。

总之,不同类型主板的功能和特点也不尽相同。其价位也随着主板用料、做工和功能的不同而存在较大的差异。在选购主板时要注意,并不是主板越贵就越好,需要考虑用户的实际用途和其他配件的搭配方案,从而选择最适合自己的配置方案。

# 第4章
# 内存的结构、种类与选购

## 4.1 认识内存

### 4.1.1 内存的结构

内存是内存储器的简称，也称主存储器。内存安装在电脑主板的内存插槽上，是CPU与外部存储设备之间的桥梁。其主要功能是暂存CPU中的运算数据，存储正在运行的程序，以及与硬盘等外部存储设备交换数据。

图4-1为典型内存的基本结构。从外形上看，内存呈长条方形，故内存常被称为内存条。在内存上的黑色方形集成电路芯片是内存芯片，内存芯片是一种半导体存储器芯片，用于暂存临时数据，在电脑运行程序或处理任务时提供数据缓存功能。内存芯片的存储容量和运行速度直接影响整个电脑系统的性能。内存下方的一排整齐排列的金手指是连接内存与内存插槽的接口部分。

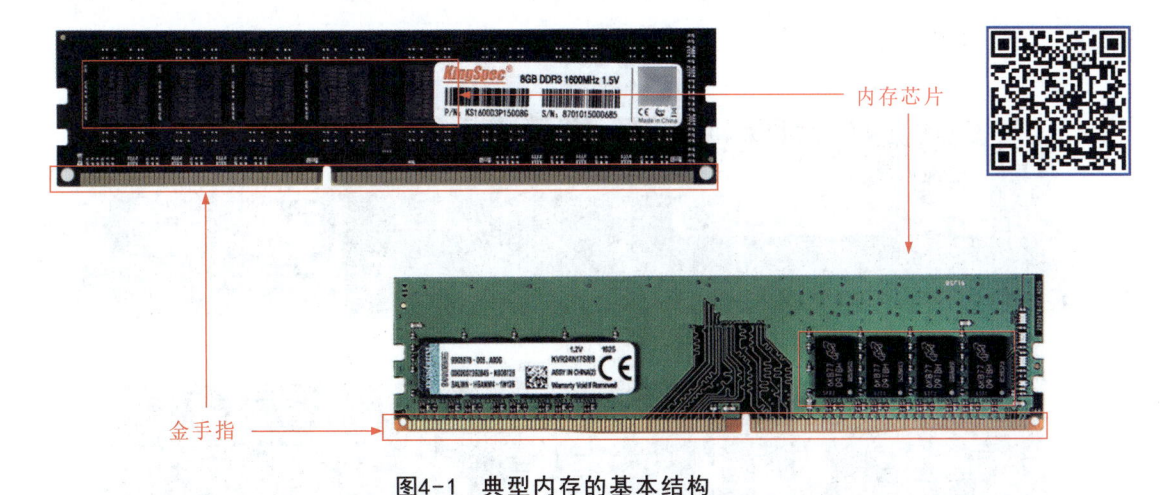

图4-1 典型内存的基本结构

如图4-2所示，由于进行大型数据运算处理时内存温度会显著升高，为了适应越来越复杂的运算需要，很多内存都在内存芯片上安装导热硅脂，并在内存整体外包裹高效率散热器，以确保内存在工作时良好地散热。

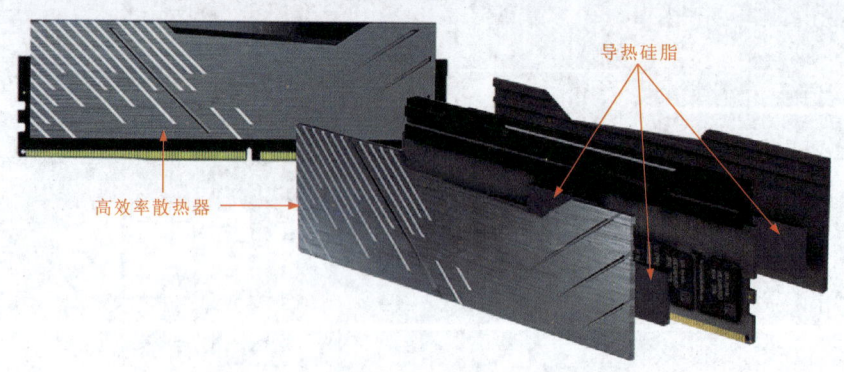

图4-2 内存外的导热硅脂和高效率散热器

## 4.1.2 内存的种类

内存主要有DDR、DDR2、DDR3、DDR4和DDR5五种类型。不同类型的内存条其接口形式都有着各自不同的特点。

> **补充说明**
>
> 通常，习惯上将DDR内存称为一代内存，DDR2内存称为二代内存，DDR3内存称为三代内存，以此类推，DDR4内存被称为四代内存，DDR5内存被称为五代内存。

### 1 DDR 内存

DDR SDRAM（Double Data Rate Synchronous DRAM，双倍数据速率同步内存）简称DDR。因为DDR内存在时钟的上升/下降沿都可以传输数据，从而使得实际带宽增加两倍，图4-3为典型DDR内存的实物外形。DDR内存针脚为184针，而且内存金手指处有一个缺口，以与DDR内存插槽相对应。

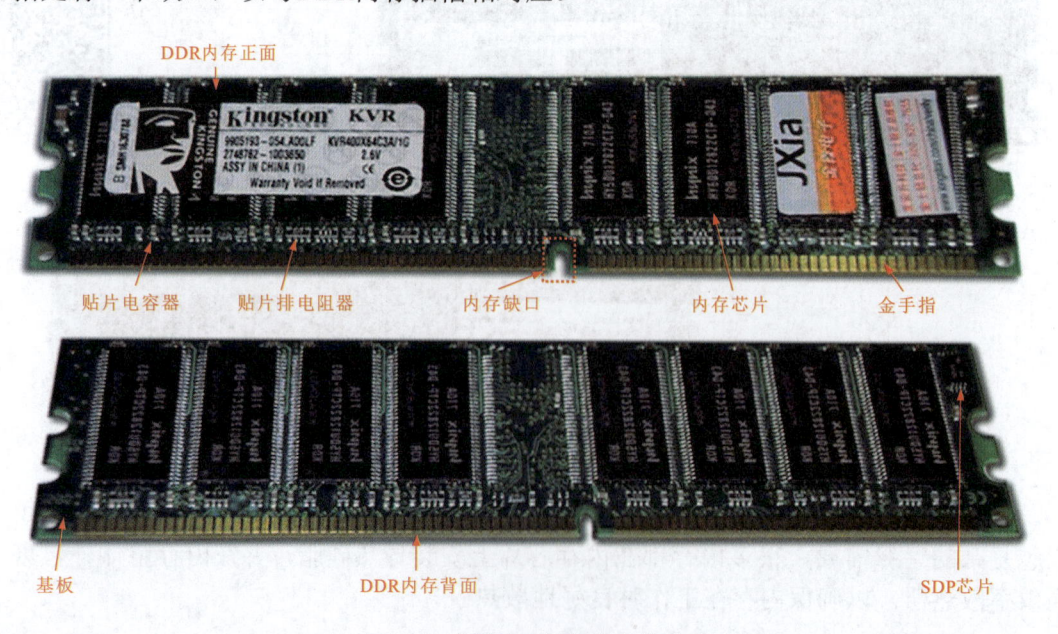

图4-3 典型DDR内存的实物外形

## 2 DDR2内存

图4-4为典型DDR2内存的实物外形。从外观上看，它主要由多个内存芯片、基板、贴片式电阻器（贴片式排电阻器）、贴片式电容器、金手指、SPD芯片组成，并且在内存的一侧还有缺口与内存插槽相对应，以防止内存插错方向。DDR2内存针脚为240针，而且内存金手指处有一个缺口，以与DDR2内存插槽准确对齐。

基板　　　DDR2内存正面　　　内存缺口　　　DDR2内存背面

贴片式电容器　贴片式电阻器　内存缺口　SPD芯片　内存芯片　金手指

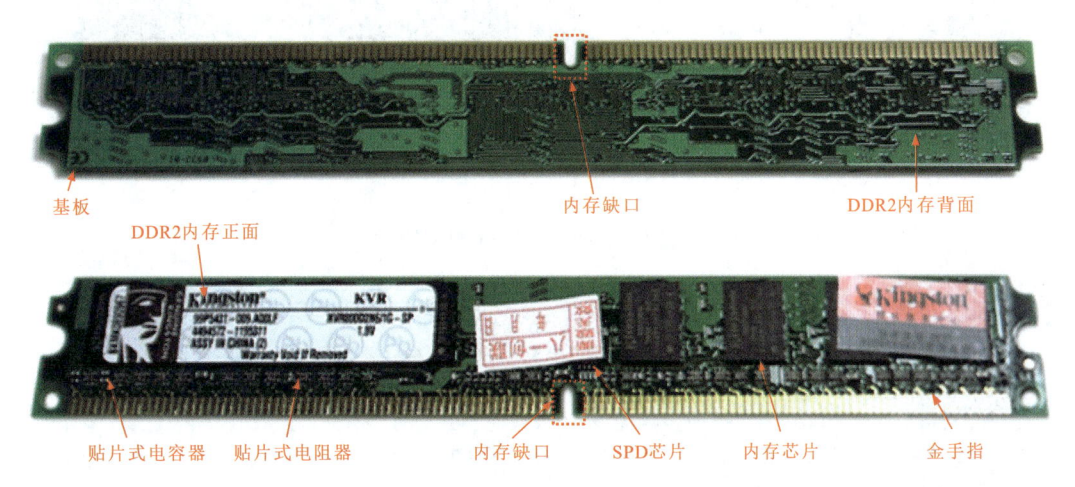

图4-4　典型DDR2内存的实物外形

DDR2内存是由联合电子设备工程委员会（JEDEC）开发的内存技术标准，它与上一代DDR内存技术标准最大的不同在于，虽然都采用了在时钟的上升/下降沿同时进行数据传输的基本方式，但DDR2内存却拥有两倍于DDR内存的预读取能力。

换句话说，DDR2内存每个时钟周期能够以4倍外部总线的速度读/写数据，并且能够以内部控制总线速度的4倍运行。此外，由于DDR2标准规定所有DDR2内存均采用FBGA封装形式，提供了更为良好的电气性能与散热性，为DDR2内存的稳定工作与未来频率的发展奠定了坚实的基础。

## 3 DDR3内存

DDR3内存是比DDR2更新的一代内存，也是目前市面上的电脑中较为常见的内存。它在功能和针脚设计方面与DDR2有很大差别，如DDR3内存要比DDR2内存的功耗和发热量小，而且工作频率也更高。DDR3内存的针脚也为240针，也采用了防呆设计，以防将其插入不相容的内存插槽中。图4-5为典型DDR3内存的实物外形，从外观上看，它也是主要由多个内存芯片、基板、贴片式电阻器（贴片式排电阻器）、贴片式电容器、金手指和SPD芯片组成。

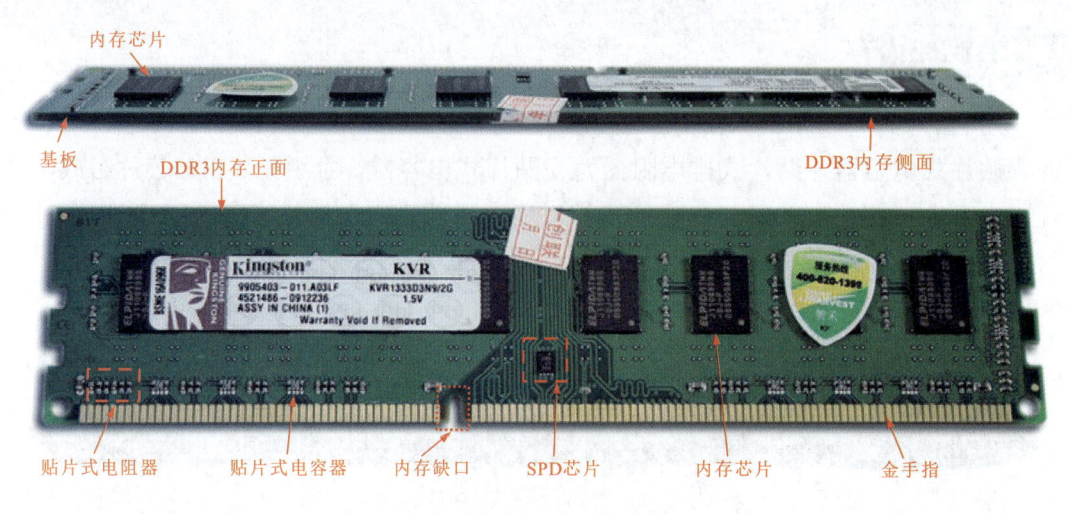

图4-5 典型的DDR3内存的实物外形

> **补充说明**
>
> 内存的类型主要是通过内存缺口以及金手指的数量进行区分，不同内存缺口左右两边的金手指数量不同。例如，DDR内存单面金手指针脚数量为92个（双面184个），内存缺口左边为52个针脚，内存缺口右边为40个针脚；DDR2内存单面金手指120个（双面240个），内存缺口左边为64个针脚，内存缺口右边为56个针脚；DDR3内存单面金手指也是120个（双面240个），内存缺口左边为72个针脚，内存缺口右边为48个针脚。

## 4 DDR4内存

DDR4 SDRAM（双倍数据速率第四代同步动态随机存取存储器）简称DDR4。与DDR3内存相比，DDR4内存的数据传输速率更快，而且DDR4内存引入了更高的芯片密度，从而使得单个内存模块能够支持更大的内存容量。另外，DDR4增加了对多位内存错误的纠正能力，使其更能适应恶劣的工作环境。

图4-6为典型DDR4内存的实物外形。

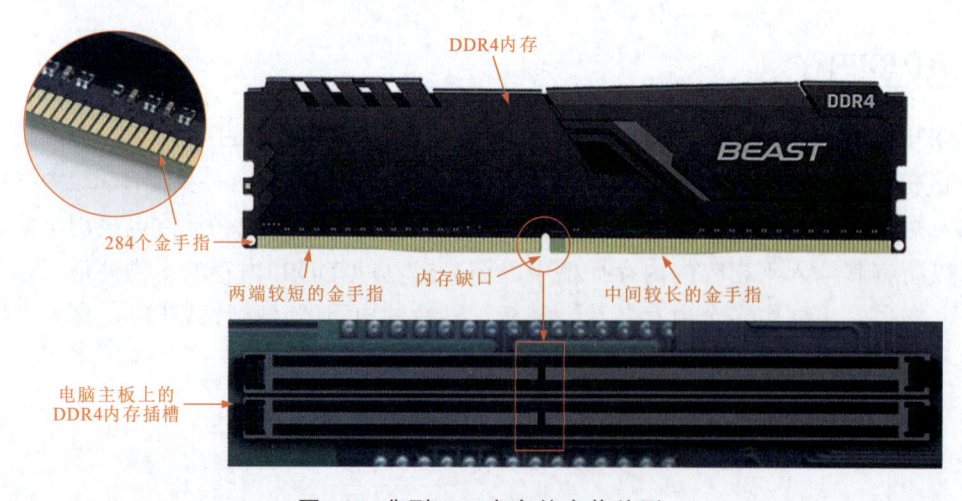

图4-6 典型DDR4内存的实物外形

DDR4内存的金手指触点数量与DDR3内存相比有所增加，达到了284个，触点间的间距只有0.85mm。此外，DDR4内存的金手指采用曲线设计（即中间部分较长，两端较短），这使得内存能够更加紧密地与内存插槽接触，更好地确保数据传输的稳定性和可靠性。

### 5  DDR5内存

DDR5内存是继DDR4内存之后的新一代内存规格。该内存采用更新的技术和制造工艺，在供电标准上也进行了调整，降低了工作电压以实现更低的功耗。

图4-7为典型DDR5内存的实物外形。从外形上看，DDR5内存的金手指也采用曲线设计，但规格与DDR4内存有所不同。对于DDR5内存，最直观的升级在于其频率的提升。DDR4内存的最低频率为2133MHz，而DDR5内存的最低频率直接倍增至4800MHz。其后续主流频率甚至可以达到6000MHz以上，这使得DDR5内存的读/写速度有了很大的提升。另外，DDR5内存在单片芯片密度和容量上也有了很大的提升。在DDR4内存规范中，单颗内存颗粒（Die）的最大容量为16GB，而DDR5内存的单颗内存颗粒的最大容量可达64GB。

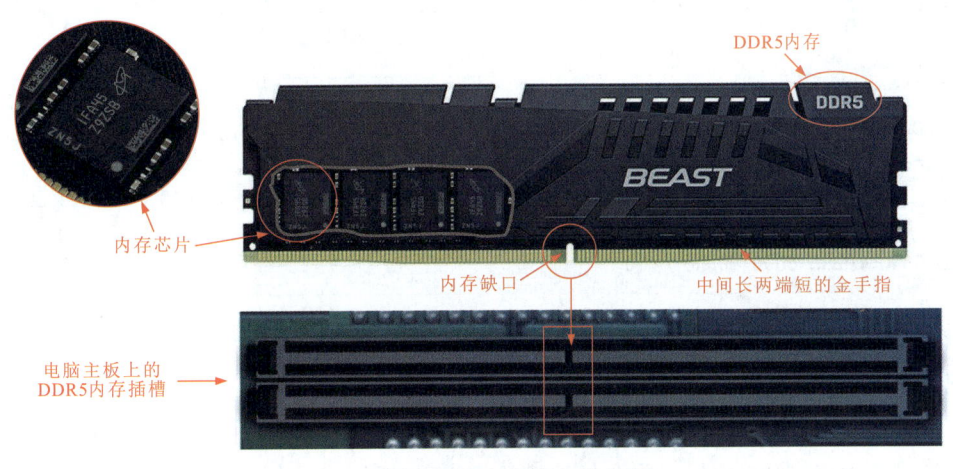

图4-7  典型DDR5内存的实物外形

## 4.2  内存的选购

### 4.2.1  内存的性能参数

作为电脑系统中暂存数据和指令的重要设备，内存的性能直接影响电脑系统的整体性能。其中，内存容量、频率、带宽等都是衡量内存性能的重要因素。

### 1  内存容量

内存容量是指内存的存储容量，是内存的关键性参数。内存容量的单位是字节（Byte）。对于整个电脑系统而言，内存容量越大，意味着电脑暂存和运算数据的能力越强。这也是在选购内存时非常重要的一个参考因素。

> **补充说明**
>
> 通常，在选配内存时，可以选配单条内存独立安装，也可以选配两条内存组成双通道。其中，单条内存（单通道）的安装方式非常简单，只占用一个内存插槽，可以为后期系统的升级预留空间。而双通道需要使用同规格的两条内存组成，这种方式可以提升数据同时读/写的速度。与单通道相比，双通道可以一边读取数据，一边写入数据。但双通道内存会占用两个内存插槽，会为后期系统的升级带来一定限制。
>
> 例如，系统配置16GB内存，既可以选择单条16GB内存的单通道方式，也可以采用两条8GB内存的双通道方式。从容量上看，都是16GB。就当前系统性能而言，两条8GB内存的双通道方式会大大优于单条16GB内存的单通道方式，但考虑到日后系统的升级，单条16GB内存可以再选配一条16GB内存构建成总容量为32GB的双通道系统。而两条8GB的双通道方式很容易达到升级的上限。即使考虑升级到四通道的方式，也可能会对电脑系统中其他硬件提出更高的要求。

### 2 内存频率

内存频率是内存所能达到的最高工作频率。简单地说，就是内存每秒能够执行的读/写操作的次数，这一频率以兆赫（MHz）为单位计量。一般而言，内存频率越高，其数据读/写的速度越快。在处理大型文件数据或执行多任务运算时，更高的内存频率可以提升电脑系统的运行速度，使操作更流畅，系统稳定性也更强。

> **补充说明**
>
> DDR内存的工作频率主要有DDR 266、DDR 333、DDR 400；DDR2内存的工作频率主要有DDR2 533、DDR2 667、DDR2 800；DDR3内存的工作频率主要有DDR3 1066、DDR3 1333、DDR3 1600、DDR3 1866、DDR3 2133、DDR3 2400；DDR4内存的工作频率主要有DDR4 2133、DDR4 2400、DDR4 2666、DDR4 2800、DDR4 3000和DDR4 3200；DDR5内存的工作频率主要有DDR5 4800、DDR5 5200、DDR5 5400、DDR5 5600、DDR5 6000和DDR5 6400。

### 3 内存带宽

内存带宽是衡量内存传输速率的重要参数，该参数决定了内存与CPU之间的数据传输速率。内存带宽越大，数据传输速率越快。

内存带宽的计算公式：内存带宽=内存频率×内存位宽÷8。

值得注意的是，在实际应用中数据传输速度会受内存访问延迟等因素影响，因此理论带宽值与实际表现可能有差异。

### 4 内存电压

内存电压是指内存正常工作时所需的电压。不同类型的内存对工作电压有不同的要求。例如，早期的SDRAM内存的工作电压一般为3.3V；DDR内存的工作电压为2.5V；DDR2内存的工作电压为1.8V；DDR3内存的工作电压为1.5V；DDR4内存的工作电压为1.2V。可以看到，随着内存的迭代更新，其工作电压越来越低，从而更符合节能的需求。

## 5 CAS延迟时间

CAS（Column Address Strobe，列地址选通脉冲）是衡量内存性能的重要指标之一，是指发出指令后多少个时钟周期才能找到相应的数据位置，其速度越快，性能就越高。这一指标通常用CAS延迟（CAS Latency，CL）来衡量。简单地说，CL就是内存从接收到读/写指令，到实际开始读/写操作之间所需的时间。因此，相同频率的内存，CL值越低，说明其性能越好。

## 6 SPD

SPD（Serial Presence Detect）是一个8针EEPROM（电可擦写可编程只读存储器）芯片，一般位于内存条正面的右侧，如图4-8所示。这个芯片记录了诸如内存的速度、容量、电压、行/列地址、带宽等参数信息。这些信息都是内存厂商在生产时预先写入的，开机时，PC的BIOS将会自动读取SPD中记录的信息。

图4-8　EEPROM芯片

### 4.2.2 选购内存的注意事项

#### 1 确认购买目的

在选购内存前要明确用途。如果仅用于一般的简单工作和娱乐，则内存容量在8GB就基本符合要求。但如果需要运行大型游戏或者需要执行多任务操作，则建议内存容量在16GB以上。

> **补充说明**
> 以上举例仅作为参考，具体选配要根据实际需求结合预算，连同主板、CPU、显卡等主要设备的选配综合考虑。

#### 2 认准内存类型

目前主流的内存类型主要有DDR3和DDR4两种，DDR、DDR1和DDR2已淘汰或不再是主流首选。与DDR3内存相比，DDR4内存具有更低的工作电压、更快的速度，能更好地满足各种运算需求。而DDR5内存在性能上虽然较其他内存产品有更大的优势，但其价格上并没有优势。

> **补充说明**
> 需要说明的是，不同类型的内存，由于其接口方式、工作电压都有所区别，因此不能互换使用。在选配时要注意内存与电脑主板、CPU等硬件之间的兼容问题。需详细查看主板和内存规格说明书，以确保所选配内存与主板之间的匹配。

### 3 注意识别打磨的内存条

一些不法经销商会将低档内存芯片上的原标识打磨掉,再重新刻写上新的标识以次充好。正品的芯片表面一般都很有质感,有光泽和荧光感。若观察到芯片的表面色泽不纯甚至比较粗糙、发毛,则这枚芯片的表面很可能受到了磨损和修改。

### 4 检查金手指工艺

金手指工艺是指电路板的触点上通过特殊工艺再镀上一层金,因为金不容易氧化,而且具有超强的导通性能,所以在内存触片中广泛应用了这一工艺,以提升内存的传输速度,如图4-9所示。

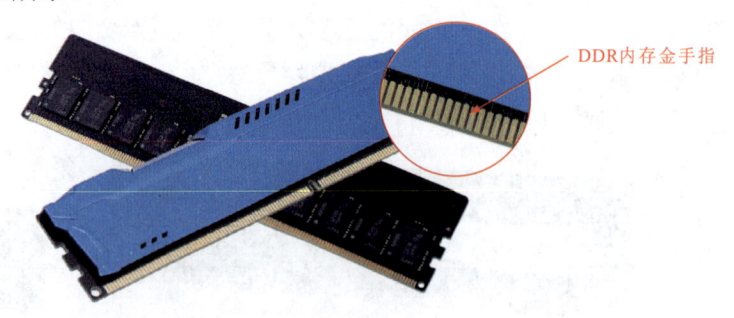

图4-9 DDR内存金手指

金手指的金层制作有两种工艺标准:化学沉金和电镀金。电镀金工艺比化学沉金工艺更先进,能够保证电脑系统运行得更加稳定。

### 5 查看电路板

电路板的做工要求板面光洁,元器件焊接整齐,焊点均匀有光泽,金手指要光亮,板上应该印刷有厂商的标识。常见的劣质内存往往存在芯片标识模糊或混乱、电路板毛糙、金手指色泽晦暗、电容器排列不整齐、焊点不干净等问题。

### 6 使用检测软件检测内存信息

如图4-10所示,在电脑系统中,可通过检测软件对所安装的内存信息进行识别,从而核对所购买的内存与标称的内存类型、参数是否对应。

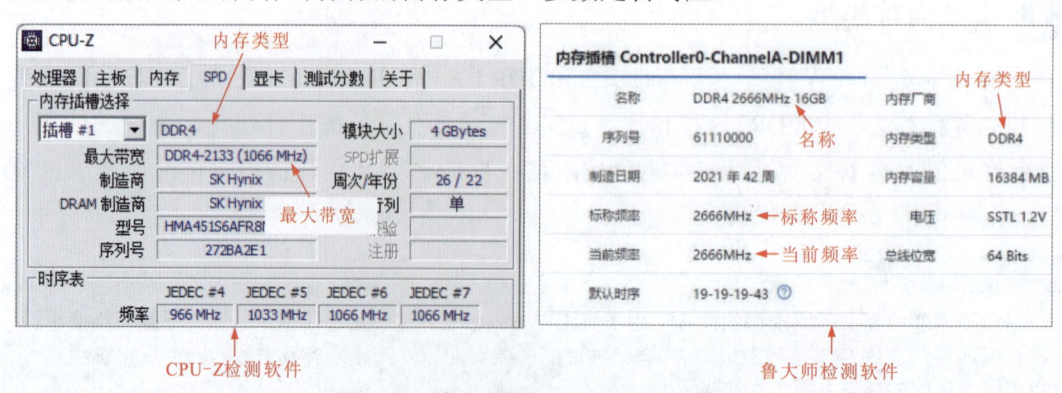

图4-10 使用系统软件检测内存信息

# 第5章 硬盘的结构、种类与选购

## 5.1 认识硬盘

### 5.1.1 硬盘的结构

硬盘是一种大容量的可读/写存储设备,电脑的系统程序、应用程序(软件)以及各种图片、文字、音频、视频等数据信息都存储在硬盘中,它是电脑中不可缺少的重要组成部件之一。

**1　硬盘的外部结构**

下面以机械硬盘为例说明硬盘的结构。图5-1为典型机械硬盘的实物外形。从外形上看,硬盘通常是一个密封的长方形金属盒,在金属盒的正面贴有硬盘的铭牌标识,反面可以看到硬盘的电路板。硬盘的接口位于硬盘的后部。

图5-1　典型机械硬盘的实物外形

## 1 硬盘的接口

早期的硬盘的接口如图5-2所示,接口类型依次为数据传输接口、跳线设置接口和供电接口。根据硬盘类型的不同,接口的形式和位置也不相同。

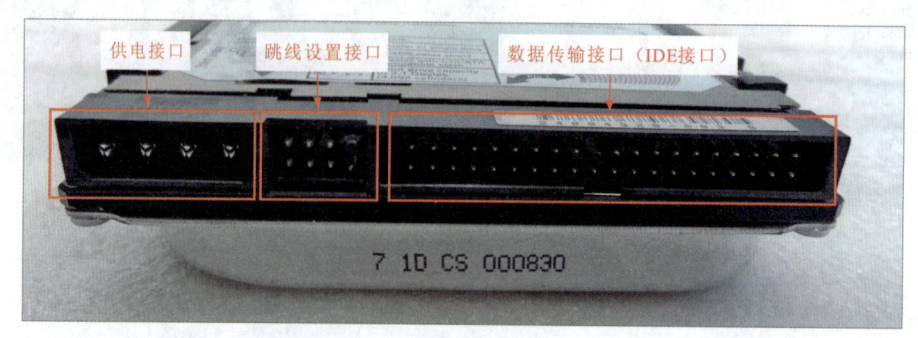

(a) IDE硬盘的接口类型

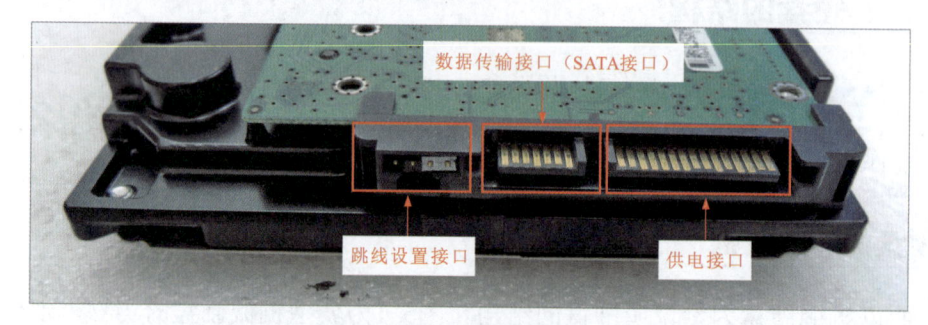

(b) SATA硬盘的接口类型

图5-2 早期的硬盘接口

(1) 供电接口。硬盘的供电接口用于与电脑的供电电源连接,由电脑供电电源向硬盘提供工作所需的基本电压,一般包括+12 V、+5 V两路直流电压。如图5-3所示,IDE硬盘的供电接口为4针脚直插式接口,而SATA硬盘的供电接口为15针脚扁平插入式接口。

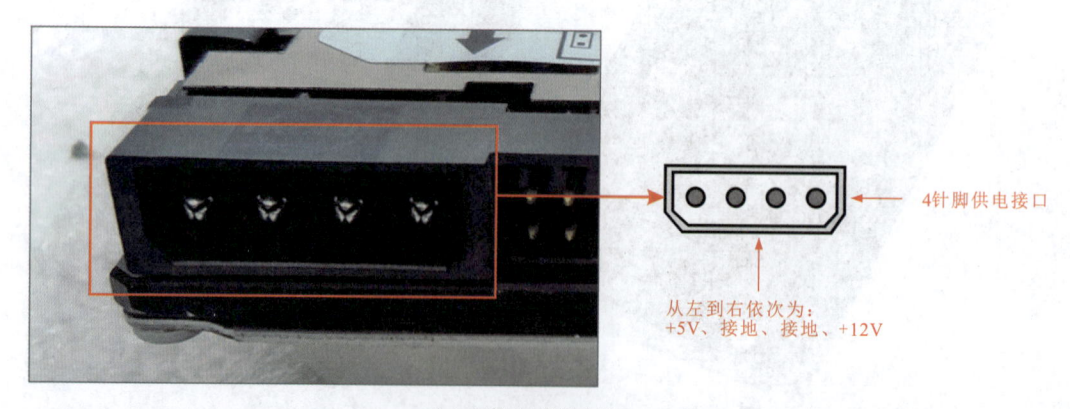

4针脚供电接口

从左到右依次为:
+5V、接地、接地、+12V

(a) 早期4针脚供电接口

图5-3 硬盘的供电接口

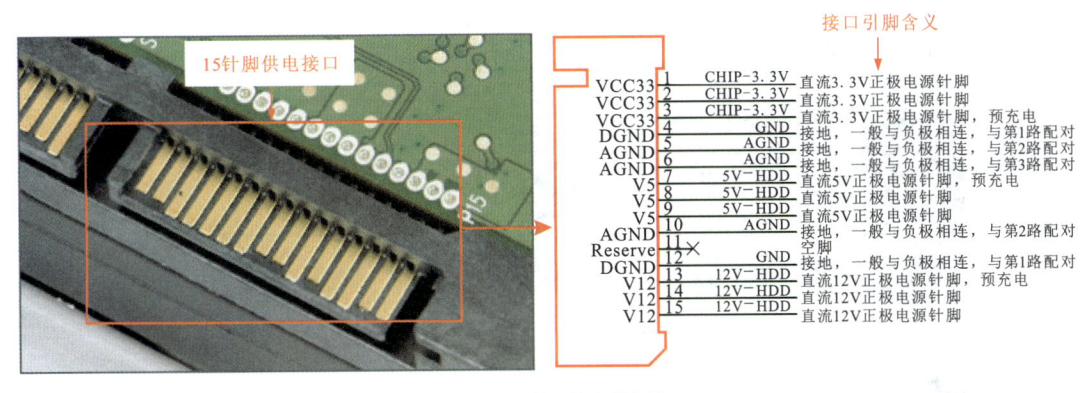

(b)目前流行的15针脚供电接口

图5-3 硬盘的供电接口（续）

（2）数据传输接口。数据传输接口是硬盘与电脑主板之间进行数据传输的通道。如图5-4所示，IDE硬盘的数据传输接口采用针脚插入式设计，而SATA硬盘的数据传输接口采用扁平插入式设计，其数据传输速率比IDE硬盘的数据传输速率更快。

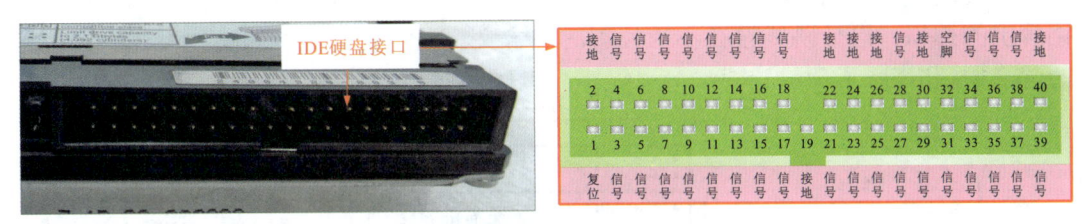

(a)早期硬盘数据传输接口（IDE接口）

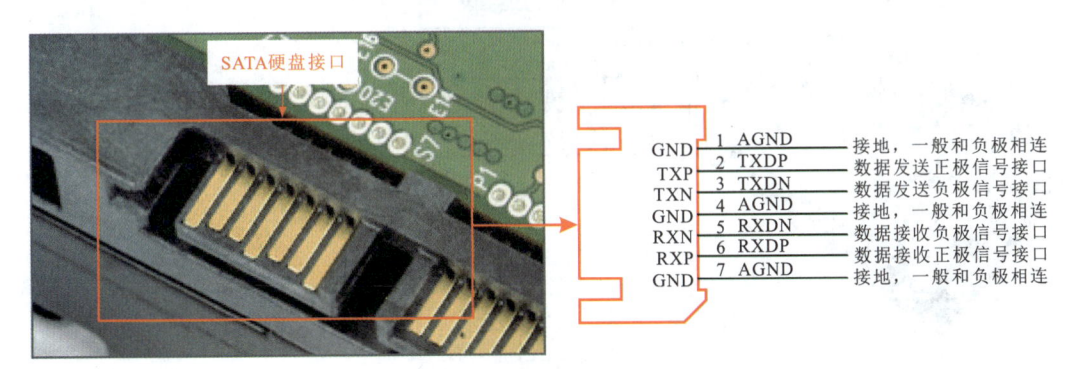

(b)目前流行的硬盘数据传输接口（SATA接口）

图5-4 硬盘的数据传输接口

（3）跳线设置接口。跳线设置接口用于对硬盘相关参数或主从关系进行设置。如图5-5所示，IDE硬盘的跳线设置接口采用8根跳线针的形式，而SATA硬盘的跳线接口采用4根跳线针的形式。

不同形式的跳线所表示的含义不同，跳线帽安装在不同位置时，所设置的内容也不同，相关含义可从硬盘外壳上的铭牌标识中进行了解。

**8根跳线针形式**

**4根跳线针形式**

跳线设置方式在硬盘铭牌上有明确标识

跳线设置方式在硬盘铭牌上有明确标识

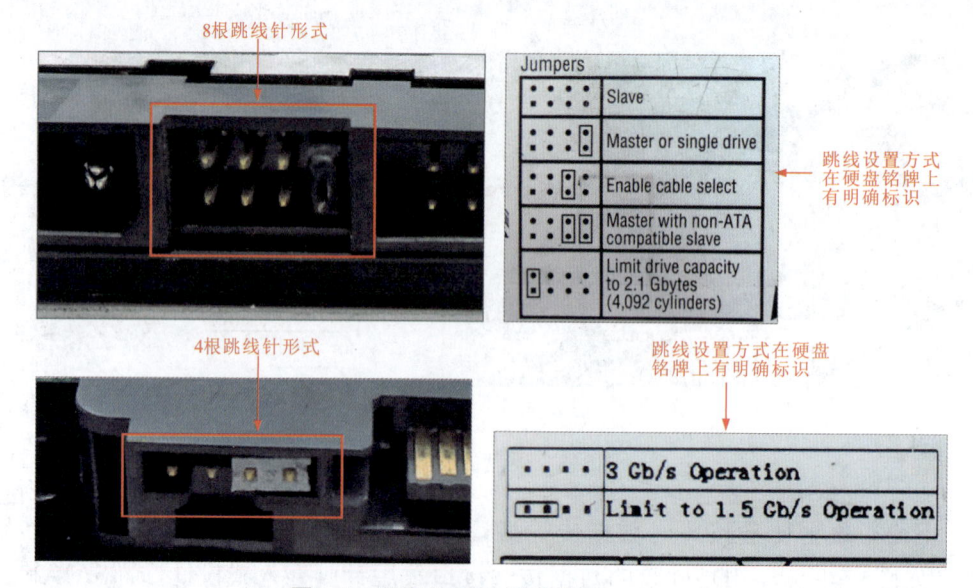

图5-5 硬盘的跳线设置接口

不同品牌的硬盘，其跳线设置方式和含义不同。进行设置时，需要仔细阅读硬盘铭牌上的标识，区分跳线帽在不同位置时的含义。两种硬盘跳线的跳线帽在不同位置的含义如图5-6所示。

表示当前硬盘为从盘

使用数据线选择硬盘主从

表示设置硬盘为主盘或该通道上只单独连接一个硬盘，即该硬盘独占一个IDE通道，这个通道上不能有从盘

表示存在一个主盘，而从盘是不与IDE接口硬盘兼容的硬盘，这包括老式的不支持DMA33的硬盘或SCSI接口硬盘

限制硬盘容量在2.1GB内

（a）IDE硬盘的跳线设置接口含义

不安装跳线帽时，硬盘的接口速率为3Gb/s

跳线帽在左侧时，硬盘的接口速率为1.5Gb/s

（b）SATA硬盘的跳线设置接口含义

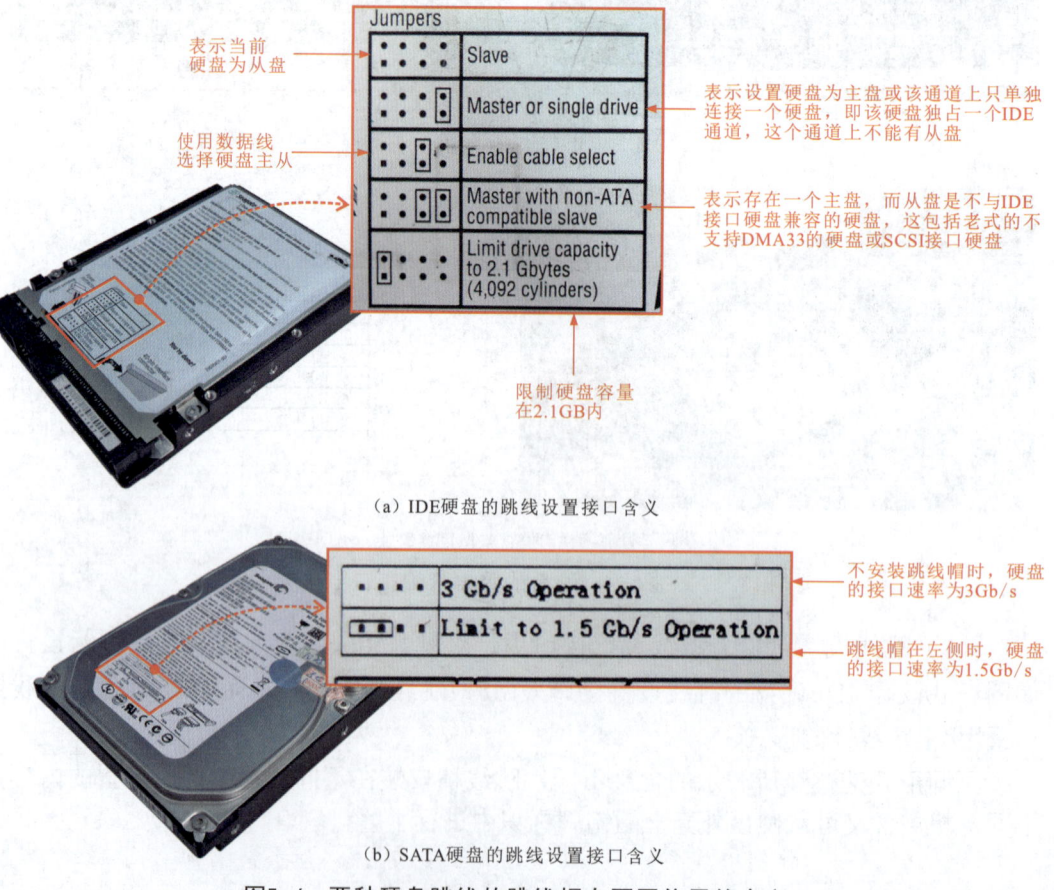

图5-6 两种硬盘跳线的跳线帽在不同位置的含义

## ② 硬盘的电路板部分

如图5-7所示,在硬盘背部,通常有一块绿色的印制板,该印制板为硬盘的电路板部分。

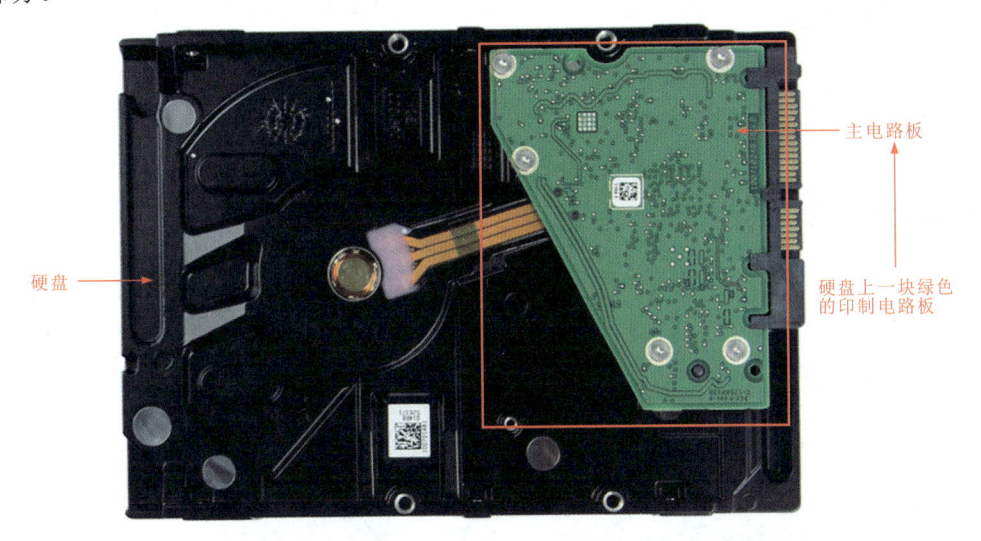

图5-7 硬盘的电路板部分

硬盘电路板是硬盘与电脑主板相互连接、通信的媒介,电脑主板通过数据接口向硬盘发送控制信号(电信号),硬盘电路板根据控制信号的内容进行相应处理。如果控制信号为写操作控制指令,则硬盘电路板将电信号转换为磁信息记录到硬盘盘片上;如果控制信号为读操作控制指令,则硬盘电路板将硬盘盘片上的磁信息转换为电信号并通过数据接口传送出去。

将电路板上的固定螺钉拧下,即可将电路板从硬盘上分离下来。如图5-8所示,微处理器(MCU)、数据缓冲存储器、硬盘电机驱动芯片等电气元件都采用贴装方式焊接在硬盘的电路板上。

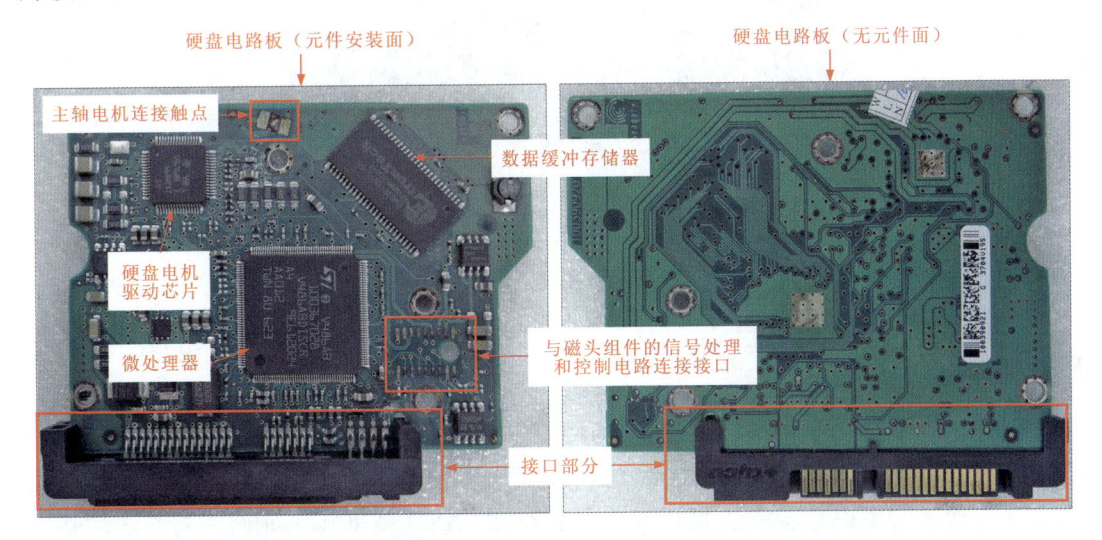

图5-8 硬盘电路板的结构

> **补充说明**
>
> 硬盘微处理器控制着硬盘电路板上的其他芯片集成电路，并协调各集成电路的工作，是硬盘电路板上的主控芯片。除了基本控制功能外，微处理器内部还集成有控制器和读/写数据处理器等。控制器主要用于控制硬盘读/写数据和与电脑之间的交换等；而读/写数据处理器则用于在硬盘进行读/写数据操作时，进行数据的处理。不同厂家生产的硬盘采用的微处理器不同，电路板的结构形式也不尽相同，但它们的作用都是相同的，即作为硬盘与主板之间的媒介，负责数据信息的读出和写入处理，并对硬盘的电机进行伺服控制。

## 2 硬盘的内部结构

将硬盘外部的密封壳体去除，即可看到硬盘的内部结构，如图5-9所示。硬盘的内部主要由磁盘盘片、主轴电机、磁头、摆杆、传动轴、摆杆驱动电机、磁头放大器、信号处理和控制电路等部分构成。

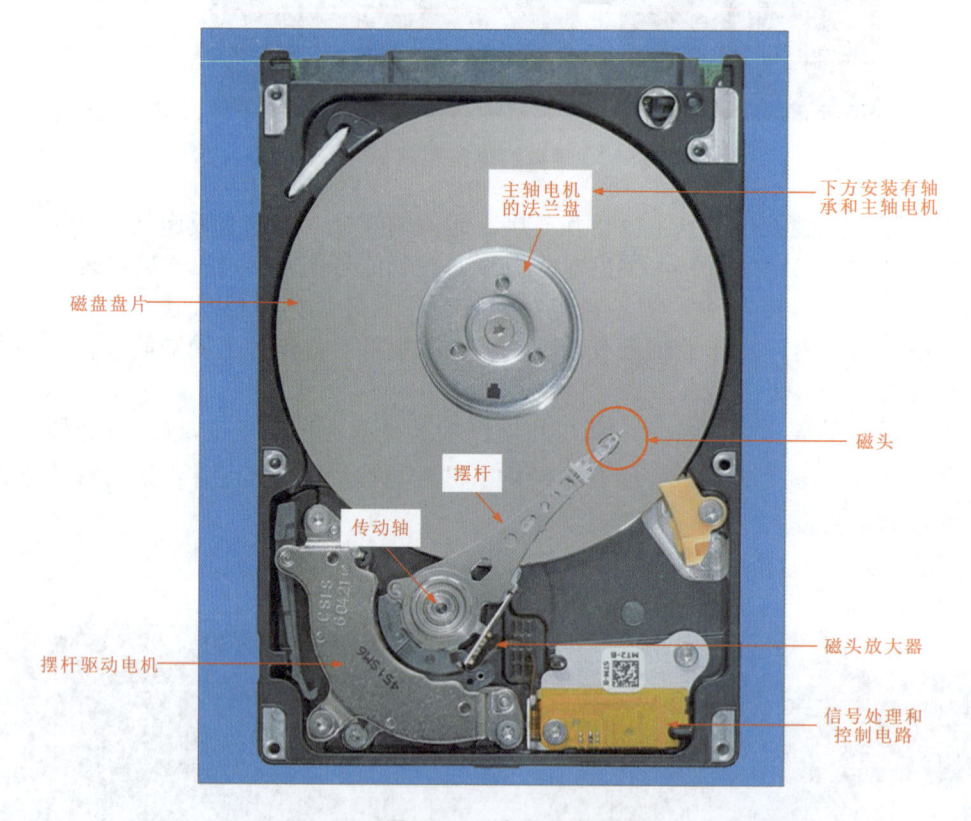

图5-9 硬盘的内部结构

### 1 主轴电机

图5-10为硬盘的主轴电机。硬盘中所有的盘片都是重叠安置的，它们之间保持一定的间距，以同轴的形式安装在主轴电机上。当主轴电机旋转时，将会带动所有的硬盘盘片同轴、同步旋转。磁盘盘片与磁头相对运动，将数据记录到磁盘盘片上或读取磁盘盘片上的数据。

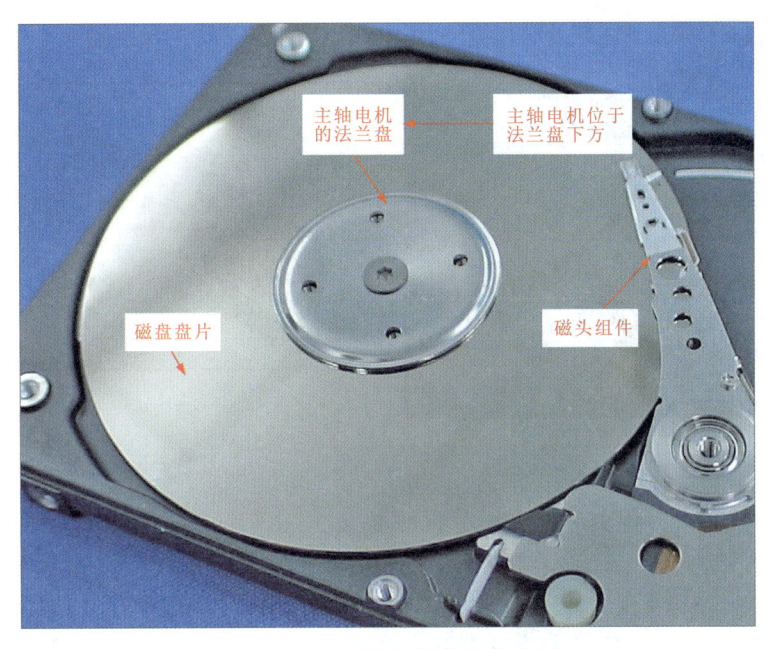

图5-10 硬盘的主轴电机

## ❷ 磁盘盘片

硬盘的磁盘盘片由硬磁性材料制成，这种材料被磁化后会以剩磁的形式保持所磁化的状态，因而可以将信号（数据）记录到磁盘上。硬盘中磁盘盘片的个数不等，可能为4片、3片或1片。图5-11为磁盘盘片的实物外形。

4个盘片结构
（盘片之间有一定间隙）

3个盘片结构
（盘片之间有一定间隙）

图5-11 磁盘盘片的实物外形

## ❸ 磁头组件

硬盘的磁头组件负责读取或者修改磁盘盘片上磁性物质的状态。图5-12为磁头的组件实物外形，其主要由磁头、摆杆、传动轴和摆杆驱动电机等部分构成。

磁头位于摆杆的最前端，与磁盘盘片保持恒定的微小间隙，并悬浮于磁盘盘片上。这样的设计使得它可以将数据信息记录到磁盘盘片上，也可以读取磁盘盘片上记录的数据信息，同时保证磁头和磁盘不接触，因此不会有磨损。

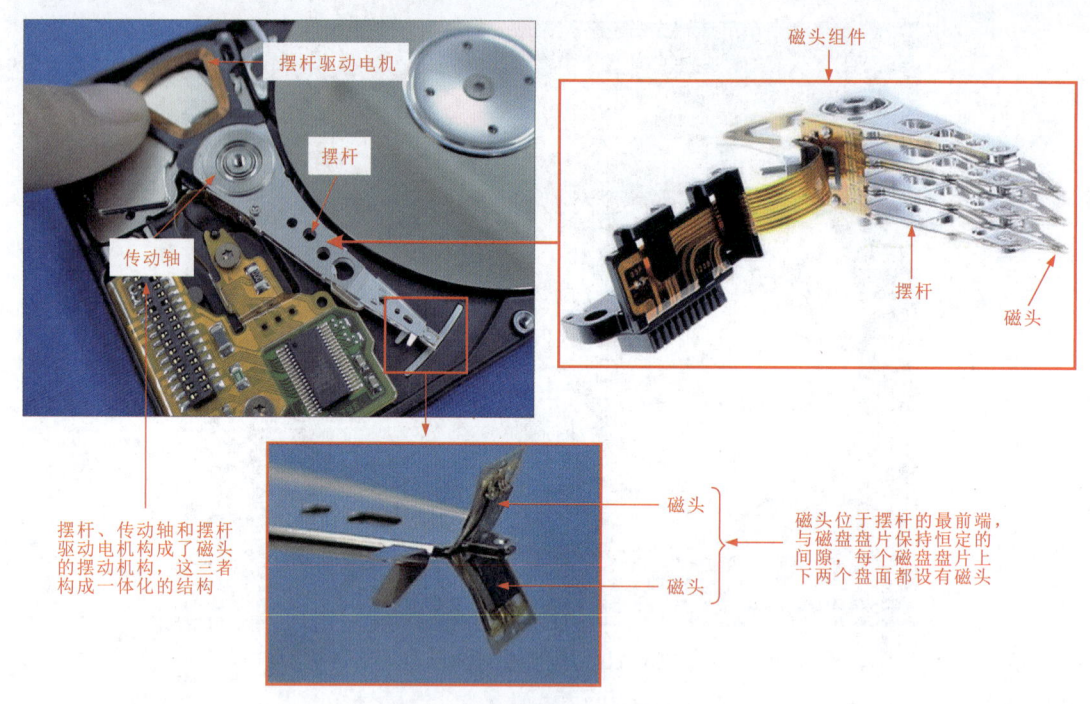

图5-12 磁头组件的实物外形

摆杆、传动轴和摆杆驱动电机构成了磁头的摆动机构。磁头的摆杆安装在机座的固定轴上，摆杆在电机的驱动下绕轴心摆动，能迅速找到存取数据的磁道以及存取数据的位置。

硬盘的每个磁盘盘面都设有磁头，所有的磁头摆杆同步摆动，因而每个磁头的位置在柱面上相同，可同时读取多个磁盘盘片上的信息，也可同时进行数据记录。图5-13为四个磁头读/写两个磁盘盘片的示意图，两个磁盘盘片的正反面都可记录数据。

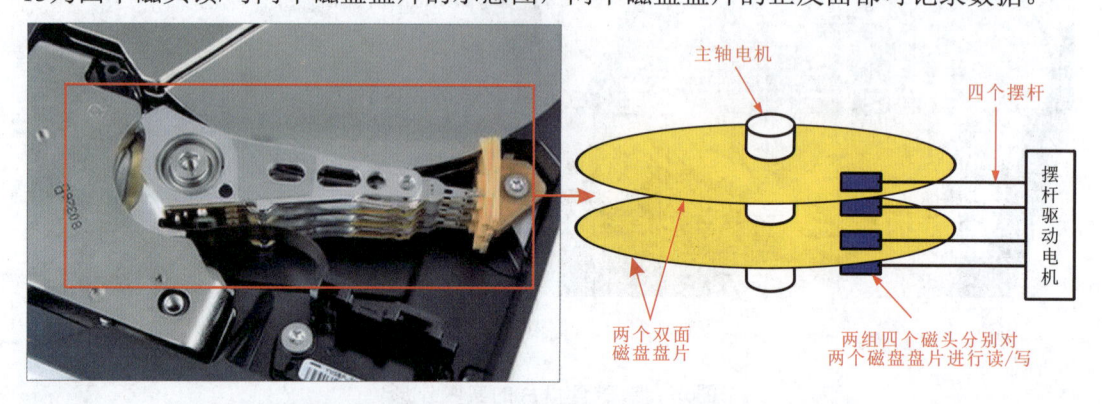

图5-13 四个磁头读/写两个磁盘盘片的示意图

### ④ 磁头放大器、信号处理和控制电路

图5-14为硬盘的磁头放大器及信号处理和控制电路的实物外形。多个磁头的引线（软排线）沿着摆杆引出，信号经磁头放大器集成电路后，再经引线送到硬盘的数据信号处理和控制集成电路。在这里，信号经进一步处理后，通过32脚接口传送到硬盘的主电路板，最后经主电路板处理后发送给电脑。

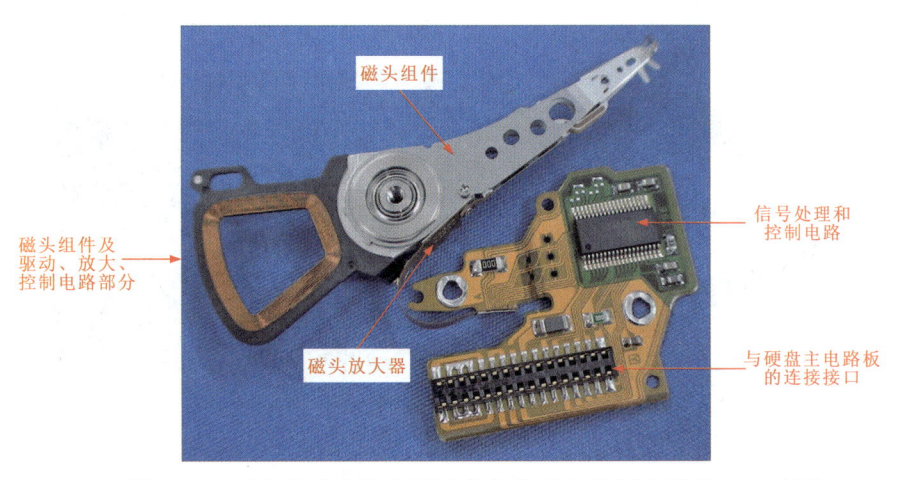

图5-14 硬盘的磁头放大器及信号处理和控制电路的实物外形

## 5.1.2 硬盘的种类

目前，硬盘按照结构的不同可以分为机械硬盘和固态硬盘。

### 1 机械硬盘

图5-15为典型的机械硬盘（Hard Disk Drive，HDD）。机械硬盘采用旋转的盘片和磁头的读/写来存取数据，是当前主流的选择之一，具有容量大、价格实惠的特点。但较固态硬盘而言，其读/写速度较慢，功耗较高。

图5-15 典型的机械硬盘

### 2 固态硬盘

图5-16为典型的固态硬盘（Solid State Drive，SSD）。固态硬盘没有机械结构，采用闪存颗粒作为存储介质。与传统机械硬盘相比，这种硬盘具有读/写速度快、功耗低、轻便小巧等特点，但由于其价格较高，多由高端用户选用。

图5-16 典型的固态硬盘

固态硬盘主要由主控芯片、闪存芯片及缓存芯片等部分构成。其中，主控芯片负责存储路径的管理及对闪存芯片的读/写控制；闪存芯片为主要存储核心；缓存芯片用于缓存数据以提高对数据的读/写性能。

## 5.2 硬盘的选购

### 5.2.1 硬盘的性能参数

**1 硬盘容量**

硬盘容量是选购硬盘时要考虑的重要因素。随着技术的发展，硬盘的容量规格也越来越丰富多样，常用的容量单位有MB、GB、TB等，通常会直接标注在硬盘的表面，便于用户识别，如图5-17所示。

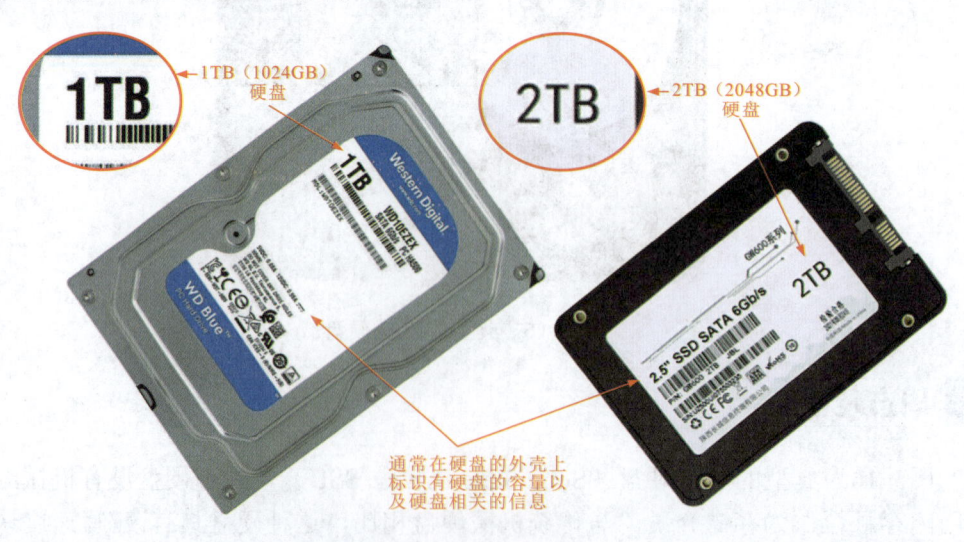

图5-17 不同容量的硬盘

### 2 读/写速度

硬盘的读/写速度是指硬盘读取和写入数据的速度,该参数直接影响电脑的运行效率,对系统性能至关重要。一般来说,机械硬盘由于其结构的限制,读/写速度与硬盘的转速直接相关。通常,5400转/分的机械硬盘,其读/写速度约为50~100MB/s;7200转/分的机械硬盘,其读/写速度约为100~200MB/s。而固态硬盘的读/写速度较机械硬盘快很多,平均速度在150~3000MB/s,有些甚至可以突破5000MB/s。

### 3 传输接口

硬盘常见的传输接口类型有IDE、SATA、PCIe NVMe和U.2等。

#### 1 IDE接口

图5-18为IDE接口的硬盘的实物外形。IDE接口的硬盘价格低廉、兼容性强,但由于传输速度没有SATA接口的硬盘传输速度快,已经逐渐退出市场。在IDE接口的硬盘上,最左端的接口为电源供电接口,中间的接口为跳线设置接口,右端的接口为IDE数据传输接口。

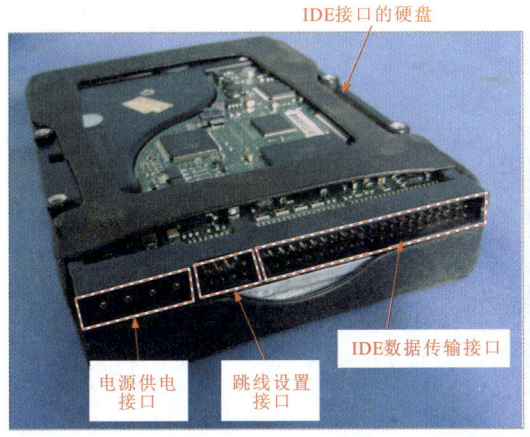

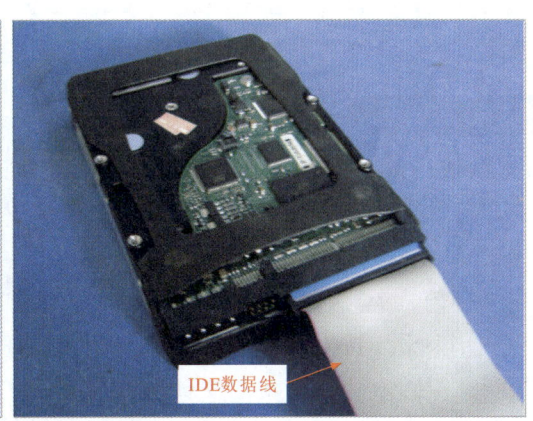

图5-18 IDE接口的硬盘的实物外形

#### 2 SATA接口

图5-19为SATA接口的硬盘的实物外形。SATA接口又称为串行接口,是当前主流的硬盘接口类型。该接口结构简单、支持热插拔、具有超强的纠错能力。在SATA接口的硬盘上,左端的接口为电源供电接口,中间的接口为数据传输接口,右端的接口为跳线设置接口。

> **补充说明**
>
> SATA接口分为SATA1.0、SATA2.0以及最新的SATA3.0。其外观没有差别,主要区别在于传输速度。目前,SATA3.0是运用最普遍的接口,主要适用于机械硬盘,部分2.5英寸的固态硬盘也使用该接口。

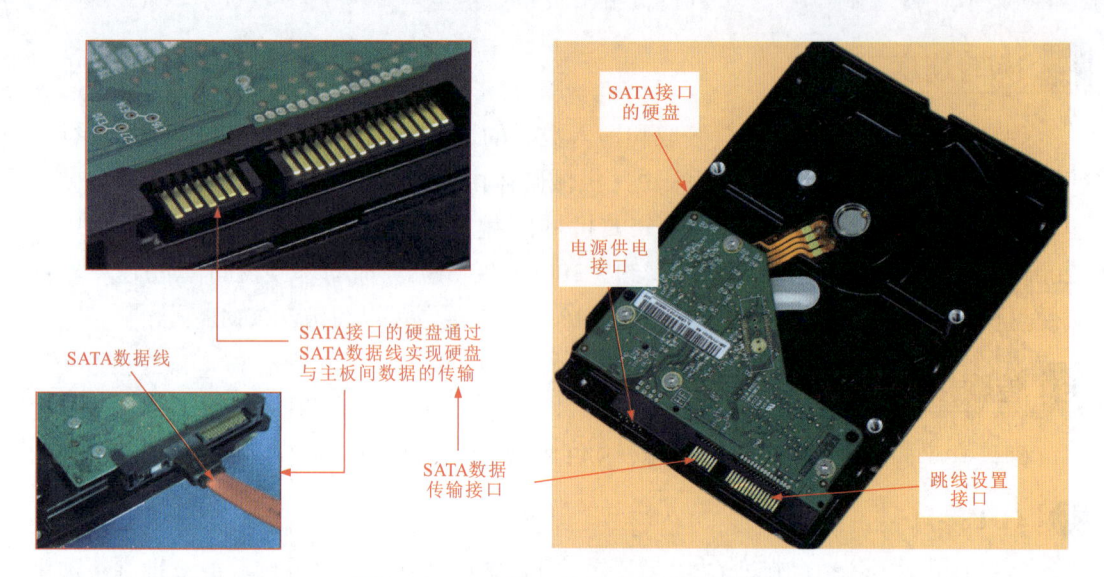

图5-19 SATA接口的硬盘的实物外形

### ❸ PCIe NVMe接口

PCIe NVMe接口是一种基于PCIe总线的高性能硬盘连接接口。它基于PCIe总线，采用NVMe协议，具有高带宽、低延迟的特点，能够显著提升数据传输速率和系统性能。

> **补充说明**
>
> NVMe（Non-Volatile Memory Express）是专为固态硬盘设计的一种新型的通信接口协议，它可以充分利用PCIe提供的带宽，直接与系统CPU进行通信，从而消除系统上的存储性能瓶颈。

目前，常见的PCIe NVMe接口类型有三种，即M.2接口、U.2接口和AIC接口。图5-20为采用PCIe NVMe M.2接口的固态硬盘，其体积小巧，便于安装。目前，市面上的高速固态硬盘多采用这种接口形式。

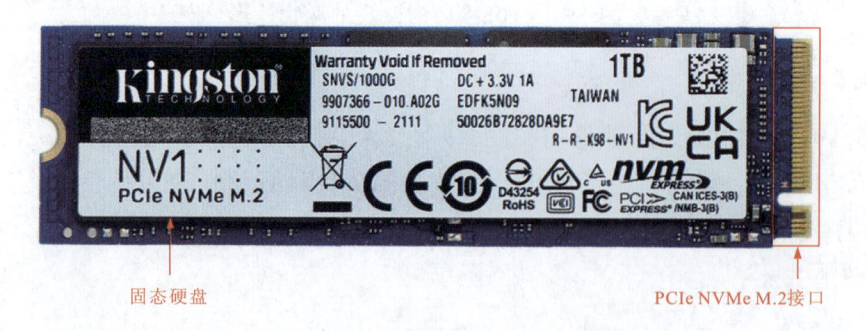

图5-20 采用PCIe NVMe M.2接口的固态硬盘

如图5-21所示，PCIe NVMe M.2接口又可细分为B-KEY、M-KEY、B&M-KEY三种插槽形式，以支持不同规格的PCIe NVMe M.2接口的固态硬盘。

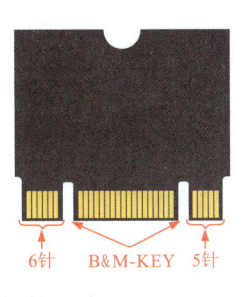

6针　B-KEY　　　　M-KEY　5针　　　6针　B&M-KEY　5针

图5-21　B-KEY、M-KEY和B&M-KEY三种插槽形式

图5-22为采用PCIe NVMe U.2接口的固态硬盘，这种硬盘接口形式与SATA相似，且体积与SATA硬盘尺寸相同，通常是2.5英寸。

U.2接口　　　　　　SATA接口

图5-22　采用PCIe NVMe U.2接口的固态硬盘

图5-23为采用PCIe NVMe AIC接口的固态硬盘。AIC接口直接采用原生PCIe接口，无须转换便可直接连接主板上的PCIe插槽，因此采用AIC接口的固态硬盘拥有很好的性能表现。但是AIC形态的固态硬盘成本高昂，多应用于高端消费级主机。

PCIe NVMe AIC接口

图5-23　采用PCIe NVMe AIC接口的固态硬盘

## 5.2.2　选购硬盘的注意事项

### 1　确认购买目的

硬盘是电脑系统中非常重要的存储设备，承载着系统程序、操作软件以及各类数据资料。购买硬盘首先要考虑需求，如果仅作为普通家用，则可选择性价比高且运行稳定的机械硬盘。

如果对性能有较高的需求，那么固态硬盘将是更好的选择。这种硬盘采用闪存技术，具有读/写速度快、稳定性高的特点，但其价格较机械硬盘要贵很多。

### 2 认准硬盘类型

在选购硬盘时,要注意硬盘的铭牌标识。如图5-24所示,硬盘的铭牌清晰标注了硬盘的品牌、型号、容量、接口类型以及跳线设置方法等基本属性信息。通过这些标识,用户可以清楚了解和判断所选购的硬盘是否满足个人需求。

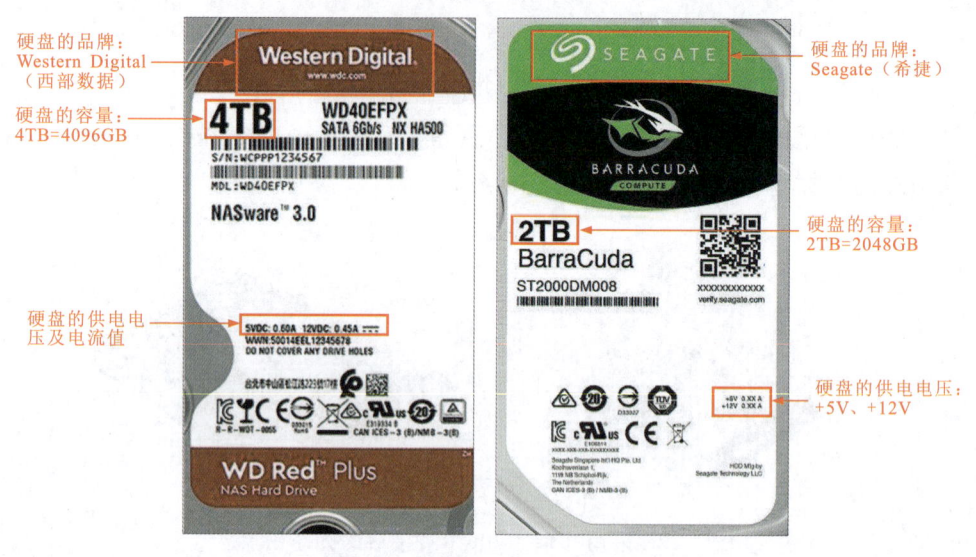

图5-24 机械硬盘上的铭牌标识

### 3 检验硬盘

检验硬盘时,应先观察其外包装,正规产品的外包装应规范且密封措施完好,硬盘接口及表面无任何摩擦痕迹。

检测硬盘可通过专业检测软件实现。常用的硬盘检测软件包括HDDSCAN、EVEREST、HD Tune、CrystalDiskInfo等。

图5-25为HDDSCAN软件的界面。HDDSCAN是一款专门用于检测硬盘性能的工具软件。该软件提供对整个硬盘的扫描、坏道(坏块)检测及修复处理功能。

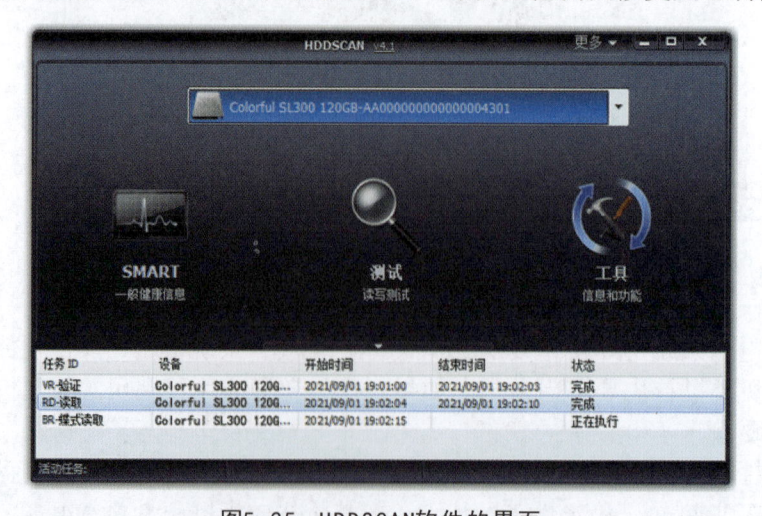

图5-25 HDDSCAN软件的界面

图5-26为HD Tune软件的界面。该软件可以测量硬盘的传输速率、突发传输速率、CPU占用率、序列号、温度等。

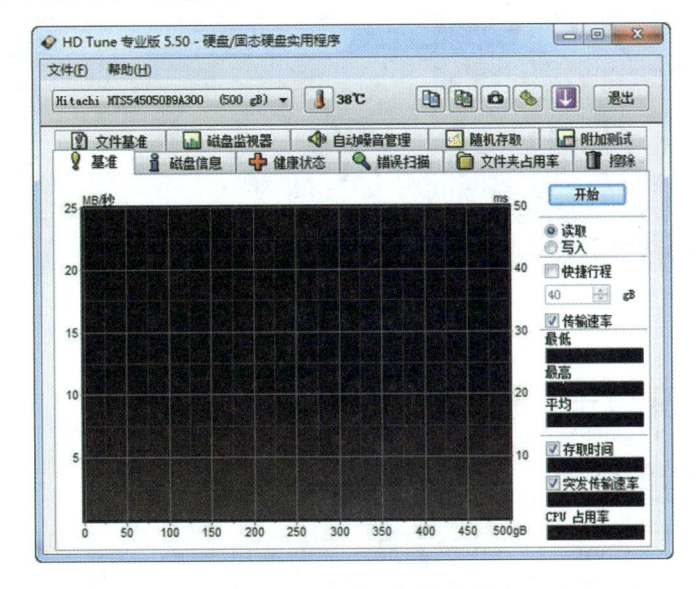

图5-26  HD Tune软件的界面

图5-27为CrystalDiskInfo软件的界面。该软件是一款功能强大的硬盘检测软件，它可实时监测硬盘的接口类型、转速、通电时间、通电次数等参数，并且支持对多种硬盘类型的检测。此外，还能够智能实时监控磁盘的温度，提供更全面的健康诊断。

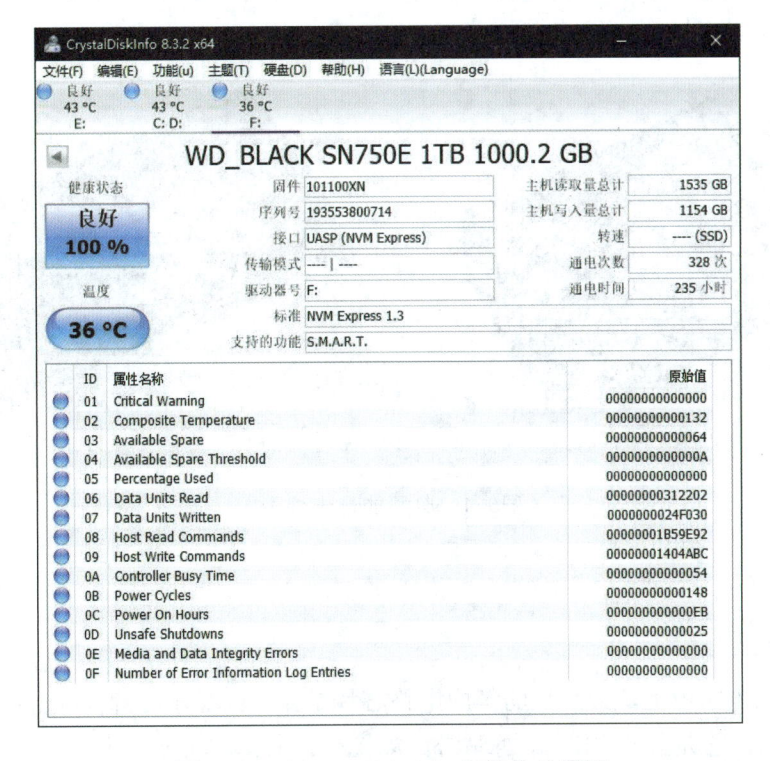

图5-27  CrystalDiskInfo软件的界面

# 第6章 显卡的结构、种类与选购

## 6.1 认识显卡

### 6.1.1 显卡的结构

显卡（Graphics Card）作为电脑与显示器的接口电路，被安装在主板上。在工作时，电脑运算和处理过程中产生的图形、图像信号会通过显卡的电路，变成视频图像信号再送到显示器中显示。

图6-1为典型的显卡外形。显卡的I/O接口用于与外部显示设备连接，而显卡的金手指接口用于与主板上的显卡插槽连接。将显卡的散热模块卸下，即可看到显卡的电路板。在电路板上的各种电路元件中，显示芯片（显卡芯片）、显存芯片、供电控制芯片都是决定显卡性能优劣的重要元件。

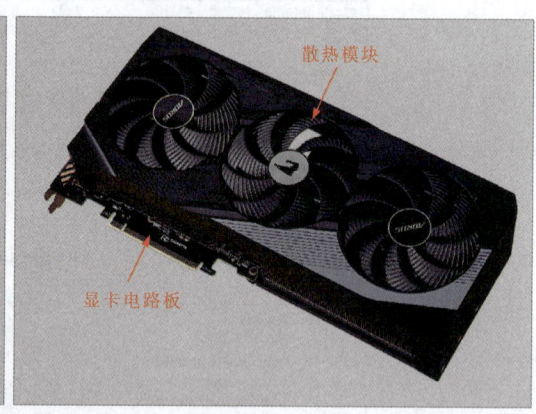

图6-1 典型的显卡外形

**1 显示芯片**

在显卡的电路板上，最醒目的集成电路芯片是显卡的显示芯片（Graphic Processing Unit，GPU），它是显卡的图像处理器。如图6-2所示，目前主流显卡的显示芯片有AMD的Radeon系列和NVIDIA的GeForce系列。

AMD的Radeon系列GPU　　　　NVIDIA的GeForce系列GPU

图6-2　主流显卡的显示芯片

## 2 显存芯片

如图6-3所示，显存芯片（RAM）是用于存储图形数据的存储器。它采用贴装方式安装在显示芯片周围。显存的大小和速度决定了显卡的运算处理能力。

显存芯片

图6-3　显卡的显存芯片

## 3 供电控制芯片

如图6-4所示，显卡的供电控制芯片的主要作用是管理显卡的供电，它能够根据显卡负载情况动态调整显卡的供电电压和电流，确保为显卡正常工作提供稳定的电力支持。同时，显卡的供电控制芯片还具有过流、过压保护和温度保护等功能，能够有效保护显卡的供电安全。

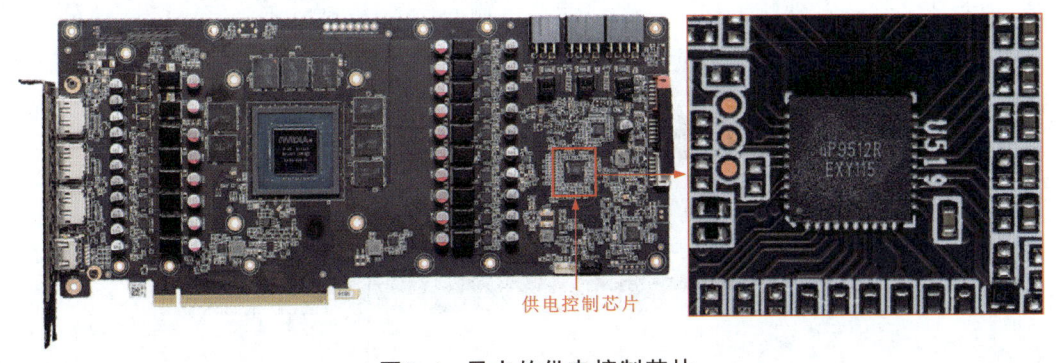

供电控制芯片

图6-4　显卡的供电控制芯片

### 4  I/O接口

为适应与不同类型显示设备的连接，显卡I/O接口的种类很多，主要包括VGA、DVI、HDMI、Display Port、USB Type-C等。

图6-5为VGA（Video Graphics Array，视频图形阵列）接口，这是一种模拟信号视频接口。该接口采用15针D型接头，分为3排，每排5孔。能支持多达16.7万种颜色的显示，并具有较高的分辨率和刷新率。VGA接口常用于连接VGA接头的显示器，传输模拟RGB视频信号。

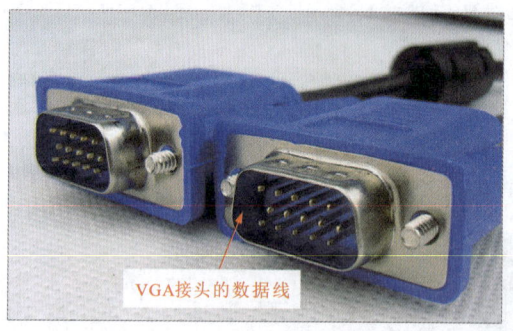

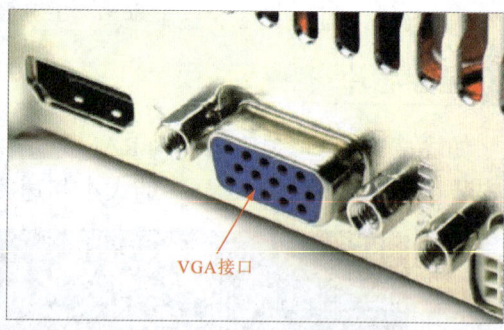

图6-5  VGA接口

图6-6为DVI（Digital Visual Interface，数字视频）接口。它是一种视频接口标准，可以发送未压缩的视频信号数据到显示设备。主要用于连接LCD、数字投影仪等显示设备。

图6-6  DVI接口

图6-7为HDMI（High Definition Multimedia Interface，高清多媒体）接口。HDMI接口是一种全数字音视频接口，该接口能够传输高质

图6-7  HDMI接口

量、高分辨率的视频信号和无损音频信号。支持4K×2K分辨率。其数据传输速度非常快，可满足高带宽视频传输需要，是目前现代数字设备和显示设备的标准接口之一。

图6-8为Display Port接口。Display Port接口是一种高清数字显示接口，可支持高分辨率视频和多通道音频传输。支持双向通信，可实现设备之间的信息交互，具有良好的兼容性，目前广泛应用于各种高清显示设备。

图6-8 Display Port接口

图6-9为USB Type-C接口。USB Type-C接口支持高速数据传输，其传输速率最高可达10Gb/s，可满足大文件和多媒体数据传输需求。通过该接口，可连接新型数码显示设备，实现高质量图像显示和视频播放。同时，USB Type-C接口支持多种功能扩展，如高速数据传输、音频输出、外部麦克风或摄像头等设备连接等。

图6-9 USB Type-C接口

## 5 显卡散热模块

由于显卡在工作时会产生热量，如果不能及时散热，会直接导致显卡温度过高，进而造成显卡工作不良甚至损坏。显卡散热模块的主要作用就是为显卡散热，其主要由散热风扇和散热片两部分构成。如图6-10所示，散热风扇安装在散热片的外部；散热片通过导热胶贴与显示芯片及显卡重点散热部位紧密接触，以确保将显卡工作过程中产生的热量扩散出来，再由散热风扇加速空气流动，使热量快速排出。

图6-10  显卡散热模块

## 6.1.2 显卡的种类

### 1 根据显示芯片分类

目前，市面上流行的显卡主要采用AMD显示芯片和NVIDIA显示芯片。这两种不同显示芯片的显卡都有着各自的特点。

#### 1 AMD芯片显卡

图6-11为AMD芯片显卡的实物外形。从外观上看，它主要由AMD显示芯片、处理器风扇、输出接口（显卡总线接口）、显卡金手指等部分构成。

图6-11  AMD芯片显卡的实物外形

## ❷ NVIDIA芯片显卡

图6-12为NVIDIA芯片显卡的实物外形。从外观上看，它主要由NVIDIA显示芯片、输出接口、处理器风扇、主板连接口、外接电源接口等部分构成。

处理器风扇

外接电源接口

该显卡中设置有三个DVI接口

输出接口

主板连接口

NVIDIA显示芯片

图6-12 NVIDIA芯片显卡的实物外形

在显卡上可以找到与内存相似的贴片式集成电路芯片，它们的体积比显示芯片小，多成对出现，这些芯片就是显存芯片。显卡上的显存芯片主要用于存储显示过程中产生的信号数据。根据传输技术的不同，大致可以将显存分为单数据传输模式（SDR）和双数据传输模式（DDR）两大类。显存的容量和传输速度是显卡性能的重要指标，显存越大，表明显卡所能暂存并处理的数据量越大；传输速度越快，表明显卡处理数据的效率越高。

### ❷ 根据显卡接口类型分类

显卡接口类型主要有ISA、PCI、AGP和PCI-E。其中，ISA接口对应主板的ISA插槽，这是最早期的显卡接口类型。这种接口占用CPU资源高，且数据传输带宽小，目前已基本淘汰。

图6-13为采用PCI接口的显卡。在ISA接口之后,PCI接口显卡成为主流显卡。随着技术的发展,采用这种接口的显卡受带宽限制,渐渐无法满足高质量图像显示输出的需要,被逐渐淘汰。

图6-13 采用PCI接口的显卡

图6-14为采用PCI-E接口的显卡。PCI-E接口采用点对点串行连接方式,使每个传输通道都能独享带宽,从而为显卡提供了高带宽的数据传输能力,确保显卡在处理高分辨率、高帧率图像时更加流畅。目前,PCI-E接口是主流的显卡接口类型。

图6-14 采用PCI-E接口的显卡

随着技术的不断发展,PCI-E显卡接口标准迭代出PCI-E1.0、PCI-E2.0、PCI-E3.0、PCI-E4.0。表6-1为PCI-E显卡在不同标准下的参数对比。

表6-1 PCI-E显卡在不同标准下的参数对比

| PCI-E | 传输速率 | 单向通道传输带宽 | | | |
|---|---|---|---|---|---|
| | | X1 | X4 | X8 | X16 |
| 1.0 | 2.5Gb/s | 250MB/s | 1GB/s | 2GB/s | 4GB/s |
| 2.0 | 5Gb/s | 500MB/s | 2GB/s | 4GB/s | 8GB/s |
| 3.0 | 8Gb/s | 984.6MB/s | 3.93GB/s | 7.87GB/s | 15.75GB/s |
| 4.0 | 16Gb/s | 1.96GB/s | 7.87GB/s | 15.75GB/s | 31.51GB/s |

## 6.2 显卡的选购

### 6.2.1 显卡的性能参数

显卡的性能参数包括核心频率、显存频率、显存容量和显存位宽等。

**1 核心频率**

核心频率是指显示芯片的运行速度。一般来说，核心频率越高，意味着显卡能够在单位时间内处理的信息越多，表明显卡处理图像信息的速度越快。

**2 显存频率**

显存频率是指显存芯片的运行速度。显存频率决定了显存读取和处理图像数据的速度。显存频率越高，意味着显卡处理复杂图像信息的能力越强。

> **补充说明**
>
> 核心频率和显存频率都是衡量显卡性能的重要指标。核心频率越高，显卡处理复杂图像的效果越好；显存频率越高，显卡处理复杂图像的速度越快。需要注意的是，显存频率的性能在很大程度上受核心频率的制约。如果核心频率较低，则即使显存频率很高，也无法发挥最佳效果。因此，在评估显卡性能时，核心频率和显存频率要综合考量。

**3 显存容量**

显存容量，即显存的大小，是决定显存临时存储数据能力的重要参数。无论是高清的视频图像，还是流畅的三维游戏画面，都需要显卡处理大量的数据。如果显存容量不足，则会直接导致显卡处理运算数据的速度变慢。直观的表现就是画面不同步、卡顿甚至死机。早期显卡的显存容量很小，仅仅以MB为单位。随着技术的发展，现在显卡普遍的显存容量都在8～16GB之间，高端显卡的显存容量更是达到了32GB及以上。

**4 显存位宽**

显存位宽决定了显存芯片与显示芯片之间的数据传输速度。显存位宽越大，数据传输速度就越快。目前，市面上主流显卡的显存位宽多为128位和256位，而高端显卡的显存位宽则更高。

### 6.2.2 选购显卡的注意事项

**1 确认购买目的**

显卡种类繁多，在选购前应明确个人用途，因为不同用途对显卡的要求也不同。如果是用于办公文案方面，则对显卡的性能要求较低，选择大众主流且性价比高的显卡即可。

如果是用于游戏、娱乐方面，则应选择性能更强的显卡。其中，AMD显卡因具备更大的显存容量和显存位宽，能够在处理高分辨率和帧率的视频时更加流畅，受到很多游戏娱乐玩家的喜爱。

对于视频或动画制作等专业领域，则需要选购专业级的显卡。NVIDIA显卡在此方面更具优势，这类显卡的CUDA核心数量和性能更加优良，能够在处理大量并行运算任务时更加得心应手，如视频剪辑、特效制作、3D建模等。此外，NVIDIA显卡的图形处理单元在实时预览和特效处理上能够提供流畅的预览效果和快速渲染速度，且能与大多数编辑软件保持良好的兼容性。

## 2 挑选显卡

在挑选显卡时，首先要从外观上检查其用料是否扎实、做工是否精细，这关系到显卡的稳定性和耐用性。

其次，应根据显卡的技术资料对显示芯片、显存容量、核心频率、显存位宽等参数指标进行认真比对。在显示芯片方面，知名的显示芯片主要有NVIDIA和AMD两个品牌。对于核心频率、显存容量和显存带宽，当然是核心频率越高，性能越优良；显存容量和带宽越大，显卡的数据处理能力越强。但这些性能提升也会伴随着显卡的价格不断升高，因此，需要根据个人需求综合考虑。

此外，通过软件评测显卡性能也是一种非常有效的方法。例如，3DMark、FurMark、GpuInfo都是非常专业的测试软件。

图6-15为3DMark评测软件。该软件对显卡的测试涵盖了基础图形测试、高级图形测试、物理测试等方面，能够对显卡的性能给出全面的专业评估。

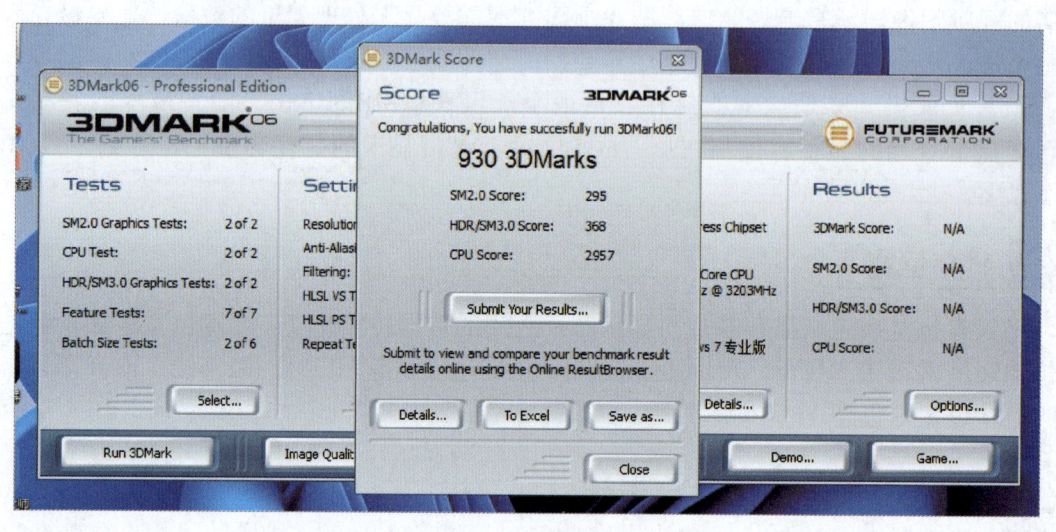

图6-15　3DMark评测软件

图6-16为FurMark评测软件。该软件可以测试显卡的OpenGL性能，可通过皮毛渲染算法衡量显卡的稳定性和兼容性。FurMark评测软件提供多种测试选项，可评估显卡在不同场景下的性能表现。

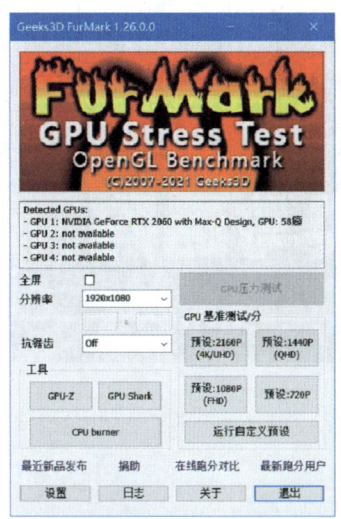

图6-16　FurMark评测软件

> **补充说明**
>
> OpenGL（Open Graphics Library，开放式图形库）是一种用于渲染二维和三维矢量图形的跨语言、跨平台应用程序编程接口（API）。简而言之，它实际上就是一套用于绘制二维、三维图形的开放图库，支持在不同的操作系统和平台上使用。借助OpenGL，开发者可使用不同的编程语言创建和显示丰富、复杂而生动的三维图形。

图6-17为GpuInfo评测软件。GpuInfo是一款非常强大的显卡识别软件，能够读取显卡的底层信息，包括硬件信息、显存类型、频率信息等，可帮助用户轻松识别显卡的真伪，还能识别一些经过仿真处理的显卡。

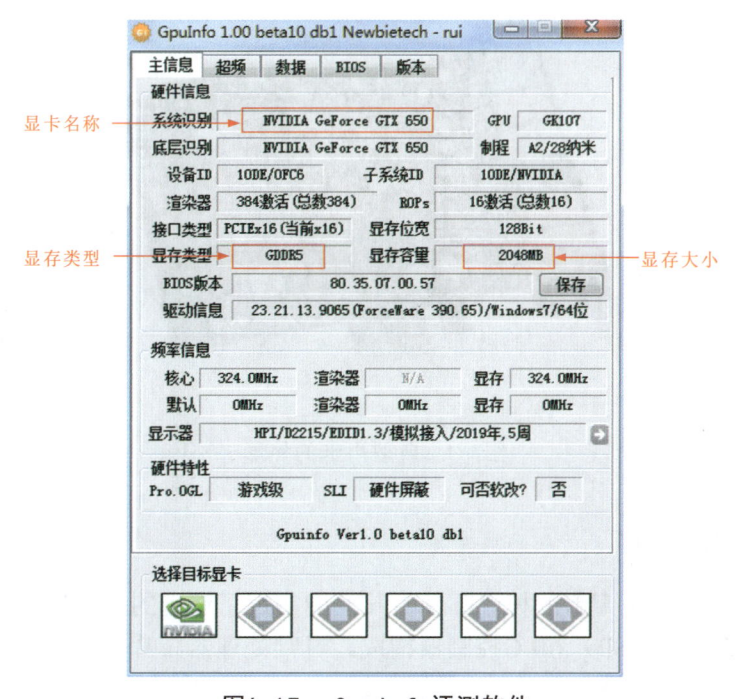

图6-17　GpuInfo评测软件

# 第7章 声卡的结构、种类与选购

## 7.1 认识声卡

### 7.1.1 声卡的结构

声卡（Sound Card）是电脑系统中专门处理音频的配件，负责实现模拟音频信号与数字信号的相互转换，还可对音频信号进行编码和解码等处理。

图7-1为典型声卡的外形。声卡的一侧是声卡I/O接口，用于连接外部音频设备；另一侧是声卡接口（金手指），用于连接主板。在声卡的电路板上，音频处理器芯片和CODEC芯片是声卡的核心部件。

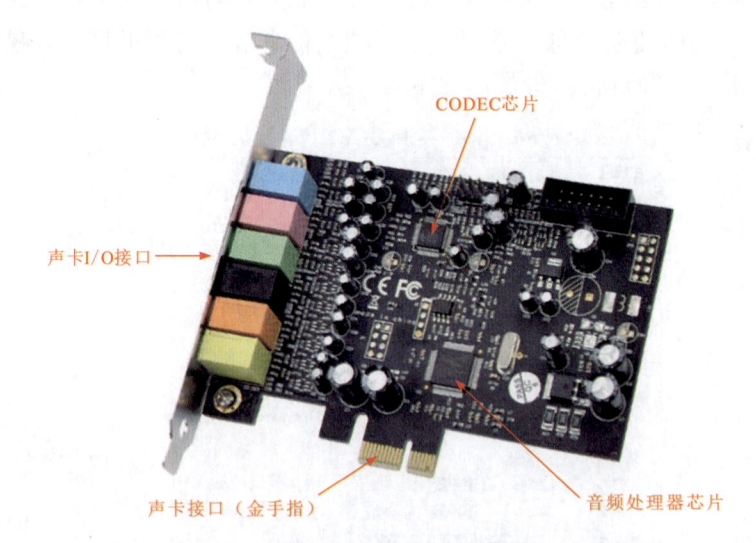

图7-1 典型声卡的外形

**1 音频处理器芯片**

音频处理器芯片是声卡的核心部件，其性能决定了声卡的音频处理能力。它主要由数字信号处理器（DSP）和I/O控制器构成。音频处理器芯片的主要作用是处理和优化音频信号。

通过数字信号处理器实现对音频信号的编/解码、音效处理、动态范围控制等功能，以提高音频质量。同时，由I/O控制器可确保音频信号的准确传输。

### 2 CODEC芯片

声卡上的CODEC芯片主要负责进行数字信号与模拟信号之间的转换，改善音频信号的采集和播放质量。CODEC芯片，包括数字-模拟转换器（DAC）和模拟-数字转换器（ADC）两部分。采集声音时，通过ADC将模拟音频信号转换为数字信号，然后对其进行处理和编码。通常，CODEC芯片可支持MP3、AAC、Dolby Digital等多种编码技术，能够在有效压缩音频文件的同时保持较高的音频质量，便于传输或存储。播放音频时，则通过DAC将数字信号转换为模拟音频信号，通过I/O接口连接的外部音频播放设备进行播放。

### 3 声卡I/O接口

图7-2为典型的7.1声道声卡的I/O接口，其通常为6个并排的圆形插孔，并用不同颜色标识。

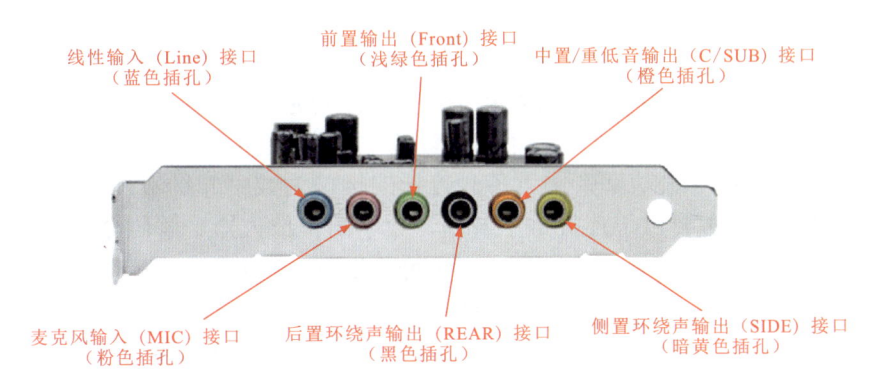

图7-2 典型的7.1声道声卡的I/O接口

图7-2中，从左向右，第一个蓝色的圆形插孔为线性输入（Line）接口。通常，电吉他、合成器等外部设备的音频信号可通过该接口送入声卡。

第二个粉色的圆形插孔为麦克风输入（MIC）接口，主要用于连接麦克风设备。

第三个浅绿色的圆形插孔为前置输出（Front）接口，用于连接耳机、扬声器等音频播放设备。在多声道音效设置下，也可用于连接前置音箱。

第四个黑色的圆形插孔为后置环绕声输出（REAR）接口，用于连接后置环绕音箱。

第五个橙色的圆形插孔为中置/重低音输出（C/SUB）接口，用于连接中置或重低音音箱。

第六个暗黄色（或灰色）的圆形插孔为侧置环绕声输出（SIDE）接口，用于连接侧边环绕声音箱。

除了上述标准7.1声道外部接口外,有些声卡还设置有数字光纤和数字同轴接口。如图7-3所示,这也是一种常见的声卡I/O接口。

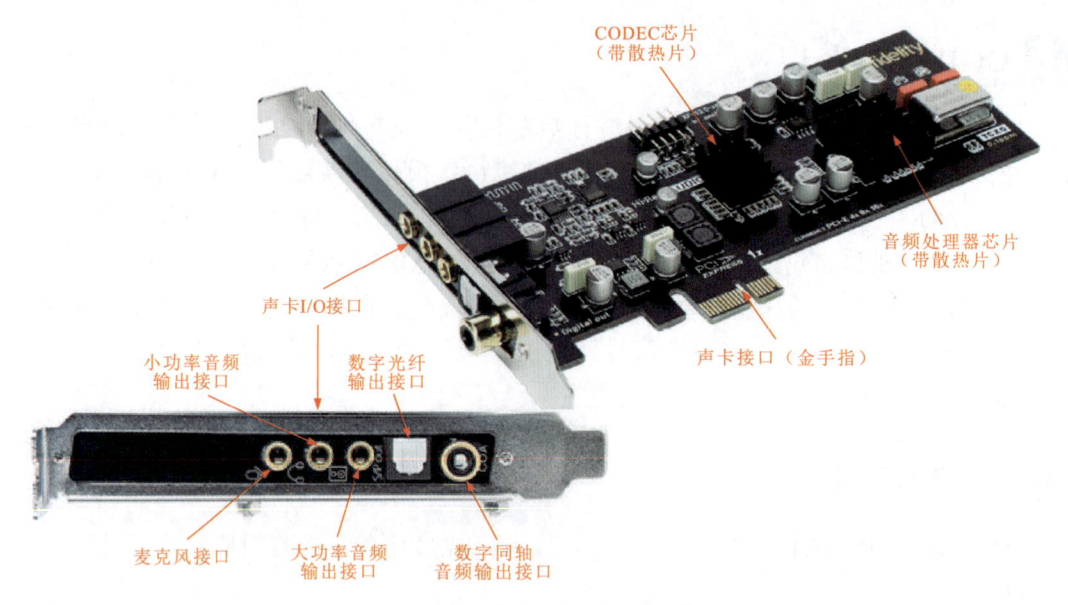

图7-3 另一种常见的声卡I/O接口

图7-3中,左侧三个尺寸相同的接口依次是麦克风接口、小功率音频输出接口、大功率音频输出接口。其中,麦克风接口用于连接麦克风设备;小功率音频输出接口用于连接耳机、小功率扬声器等设备;大功率音频输出接口用于连接专业功率放大器、解码器、调音台等大功率音频设备。方形的接口为数字光纤输出接口,该接口也被称为SPDIF接口,主要用于连接数字音箱、数字功率放大器、解码器等音频设备。

右侧大尺寸的圆形接口为数字同轴音频输出接口。该接口通常采用RCA(莲花接头)或BNC接口连接数字音频设备。与数字光纤输出接口相比,这种通过同轴电缆进行传输的方式减少了光电转换的过程,在一定程度上提高了信号的保真度,但在远距离传输时信号损耗较大。

## 7.1.2 声卡的种类

声卡是多媒体电脑的主要部件之一,它不仅可以将话筒、音箱等产生的音频信号进行模拟/数字信号的转换、压缩处理,还可以把信号解压后通过音箱进行播放。

根据结构及接口形式的不同,可以将声卡分为板卡式声卡、外置式声卡和集成式声卡三种类型。

### 1 板卡式声卡

板卡式声卡是如今市面上的主流选择,产品涵盖低、中、高各个档次。早期的板卡式声卡多采用ISA接口。由于此类接口总线带宽较低、功能单一、占用系统资源过多,目前已被淘汰。PCI接口则取代了ISA接口成为目前的主流,其拥有更好的性能及兼容性,并且支持即插即用,安装和使用都很方便。

目前，声卡的常见接口有两种，即PCI接口和PCI-E接口。图7-4为PCI接口和PCI-E接口的板卡式声卡的实物外形。

PCI接口　　　　　　　　　　　　　PCI-E接口

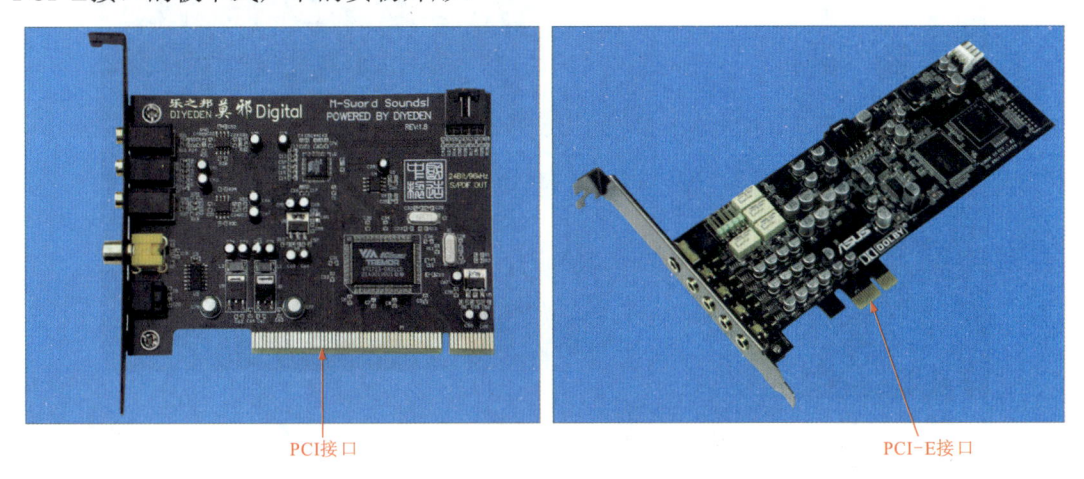

图7-4　PCI接口和PCI-E接口的板卡式声卡的实物外形

## 2 外置式声卡

外置式声卡通过USB接口与电脑连接，具有使用方便、便于移动等优势，由于USB接口是其最常见的连接形式，因此外置式声卡也被称为USB声卡。图7-5为外置式声卡的实物外形。目前，市面上常见的外置式声卡主要有创新公司的Extigy、Digital Music两款产品，以及MAYA EX、MAYA 5.1 USB等其他型号。

电源适配器

外置式声卡　　　　　　数据线　　　　　　驱动光盘

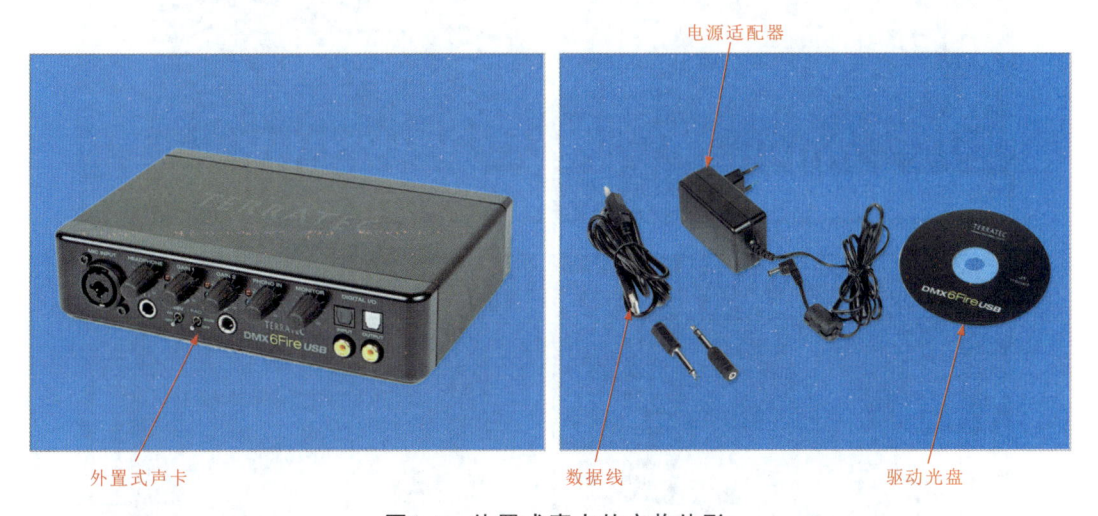

图7-5　外置式声卡的实物外形

## 3 集成式声卡

集成式声卡就是将声卡芯片集成在了主板上。如图7-6所示，通常这种类型的声卡仅能实现基本的音频传输和处理功能，其相应的音频接口也集中到了主板的I/O接口处。

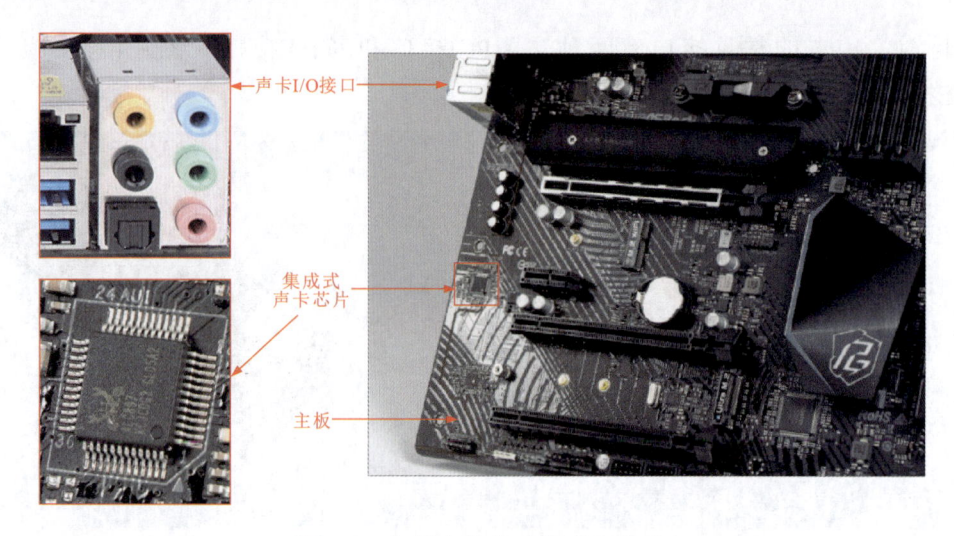

图7-6 主板上的集成式声卡芯片

常见集成式声卡的生产厂家有很多,主要有Realtek（瑞昱）、CMI、VIA、ADI、nVide、ESS及ATI等。

图7-7为几种常见的集成式声卡芯片。

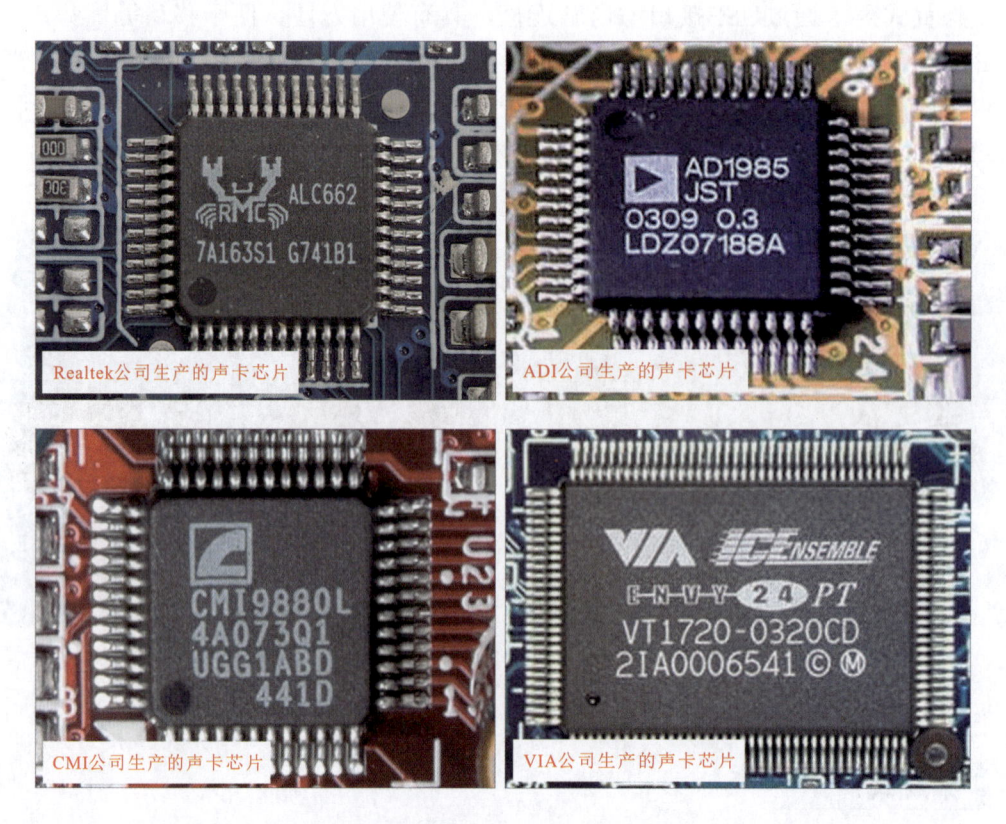

图7-7 几种常见的集成式声卡芯片

声卡的位数,是指声卡在采集和播放声音文件时所使用的数字信号的二进制位数。声卡的位数反映了数字信号对输入声音信号描述的准确程度。通常在多媒体电脑中使用16位的声卡已足够满足需求,因为人耳对声音精确度的分辨率达不到16位。

按照声卡功能的不同,声卡又可以分为单声道声卡、准立体声声卡、立体声声卡、四声道环绕声卡、5.1声道声卡。声卡所支持的声道数是衡量其技术发展的重要标志。声卡的位数、支持声道数越多,表明声卡的性能和输出的声音质量越好。

## 7.2 声卡的选购

### 7.2.1 声卡的性能参数

声卡的主要性能参数包括采样位数、采样率、解码格式和信噪比等。

#### 1 采样位数

声卡的采样位数,也被称为量化位数,是指声卡在处理音频时所使用数字信号的二进制位数。采样位数决定了声卡处理音频时的精度。采样位数越高,声卡采集和播放的声音细节和动态范围就越大,声音的清晰度和逼真度就越高。例如,8位的声卡精度可达$2^8$,即256个精度单位。如果是16位声卡,则其精度可达$2^{16}$,即64K精度单位。相比8位声卡,信号的损失较小,最终采样的效果也会明显更出色。

因此,对于声卡而言,采样位数越高,意味着声卡对音频信号的处理能力越强,抗噪声能力和抗干扰能力也越好。

#### 2 采样率

采样率也称为采样频率,单位为Hz,是指声卡每秒钟对音频信号的采样次数,也是衡量声卡性能的一个非常重要的参数。声卡所支持的采样率越高,意味着声卡对音频信号的还原能力越强,音质越好。

#### 3 解码格式

声卡的采样位数和采样率越高,标志着其对声音的处理能力越强,还原度越高。同时也意味着音频信息量会随品质的提升而提升。为了减少存储和处理的容量需求,通常还需要对音频进行编/解码处理。不同的编/解码格式的特点不同。常见的格式有MP3、AAC、DTS、PCM等。

其中,MP3是一种广泛使用的音频解码格式,这种格式拥有较高的压缩比和相对较好的音质。AAC是一种相对高级的音频编码格式,目前许多流媒体和移动设备都广泛采用这种格式。DTS是一种数字环绕声解码格式,这种格式能够提供高品质的音频效果,常用于家庭影院系统中。PCM是将音频数据编码成数字脉冲的格式,在播放时恢复解码,它是一种无损音频压缩格式,能够提供极佳的高品质音频体验。

### 4 信噪比

声卡的信噪比也是衡量声卡优劣的重要指标。信噪比是正常音频信号功率（强度）与噪声信号功率（强度）的比率（比值），单位为dB。通常，普通声卡的信噪比大约为100dB，高端声卡的信噪比可达130dB以上。

> **补充说明**
>
> 除了上述性能参数外，声卡的音效处理功能也是评价其性能优劣的一项标准。例如，混响、EQ均衡、3D音效处理、环绕立体声效果等都是高端声卡的一些特色功能。

## 7.2.2 选购声卡的注意事项

### 1 确认购买目的

挑选声卡时，应结合个人的实际需求进行选择。主要从声卡用途、声卡接口类型、声卡I/O接口等几方面考虑。

首先，明确声卡的用途。如果仅用于办公，对声音没有更多的要求，则选择集成式声卡即可。这类声卡直接将声卡芯片集成到主板中，无须额外购买，基本上能够满足日常麦克风输入和音频播放的需求。如果需要进行专业音频工作，则需要选择采样率更高、具有音效处理功能等较高配置的声卡。

其次，可根据自己的需求选择声卡的接口类型。目前市面上的声卡接口多为PCI接口声卡，主流的接口类型为PCI-E声卡。通常，PCI-E接口声卡的带宽比PCI接口声卡的带宽更高，也可以更好地支持多声道音频输出，在兼容性方面也更加优异。但价格也较PCI接口声卡更高。

最后，声卡I/O接口数量也是一个重要的参考因素。如图7-8所示，常见的声卡都配有麦克风输入、线性输入和耳机输出接口。如果对音频播放质量有较高要求，则声卡至少要配置5.1声道或7.1声道音频接口。如果需要进行专业音频制作，则还需要声卡附带数字光纤输出接口或数字同轴音频输出接口，以便连接专业的音频设备。

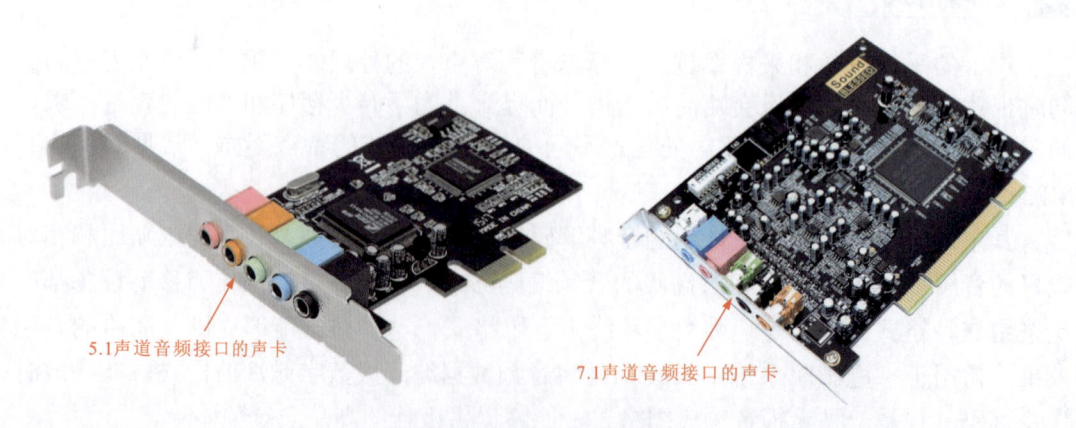

5.1声道音频接口的声卡　　　7.1声道音频接口的声卡

图7-8　不同声卡的I/O接口

附带数字光纤
输出接口的声卡

附带数字光纤输出接口和
数字同轴音频输出接口的声卡

图7-8　不同声卡的I/O接口（续）

## 2 挑选声卡

挑选显卡时，首先要从外观上检查，关注显卡的用料和做工是否精细。优质的用料和做工可以有效提升显卡的稳定性和耐用性。

图7-9为声卡元器件的焊装对比。通常，优质的声卡在元器件的选择和焊接上都更加出色。从图7-9中可以看到，左侧的声卡多采用普通电容器，而右侧的声卡多采用金装电容器。除了焊装更加规范外，金装电容器可以有效提升滤波纯净度，进一步保证电路的稳定性。

普通电容器焊接

金装电容器焊接

图7-9　声卡元器件的焊装对比

接下来，要根据声卡的录音质量对声卡进行进一步评估。通过录制和试听不同的声音可评估声卡的录音和放音效果，包括声音的清晰度、还原度和细节保留程度。高品质的声卡能够更好地还原音频的原始信息，使失真降到最低水平。

此外，还可以通过专业音频测试软件来测试声卡的性能参数。例如，RightMark Audio Analyzer（RMAA）、RightMark 3DSound等都是非常专业的测试软件。

如图7-10所示，RightMark Audio Analyzer软件是一款专业的音频测试软件，它通过将测试信号经音频设备输出后，对输入和输出的信号进行对比，从而测试声卡的频率响应、动态对比、谐波失真、互调失真、动态范围、本底噪声等参数指标。

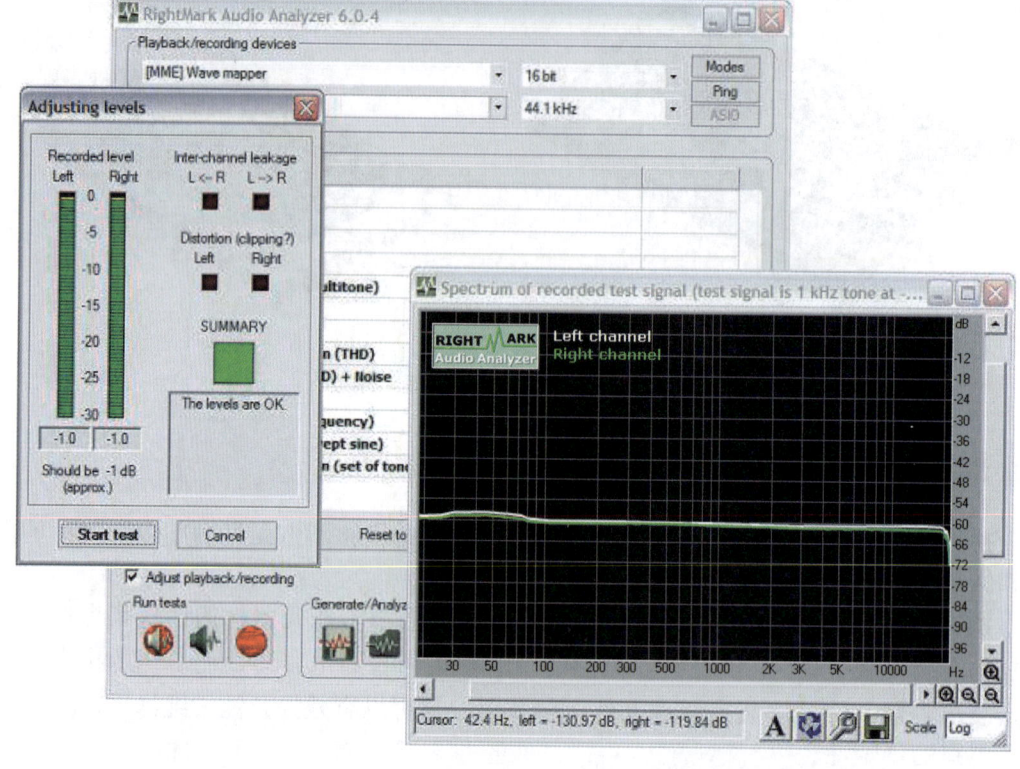

图7-10 RightMark Audio Analyzer音频测试软件

如图7-11所示，RightMark 3DSound是一款用于检测声卡3D音效表现能力的测试软件，可以实现对3D声音的主观测试和对CPU占有率的测试。

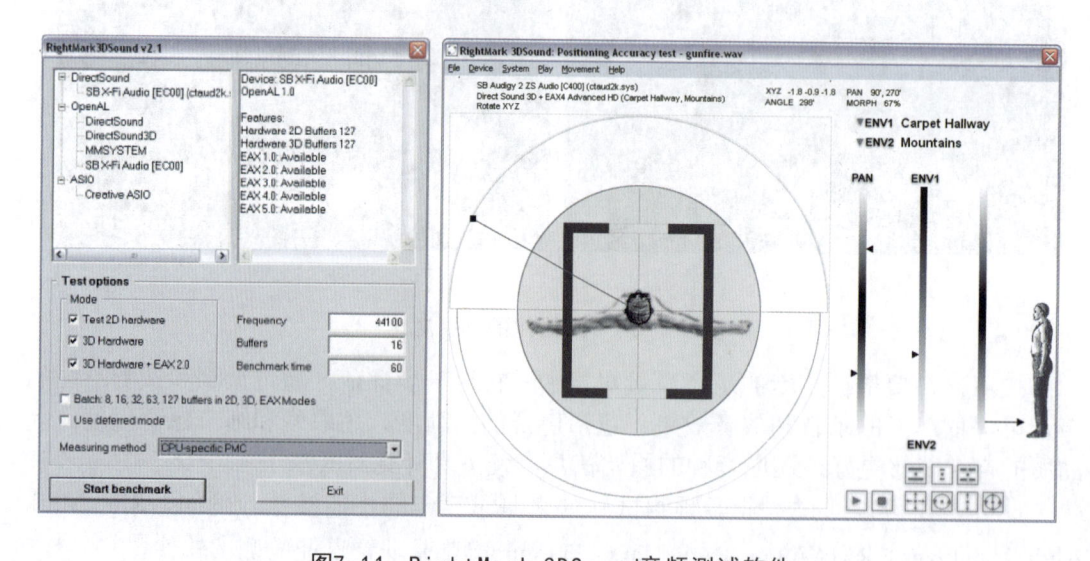

图7-11 RightMark 3DSound音频测试软件

# 第8章 机箱和电源的功能、种类与选购

## 8.1 机箱的功能、种类与选购

### 8.1.1 机箱的功能与种类

机箱是用于放置和固定电脑中的各种组成配件的箱体。它不仅可以起到承载和保护的作用,而且较好材质的机箱还有抗电磁辐射的功能。

根据机箱的外形特征,可将机箱分为立式机箱、卧式机箱以及立卧式两用机箱三种。

**1 立式机箱**

立式机箱的设计较为独特,一般立式机箱内的空间布局和散热性能都比较好,也是现在使用较多的机箱。图8-1为立式机箱的实物外形。

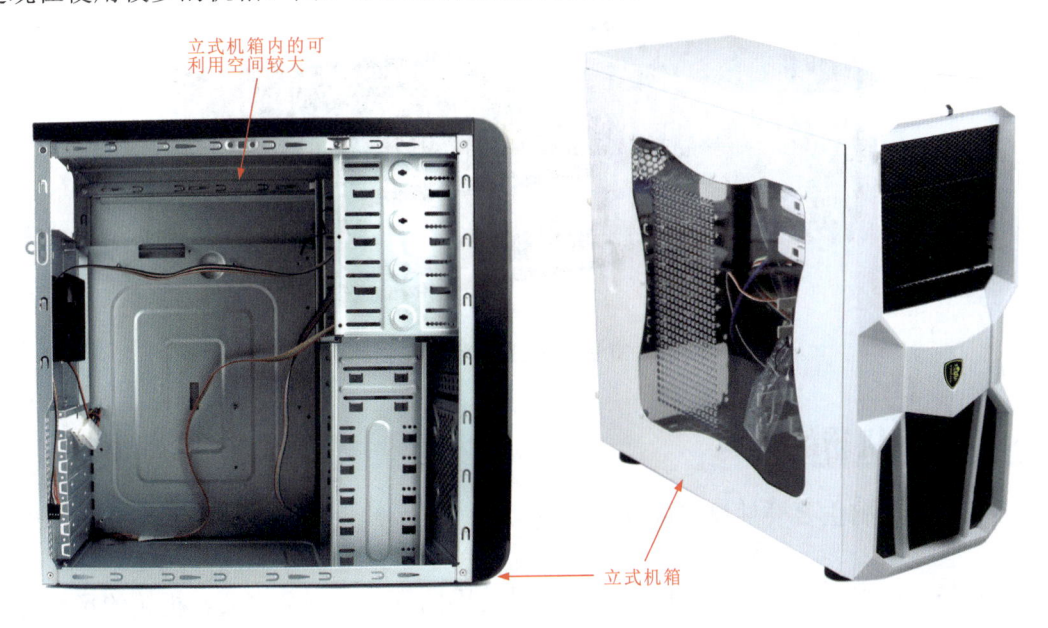

图8-1 立式机箱的实物外形

### 2 卧式机箱

卧式机箱主要利用背部和两侧进行散热，一般适合放在客厅，因为它比较美观。图8-2为卧式机箱的实物外形。

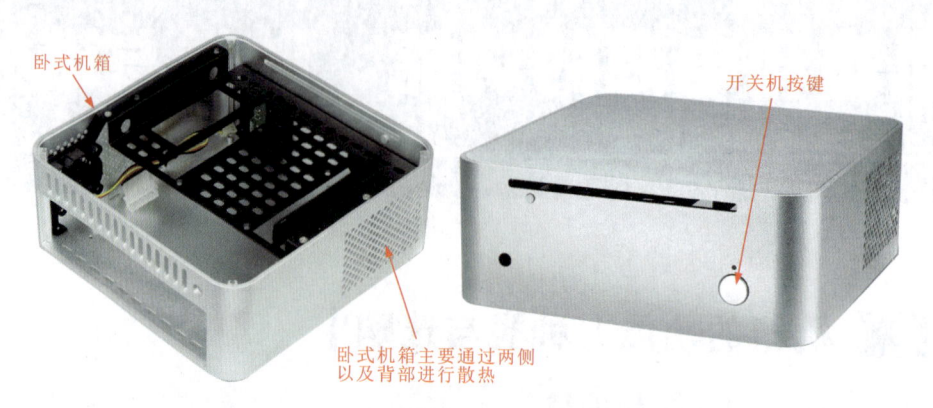

图8-2 卧式机箱的实物外形

### 3 立卧式两用机箱

目前，有些电脑的机箱既可以立式使用也可以卧式使用，还可以根据用户的需求进行调整。图8-3为立卧式两用机箱的实物外形。

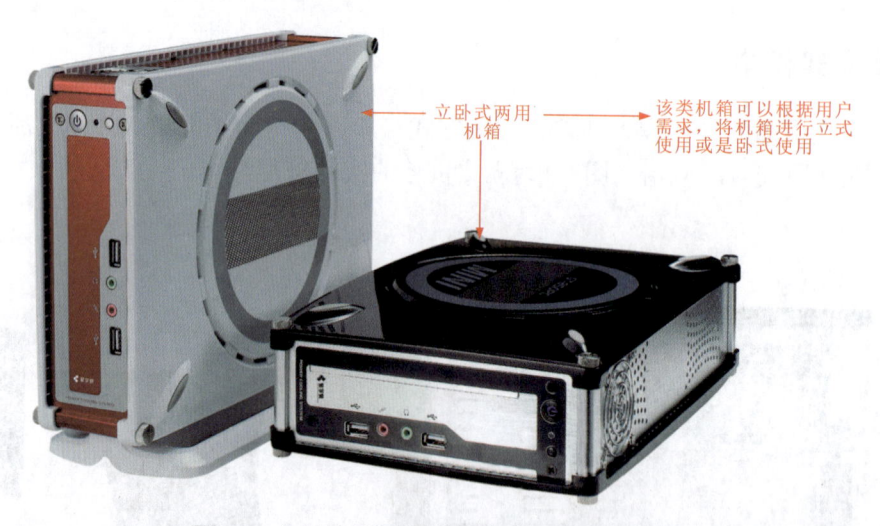

图8-3 立卧式两用机箱的实物外形

## 8.1.2 机箱的选购

机箱是电脑主要硬件设备的支撑和安装部件，选购机箱主要以结实、耐用为主要原则。

首先，根据需求确定机箱的尺寸。为满足不同硬件的安装需要，机箱的尺寸有多种规格。

图8-4为典型的大型机箱，也称为全塔机箱。这种机箱尺寸较大，可以容纳更多的

电脑外设和插件，并支持E-ATX主板及向下兼容ATX、MATX（紧凑型）、Mini-ITX（迷你型）等多种规格的主板，同时提供足够的空间和外部设备安装框架，以满足大功率电源、散热器，以及多硬盘、光驱、光盘刻录机、音视频采集面板等不同外设的安装拓展需要。这种机箱适用于音视频编辑、游戏运行开发、三维动画制作、图形工作站等专业用户的需要。

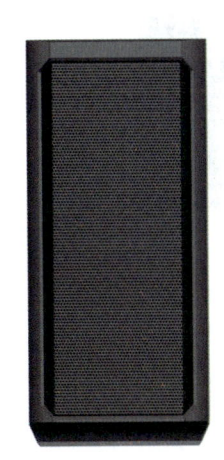

图8-4 典型的大型机箱

图8-5为典型的中型机箱，也称为中塔机箱。这种机箱的空间适中，支持ATX主板，虽然在空间尺寸上比大型机箱小，但安装电源、散热器、多个硬盘、光驱等外设也完全可以适用。

图8-5 典型的中型机箱

图8-6为典型的小型机箱。小型机箱的体积比中型机箱更小。从外观上看，只有中型机箱的一半甚至更小。这种机箱适合安装MATX和Mini-ITX主板，为满足用户的日常需求，这类机箱也提供了丰富的扩展接口。同时，小型机箱的外观更加时尚和个性。

图8-6 典型的小型机箱

图8-7为典型的迷你机箱。迷你机箱是一种设计紧凑、体积小巧的机箱。这种机箱采用特殊的散热设计和配件，外观简洁、时尚，方便并适应频繁移动。但是由于尺寸限制，只能搭配MINI-ITX主板。并且，对其他外设的尺寸规格也有比较严格的限制。

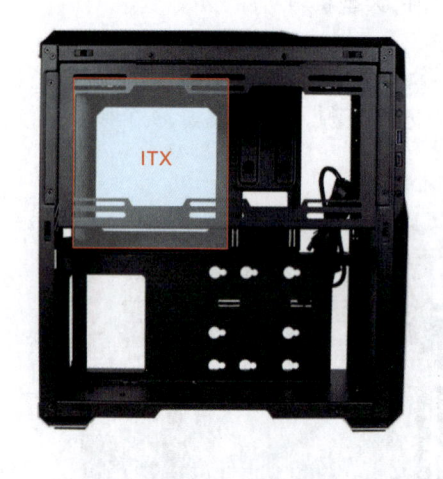

图8-7 典型的迷你机箱

除了考虑机箱尺寸的因素外，机箱的材质也是选购机箱时必须考虑的重要因素。优质的材质不仅能够保证机箱坚固和稳定，而且具备良好的导热性，能够将机箱内各个硬件产生的热量传递并排出机箱外，对机器的稳定性也非常重要。目前，多数优质的机箱采用镀锌钢板。其不仅耐用、导热性好，而且能够有效减少电磁辐射和干扰，在一定程度上提升了电脑的性能和安全性。

机箱的外观和接口设置也是用户选购时可以参考的辅助因素。为适应不同用户的需求，机箱的种类繁多。许多机箱在前面板上设置有多个USB和音频接口，为用户提供了方便，如图8-8所示。

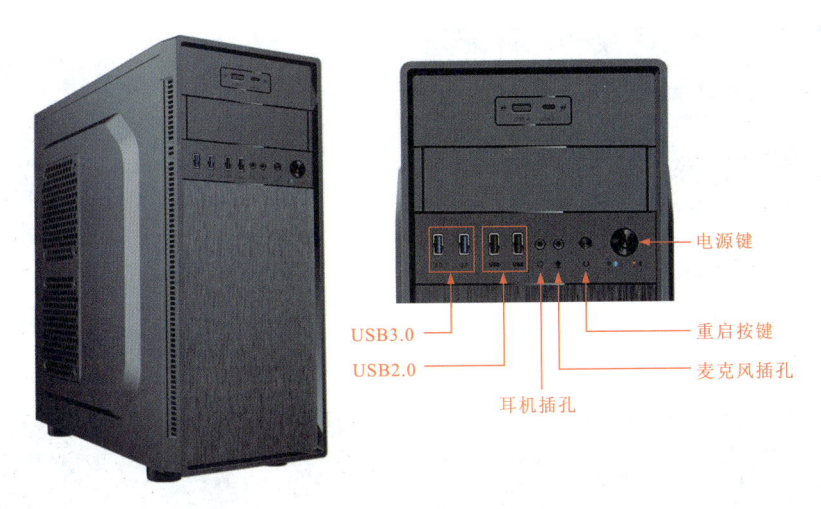

图8-8　带多个USB和音频接口的机箱

## 8.2 电源的功能、种类与选购

### 8.2.1 电源的功能与种类

供电电源是电脑的供电设备，电脑主机箱内的所有部件都需要供电电源进行供电。电源功率的大小、电流和电压是否稳定，将直接影响电脑的工作性能和使用寿命。供电电源将交流220V电压转换为电脑内部可以使用的5V、12V、24V等直流电压。

#### 1 根据输出功率进行分类

根据电脑的不同工作需求，对供电电源输出的功率要求也有所不同。通常电脑电源输出的功率可分为300W以下、301～500W、501～700W、701～900W、901～1200W、1200W以上等，如图8-9所示。

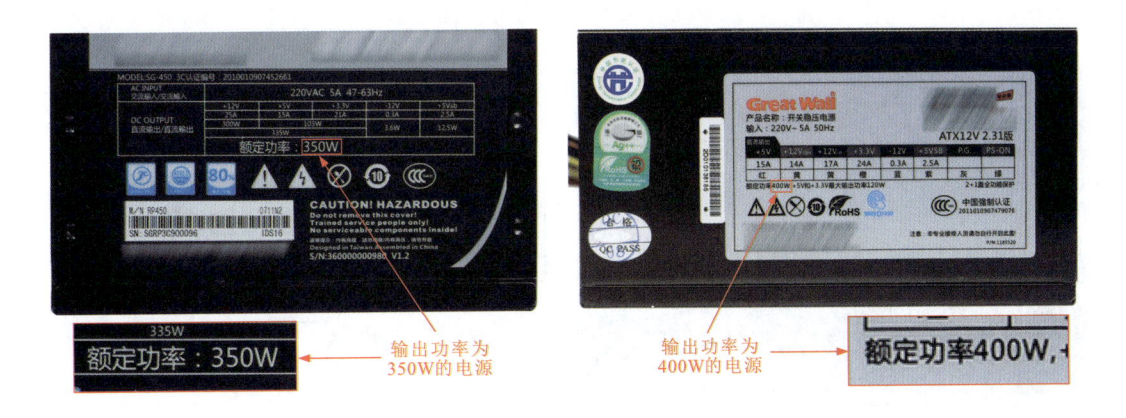

图8-9　不同输出功率的电源说明

输出功率为500W的电源

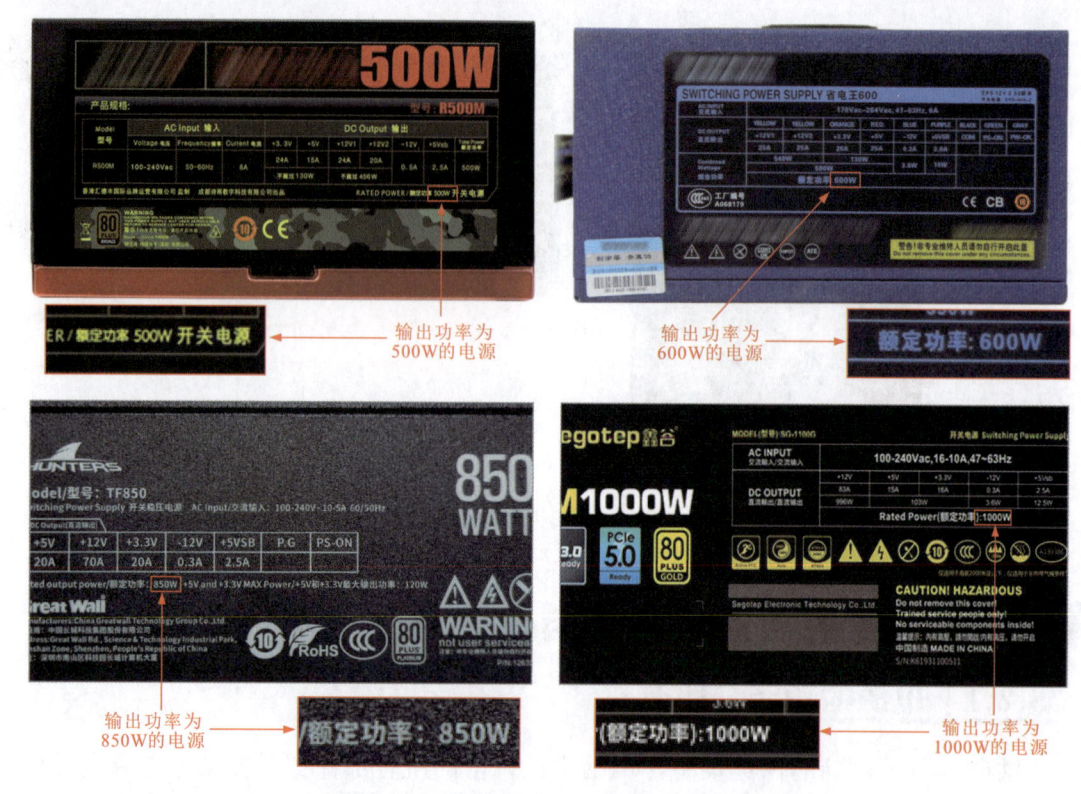

输出功率为600W的电源

输出功率为850W的电源

输出功率为1000W的电源

图8-9　不同输出功率的电源说明（续）

## 2　根据引脚数进行分类

电脑供电电源根据其接口部分数量的不同，主要可以分为20针脚和24针脚两种。

### 1　20针脚的供电电源

早期生产的供电电源都为20针脚。如图8-10所示，该电源可以输出电脑主板所需要的+12V、-12V、+5V、-5V、+3.3V等几种不同的电压。

20针脚的ATX供电电源接口

第9针脚（5V待机电压输入端）

20针脚的ATX供电电源接口的引脚排列

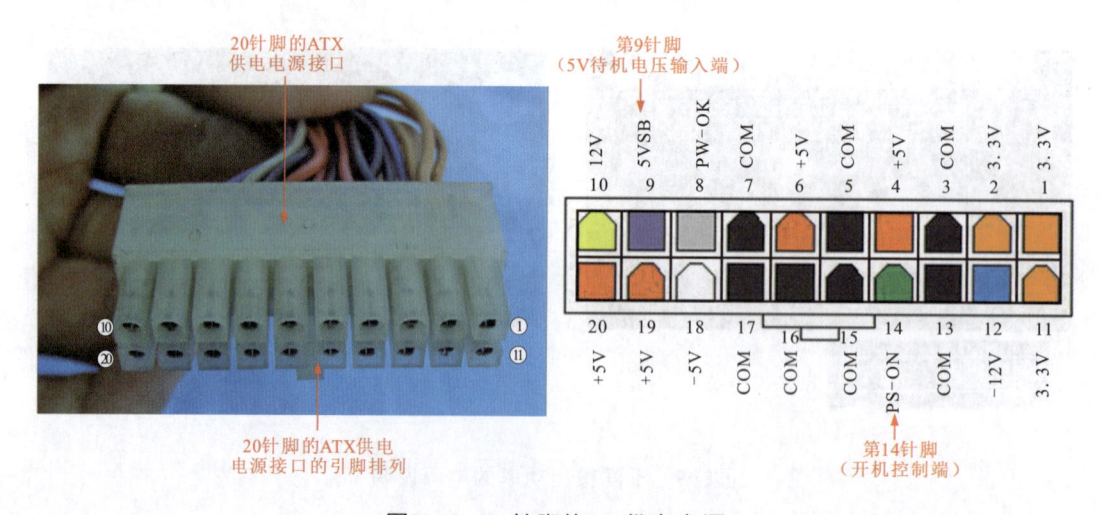

第14针脚（开机控制端）

图8-10　20针脚的ATX供电电源

正常情况下，供电电源输出电压的变化范围允许误差一般在5%之内，不能有太大范围的波动，否则容易出现死机或数据丢失的情况。

### ❷ 24针脚的供电电源

目前，电脑多采用24针脚的供电电源，其通过一个24针脚的接口为主机供电，如图8-11所示。

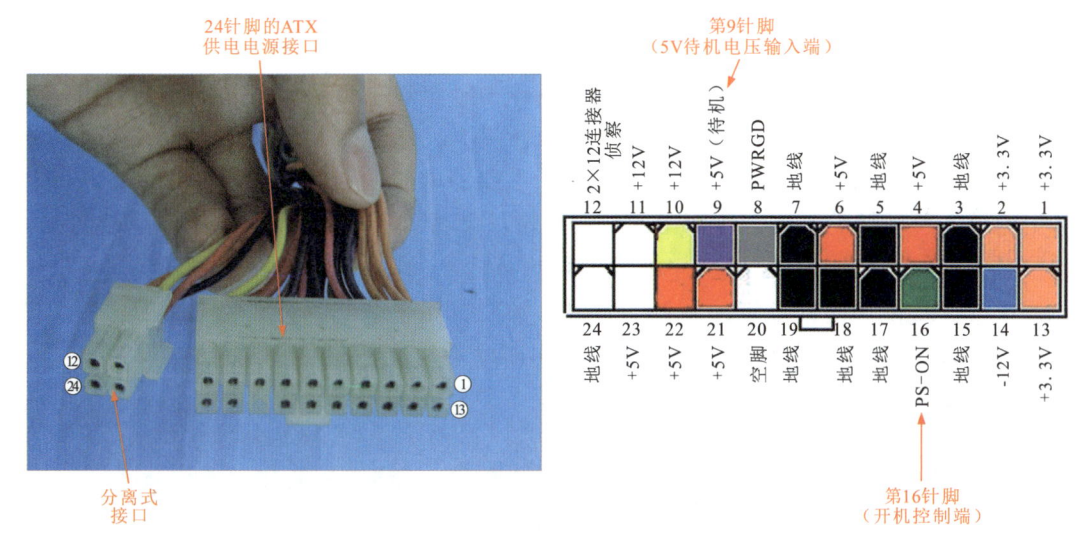

图8-11　24针脚的ATX供电电源

为了解决向下兼容的问题，有些24针脚的供电电源采用的是"分离式"接口，可以同时应用于采用20针脚主供电接口的主板上。

> **补充说明**
>
> 如图8-12所示，除了主供电接口外，还附带有辅助供电接口，如4针、6针、8针等，以满足主板、显卡、声卡等辅助供电的需要。
>
> 图8-12　附带多规格辅助供电接口的电源

## 8.2.2 电源的选购

电源的好坏将直接影响电脑的整体性能。如果电源的质量较差,输出不稳定,不但会影响电脑的工作效率,严重的还会导致电脑死机、自动重启,甚至损坏内部配件。

### 1 电源的功率

在选购电源时,首先要根据电脑的配置确定所购电源的功率。

在电脑硬件中,主板、CPU、显卡、内存、硬盘等部件的型号和功率消耗可通过硬件规格和产品说明书获取功耗数据(功率数据)。将这些功耗数据相加便可计算出电脑的总功耗(总功率)。通常情况下,为了保证电源的稳定性和寿命,建议在所计算出的最大总功耗的基础上预留出40%左右的冗余功率,即为选购电源的功率大小。

具体计算公式:电源功率=电脑各硬件的总功率+冗余功率。

根据经验,一般情况下,中低配置的电脑(仅用于基础办公和娱乐)所需的电源功率在500W左右,而高配置的电脑所需的电源功率要保证在700W以上。

> **补充说明**
>
> 需要注意的是,选购电源时,以功率够用即可为主要原则。根据实际需求选择够用的电源。

### 2 电源的能效

在选购电源时,除了功率因素外,电源的能效也是衡量电源优劣的一项重要指标。简单来说,电源能效就是电源转换效率。目前,根据转换效率的不同,电源可分为钛金牌、铂金(白金)牌、金牌、银牌、铜牌、白牌,见表8-1。

表8-1 电源等级和能效对照表

| 电源等级 | 不同负载下的转换效率 | | |
|---|---|---|---|
| | 20%负载 | 50%负载 | 100%负载 |
| 钛金牌 | 90% | 92% | 94% |
| 铂金(白金)牌 | 87% | 89% | 87% |
| 金牌 | 85% | 87% | 85% |
| 银牌 | 83% | 86% | 83% |
| 铜牌 | 82% | 85% | 82% |
| 白牌 | 80% | 80% | 75% |

> **补充说明**
>
> 以上提及的电源能效等级是根据80Plus认证划分的。选购电源时,80Plus认证是一个非常重要的参考指标,它是由美国能源署出台的节能环保标准,该认证等级与能效要求有着密切的关系。不同等级的电源具有不同的能效要求,等级越高,能效要求就越高。

# 第9章
# 键盘和鼠标的功能、种类与选购

## 9.1 键盘的功能、种类与选购

### 9.1.1 键盘的功能与种类

键盘是最常用的人工指令输入设备,主要通过敲击键盘上的数字键、字符键以及功能键,给电脑输入人工指令。

**1 根据外形分类**

根据外形的不同,键盘可分为标准键盘和人体工程学键盘两类。

**① 标准键盘**

如图9-1所示,标准键盘遵循传统键盘设计,其按键按照输入法标准布局。这类键盘是目前最常用的键盘,其外形设计紧凑,而且空间利用合理。

图9-1 标准键盘实物外形

**② 人体工程学键盘**

如图9-2所示,人体工程学键盘是为了解决长时间使用标准键盘可能造成手腕疲劳问题而设计的。这种键盘的按键同样按照输入法标准布局,但为了适应人体结构,其左右手键区按照人体手臂趋势形成自然角度,确保使用时手臂和腕部的自然放松。而且,键盘下部的护手托板做了很好的延伸,大大减轻了手腕长时间悬空所导致的疲劳。不过,这种键盘的尺寸较大,空间上略显浪费。

按键区域按照手臂趋势形成自然角度

延伸的护手托板

图9-2　人体工程学键盘实物外形

## 2 根据接口类型分类

根据接口类型的不同,键盘可分为PS/2接口键盘、USB接口键盘和无线键盘三种。

### ① PS/2接口键盘

图9-3为典型的PS/2接口键盘实物外形。PS/2接口是早期电脑键盘常用的接口。这种接口连接稳定,可以保证键盘操作的实时性,且不需要安装驱动程序,可直接识别使用。但目前已基本淘汰。

PS/2接口

图9-3　典型的PS/2接口键盘实物外形

### ② USB接口键盘

图9-4为典型的USB接口键盘实物外形。USB接口是目前键盘常用的接口,其具备良好的通用性,且支持热插拔。

USB接口

图9-4　典型的USB接口键盘实物外形

### 3 无线键盘

图9-5为典型的无线键盘实物外形。无线键盘没有物理连接线，取而代之的是一个无线键盘接收器。使用时，将无线键盘接收器插入电脑的USB接口，打开无线键盘的开关，当电脑检测到并识别无线键盘后，就可以使用了。这种键盘没有杂乱的数据连接线，使用更加便捷，但需要额外安装电池。

图9-5 典型的无线键盘实物外形

### 3 根据按键布局分类

如图9-6所示，根据按键布局的不同，常见的键盘又分为68键键盘、84（或87）键键盘、100键键盘、104键键盘等。其中，104键是标准的键盘按键数；84（或87）键在104键的基础上减少了数字键盘区；68键键盘是一种紧凑型键盘，这种键盘将功能键和方向键整合在一起，尺寸与标准键盘相比更加小巧，便于携带。

68键键盘　　　　　84（或87）键键盘

100键键盘　　　　　104键键盘

图9-6 不同按键布局的键盘

## 9.1.2 键盘的选购

键盘可分为机械键盘、薄膜键盘和静音键盘三种。

如图9-7所示，机械键盘采用机械轴体控制，即每个按键都由一个独立的微动开关组成。这种键盘的按键响应速度更快，按键触感有很好的反馈，且按键使用寿命较长，缺点就是敲击时的声响较大。

图9-7 机械键盘实物外形

> **补充说明**
>
> 机械键盘的机械轴体（键轴）主要有黑轴、青轴、红轴、茶轴。黑轴声音较小，触发速度快，这种机械轴体手感轻盈，只需较短的机械按压和轻巧的触发力，就可以得到快速的响应，适合对键盘触发速度有高要求的游戏玩家。青轴机械感强，打字节奏清晰，有很好的触感反馈，适合电脑作家或办公文员。红轴手感轻盈，声音较小，敲击轻巧，适合大众用户。茶轴的声音适中，手感柔和，触感迅速且精准，可满足游戏和文员的双重需求。

如图9-8所示，薄膜键盘中的三片薄膜中有导电涂层，当按键被按下时，上方薄膜和下方薄膜便会接触，从而实现按键的导通。这种键盘手感较软，没有明显的触感，噪声相对较小，价格相对较低。

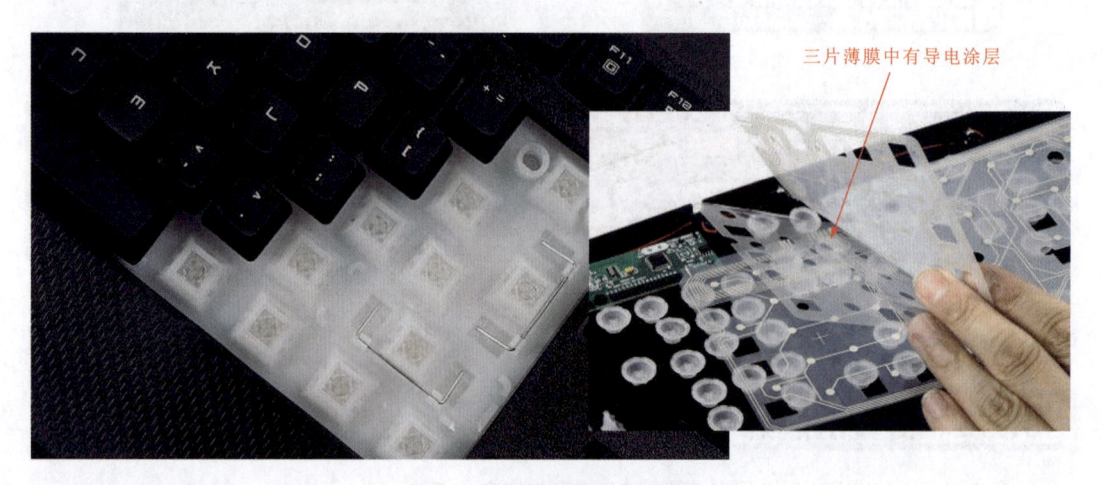

图9-8 薄膜键盘实物外形

如图9-9所示，静音键盘主要通过采用特殊设计的键帽以及降噪技术和材料，有效降低按键敲击声。不过，这种设计在一定程度上牺牲了手感。价格方面，静音键盘介于机械键盘和薄膜键盘之间。

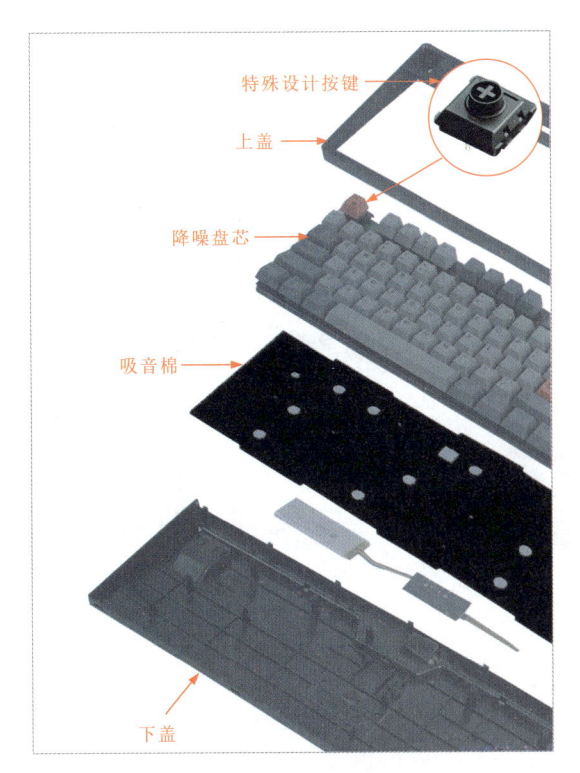

图9-9 静音键盘实物外形

另外，选购键盘需根据个人需求和使用习惯作出决定。对于从事编程等需要大量输入的工作，选择全尺寸键盘更加适合。图9-10为典型的办公类全尺寸键盘实物外形。

图9-10 典型的办公类全尺寸键盘实物外形

如果使用环境不固定或偏重鼠标操作，则紧凑型键盘更具优势。图9-11为典型的紧凑型键盘实物外形。

图9-11 典型的紧凑型键盘实物外形

如果是游戏玩家,则可以选择游戏键盘。图9-12为典型的游戏键盘实物外形,这种键盘更加注重游戏体验,故按键的操控反馈和按键手感更加舒服。

图9-12 典型的游戏键盘实物外形

图9-13为典型的多媒体键盘实物外形。如果从事动画制作、音频编辑、视频剪辑等多媒体工作,则可以选择多媒体键盘。这种键盘提供更多的快捷键和功能按键,以方便用户使用。

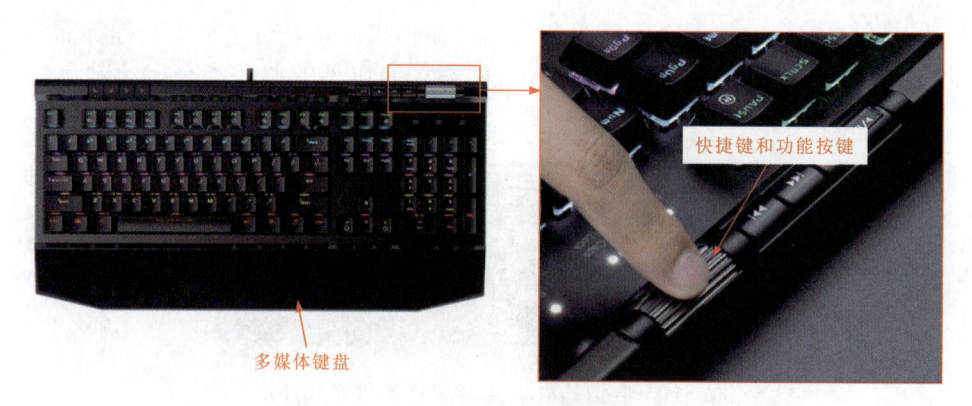

图9-13 典型的多媒体键盘实物外形

## 9.2 鼠标的功能、种类与选购

### 9.2.1 鼠标的功能与种类

鼠标是电脑非常重要的外部输入设备,通过指针位移控制、左右键单击、按压、双击等配合操作,方便用户实现人机交互功能。

**1 根据结构原理分类**

根据结构原理的不同,鼠标可分为机械鼠标和光电鼠标两类。

如图9-14所示，机械鼠标的底部装有一个可自由旋转滚动的滚球，滚球边缘的X方向传动滚轴和Y方向传动滚轴的切线方向有两个滚轴与滚球相贴。当鼠标移动时，滚球在X方向和Y方向的转动便会带动边缘的两个滚轴一起转动。滚动信息经内部光栅信号传感器送入内部编码器，这些移动信息会转换为电信号传输给电脑，经过电脑运算处理，便会将移动轨迹转换为屏幕上移动的指示光标。

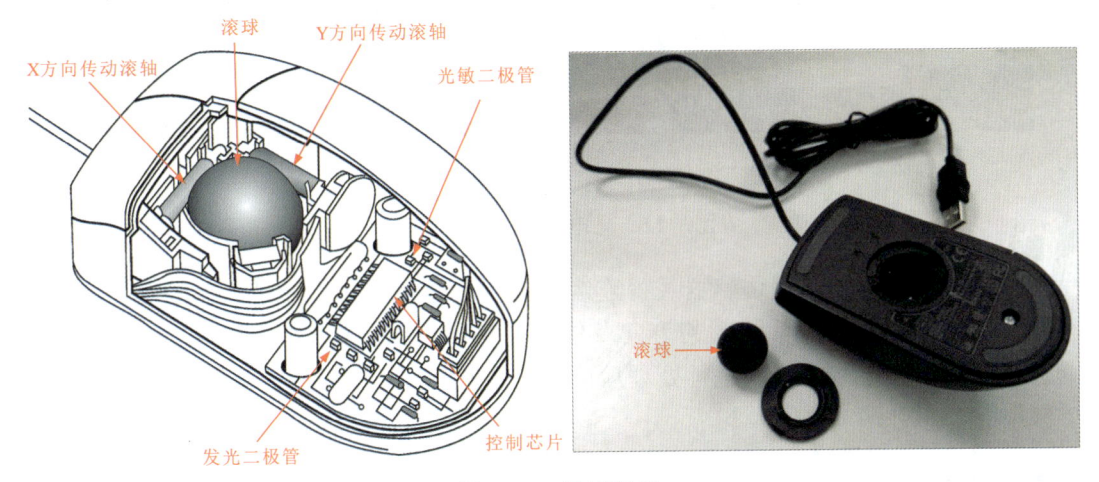

图9-14 机械鼠标

如图9-15所示，光电鼠标主要由滚轴（滚轮）、电路板（包含光电传感器、控制芯片等）、内/外壳等部分构成。

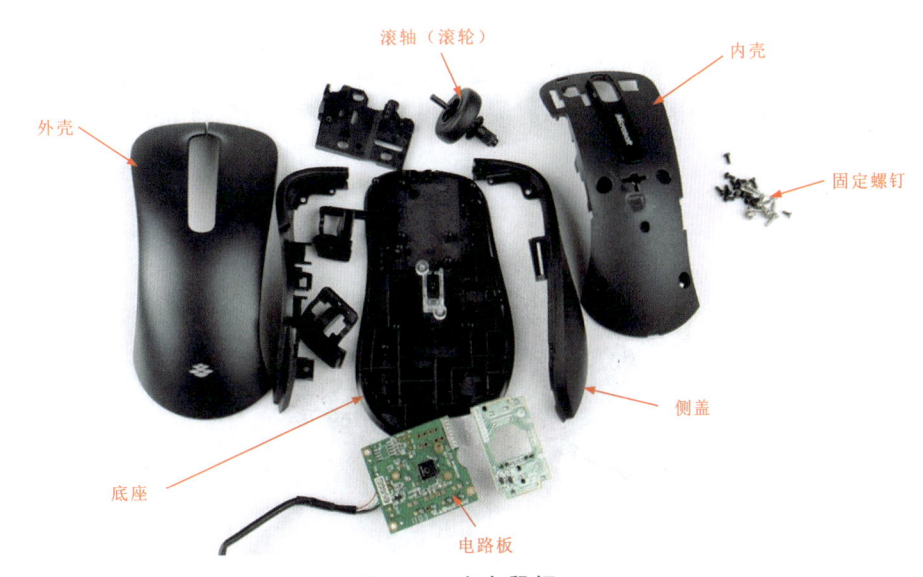

图9-15 光电鼠标

图9-16为光电鼠标的工作原理。在光电鼠标内部有一个发光二极管，它发出的光通过一组光学透镜，传输到一个光电传感器内成像。这样，当光电鼠标移动时，其移动轨迹便会被记录为一组高速拍摄的连贯图像。随后，光电鼠标内部的一块控制芯片会对移动轨迹上摄取的一系列图像进行分析处理，通过对这些图像上特征点位置的变化进行分析，来判断鼠标的移动方向和移动距离，从而完成光标的定位。

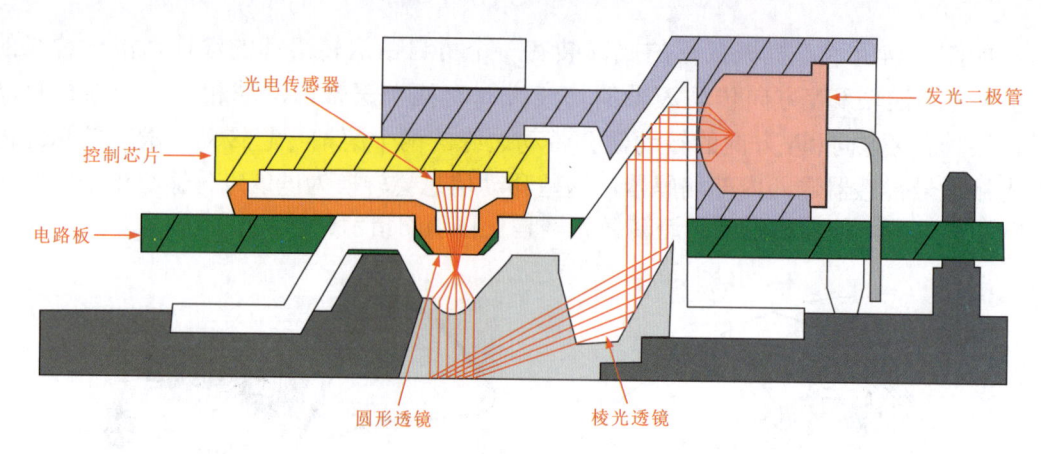

图9-16 光电鼠标的工作原理

当鼠标移动时,光电传感器录得连续的图像,通过控制芯片对每张图像的前后对比分析处理,以判断鼠标移动的方向及位移,从而得出鼠标X、Y方向的移动数值。鼠标的控制芯片对这些数值进行处理后,传给电脑主机,进而在屏幕上显示鼠标的光标位移。

## 2 根据外形分类

根据外形的不同,键盘可分为标准鼠标和人体工程学鼠标两类。

### ① 标准鼠标

如图9-17所示,标准鼠标通常为三键设计,即左键、右键和中间滚轮。通过三键配合基本可以实现鼠标所有的操作功能。标准鼠标品质稳定,性价比高。

图9-17 标准鼠标实物外形

### ② 人体工程学鼠标

如图9-18所示,人体工程学鼠标在设计上更符合人体工学原理。其形状根据手型设计,尽量减少手部和腕部的扭曲,能有效减轻手部疲劳。这种鼠标在初次使用时可能需要一定的适应时间,具有明显的个性化特征,价格也相对较贵。

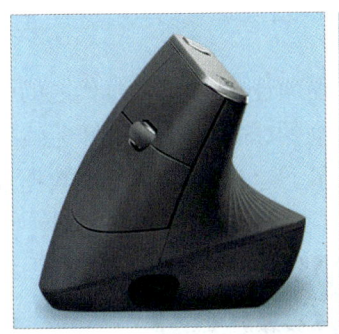

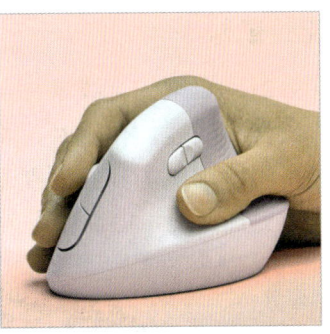

图9-18 人体工程学鼠标实物外形

### 3 根据接口类型分类

根据接口类型的不同，鼠标可分为PS/2接口鼠标、USB接口鼠标和无线鼠标三种。

**① PS/2接口鼠标**

图9-19为典型的PS/2接口鼠标实物外形。PS/2接口鼠标目前基本已被USB接口鼠标所取代。

PS/2接口

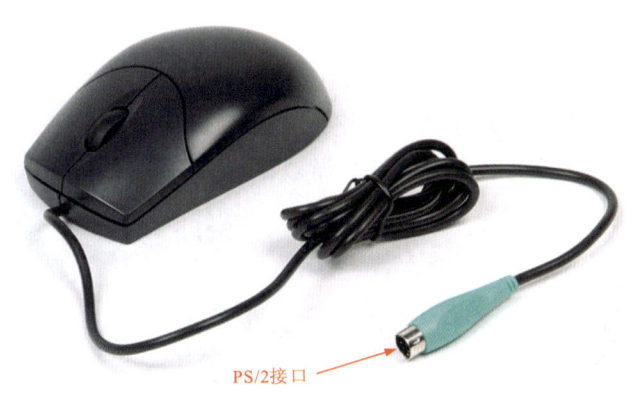

图9-19 典型的PS/2接口鼠标实物外形

**② USB接口鼠标**

图9-20为典型USB接口鼠标实物外形。USB接口是目前鼠标常用的接口，其具备良好的通用性，且支持热插拔。

USB接口

图9-20 典型的USB接口鼠标实物外形

### 3 无线鼠标

图9-21为典型的无线鼠标实物外形。无线鼠标没有物理连接线，取而代之的是一个无线鼠标接收器。使用时，将无线鼠标接收器插入电脑的USB接口，打开无线鼠标的开关，当电脑检测到并识别无线鼠标后，就可以使用了。这种鼠标摒弃了数据连接线，使用更加便捷，但需要额外安装电池。

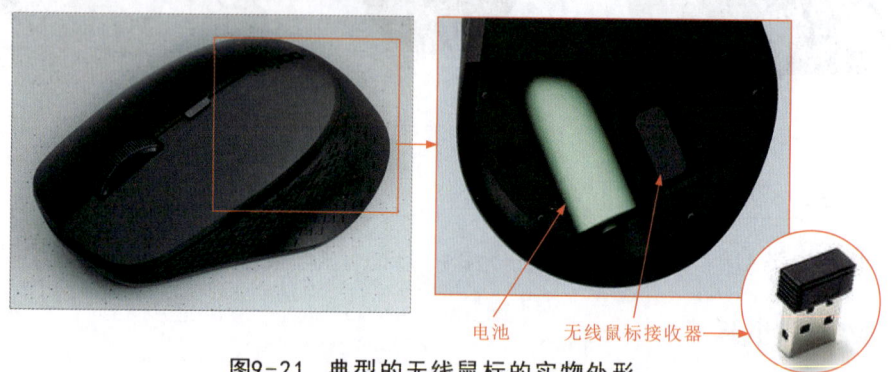

电池　　无线鼠标接收器

图9-21 典型的无线鼠标的实物外形

## 9.2.2 鼠标的选购

在选购鼠标前，首先要确定用途。如图9-22所示，如果是普通办公使用，则选择普通2键+滚轮的鼠标即可；如果从事网络或文字编辑工作，则最好选择普通5键+滚轮的鼠标；如果多用于游戏娱乐，则可选择游戏鼠标。

2键+滚轮的鼠标　　　　5键+滚轮的鼠标　　　　游戏鼠标

图9-22 不同类型的鼠标

确定好用途，便可根据个人习惯和喜好选择鼠标的样式。图9-23为不同样式的鼠标。

标准鼠标　　　　异形鼠标　　　　逻辑球鼠标

图9-23 不同样式的鼠标

然后，根据个人手型的大小选择鼠标的尺寸。如图9-24所示，通常情况下，如果手腕至中指指尖的距离小于17.5cm，则适合选择小型鼠标；如果手腕至中指指尖的距离为17.5~19cm，则适合选择中型鼠标；如果手腕至中指指尖的距离大于19cm，则适合选择大型鼠标。

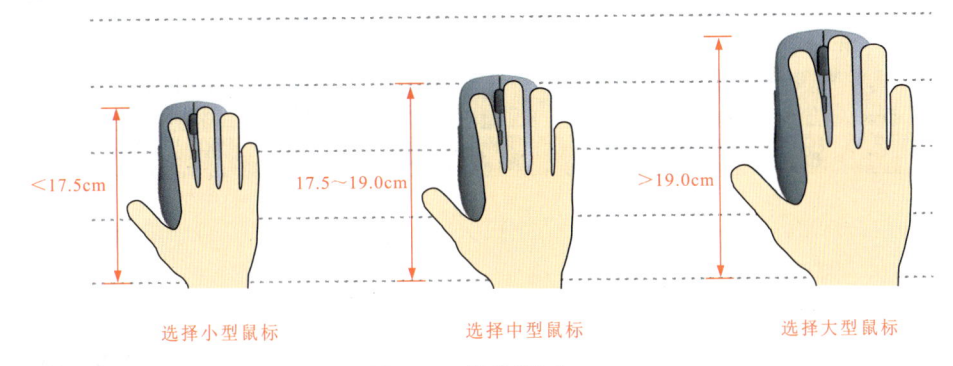

图9-24 鼠标尺寸

接下来，结合鼠标的参数对比选择，如鼠标重量、平滑度、分辨率等。其中，鼠标的分辨率也称DPI（或CPI），它是衡量鼠标定位精度的重要参数，表示鼠标在每英寸区域内所能感知的点数。对于普通办公用户，鼠标的分辨率在800~1600DPI即可。如果需要一些精细操作，如图形图像处理、游戏操作等，则鼠标分辨率多为2000~4000DPI。有些鼠标的分辨率可调，可通过滚轮后面的分辨率调节按钮实现800、1000、1200、1600、2400五档分辨率模式的切换。

有些鼠标还具有一些额外的功能，如自定义按键、宏编辑等，这些功能可以根据个人需求进行选择和定义。还有一些鼠标融合了AI功能，如图9-25所示。当安装好相应智能办公软件后，即可通过鼠标上的AI按键，实现语音识别、翻译、文字提取、智能记录等功能。

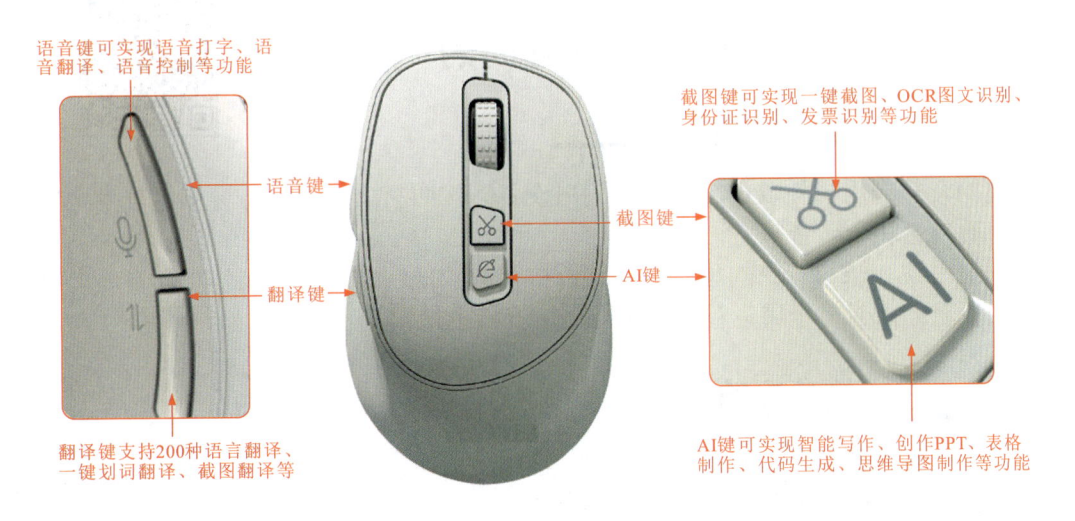

图9-25 AI智能鼠标

# 第10章
# 显示器和音箱的功能、种类与选购

因内容超过篇幅限制，且与电脑主机关系不大，本章内容置于右侧二维码中，读者可自行扫描查阅。

## 10.1 显示器的功能、种类与选购

### 10.1.1 显示器的功能与种类

显示器是电脑非常重要的输出设备，它可以将电脑处理的信息和图像通过显示屏显示出来。根据结构和工作原理的不同，显示器可以分为阴极射线管显示器、等离子体显示器、液晶显示器三大类。

### 10.1.2 显示器的选购

选购显示器时，首先根据使用需求选择合适的尺寸。通常，如果用于基础办公，则选择24英寸的显示器即可；如果从事图像或音视频制作、编辑以及游戏娱乐，则可以选择尺寸更大的显示器。

## 10.2 音箱的功能、种类与选购

### 10.2.1 音箱的功能与种类

电脑音箱是用于播放电脑音频的输出设备。按照材质的不同，音箱可分为塑料音箱、木质音箱和金属音箱。

一般来说，塑料音箱的材质轻便，价格相对较低；木质音箱在外观和音质上都有不错的表现；而通常金属音箱的品质最佳，价格也最昂贵。

### 10.2.2 音箱的选购

选购电脑音箱时，主要从外观设计、材质、功率、尺寸、音质、声道配置、接口类型等几个方面综合考虑。

如果对音质没有特别要求，则选择塑料材质的音箱即可，如2.0音箱或2.1音箱；如果对音质要求较高，则可以考虑木质或金属材质的音箱。

# 第11章 电脑硬件的配置与组装

## 11.1 电脑组装前的准备

### 11.1.1 电脑的装配工具

进行电脑装配时，所安装的部件不同，其固定和连接方式也会有所区别。若能够正确使用装配工具，不仅可以使安装操作变得轻松、快捷，还可以确保装配的稳固和安全。下面，具体了解一下电脑装配工具的使用特点。

**1 螺钉旋具**

螺钉旋具主要用于拆装电脑外壳、功能部件上的固定螺钉。如图11-1所示，电脑装配中常用的螺钉旋具有十字螺钉旋具、一字螺钉旋具和内六角螺钉旋具。在装配电脑外壳或功能部件时，应根据固定螺钉的类型、大小和位置，选择适合的螺钉旋具。

十字螺钉旋具通常用于固定十字螺钉，不同尺寸的螺钉，需使用尺寸匹配的螺钉旋具进行固定

十字螺钉旋具

一字螺钉旋具

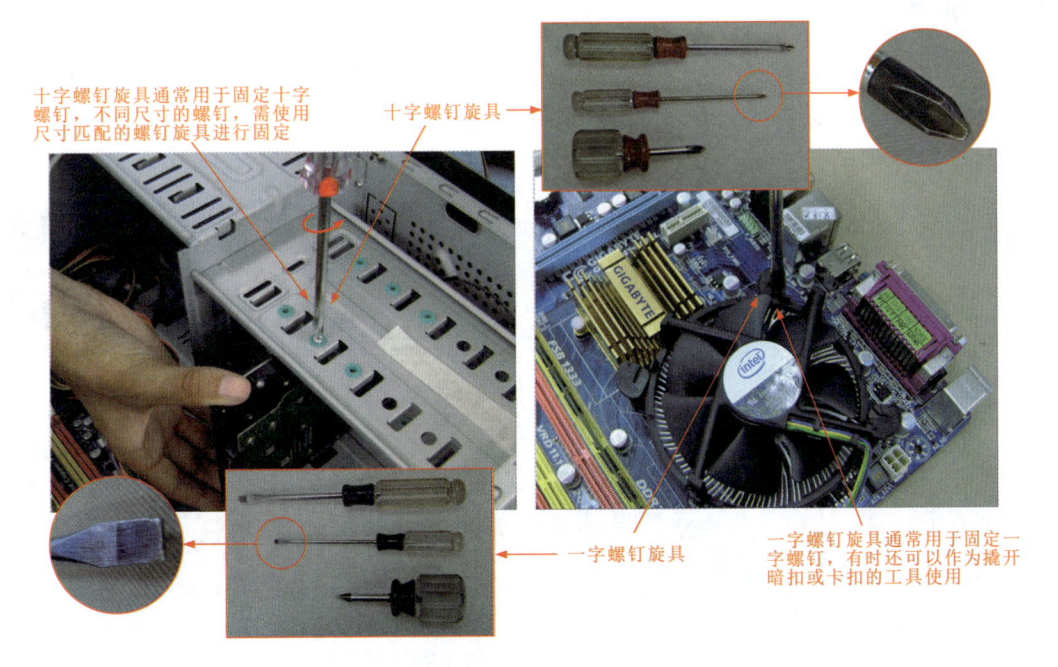

一字螺钉旋具通常用于固定一字螺钉，有时还可以作为撬开暗扣或卡扣的工具使用

图11-1 螺钉旋具的实物外形及使用场合

> **补充说明**
>
> 在对固定螺钉进行安装或拆除时,要尽量采用合适规格的螺钉旋具。螺钉旋具的大小尺寸不适配可能会损坏螺钉,给安装或拆除带来困难。

## 2 钳子

装配电脑时,由于机箱内部结构紧凑,部件之间的空隙较小,一些接线插头的拔插需要依靠钳子进行。图11-2为钳子的实物外形及使用场合。电脑装配中常用的钳子主要有尖嘴钳和斜口钳(也称断线钳或偏口钳)等。在装配电脑时,应根据被装配部件的类型,选择适合的钳子。

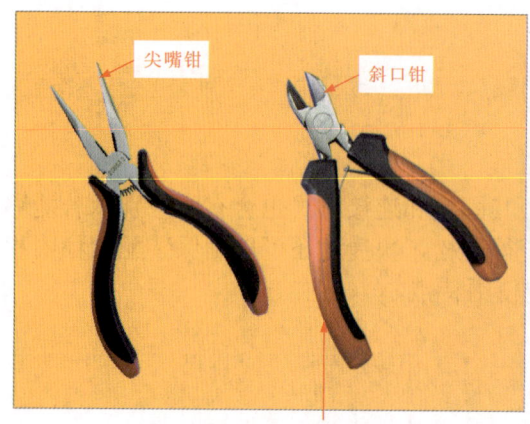

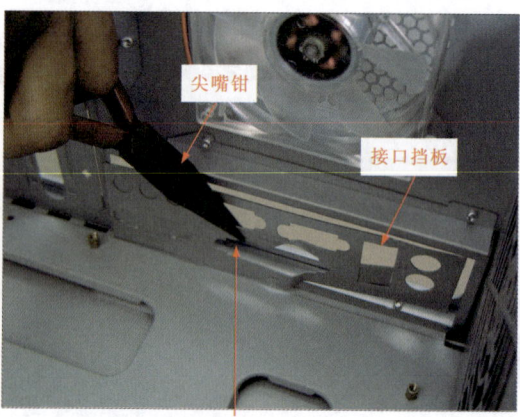

图11-2 钳子的实物外形及使用场合

## 3 防静电手套

由于电脑中的部件防静电能力较弱,因此,装配人员需采取一定的防静电措施。佩戴防静电手套可以有效避免人体静电对电脑部件造成伤害。图11-3为防静电手套的实物外形及使用场合。

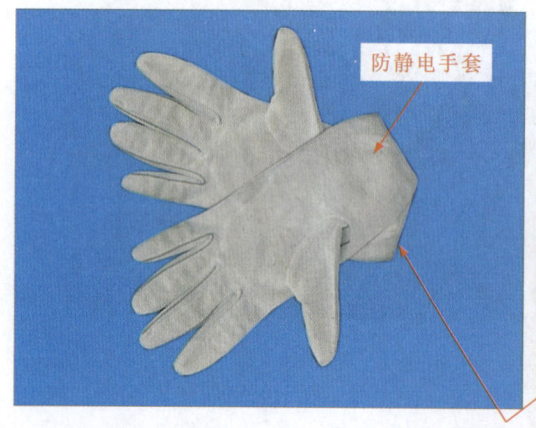

图11-3 防静电手套的实物外形及使用场合

### 4 镊子

装配电脑时，由于机箱内部结构紧凑，部件之间的空隙较小，一些较小的连线、接口安装都需要镊子的帮助，如设置硬盘跳线帽或在狭小空间内夹取物件等。图11-4为使用镊子设置硬盘跳线。

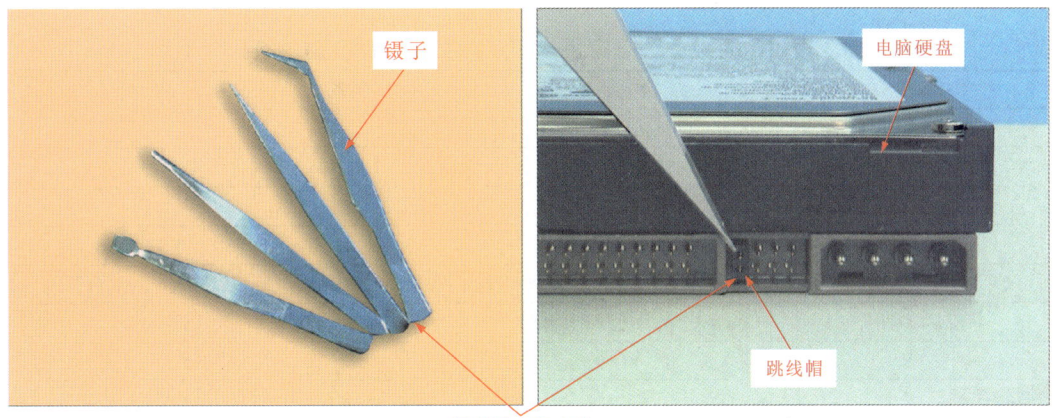

图11-4 使用镊子设置硬盘跳线

### 5 零件盒

装配电脑时，不同部件的螺钉及零件规格数量都不相同，采用零件盒分类放置不同零件十分方便。如图11-5所示，零件盒通常会被分隔成许多格子，不同类型的零件放置于不同的格子中，既可以防止丢失又便于查找。

图11-5 零件盒

## 11.1.2 电脑的配置方案

电脑组装与其他电子产品有所不同，在准备各安装部件之前，要根据整体系统性能要求进行配置。电脑的配置是决定一台电脑性能高低的标准，主要包括对CPU、显卡、主板、内存、硬盘、显示器、机箱、光驱、键盘、鼠标和散热系统等的选择和搭配。笔记本电脑和品牌电脑的电脑配置一般由厂家设置，用户只能更换有限的配置。

合理的电脑配置是保证电脑正常工作的基本要求，如CPU核心参数与内存、显卡参数必须匹配，否则可能导致电脑主板因不兼容而无法工作；电源功率必须足够用电设备使用，否则可能导致电脑无法启动或工作中自动关机；硬盘容量必须满足使用需求，否则可能因容量不足而无法存储数据。

电脑的配置应根据用户需求进行个性化定制，结合第2~10章的选购常识，下面列举几套配置方案，见表11-1~表11-4（仅作参考）。

表11-1 适用于企业办公、家用娱乐、影音娱乐的电脑主机配置清单

| 配件名称 | 品牌和型号 |
| --- | --- |
| CPU | Intel Core i3-12100 |
| 散热风扇 | Tt水星4S散热器 |
| 内存 | 光威 弈Pro DDR4 3000 8GB |
| 主板 | 微星PRO H610M-E DDR4 |
| 硬盘 | 西部数据紫盘 2T或威刚S20 512GB M.2 NVMe固态硬盘 |
| 光驱 | 华硕DRW-24D5刻录机光驱 |
| 显卡 | 集成显卡 |
| 声卡 | 集成声卡 |
| 电源机箱套装 | 启航者F1机箱电源套装（含400W电源） |
| 鼠标、键盘、显示器 | 用户自选 |

表11-2 适用于企业办公、家用娱乐、轻度游戏的电脑主机配置清单

| 配件名称 | 品牌和型号 |
| --- | --- |
| CPU | Intel Core i5-12400（散）6核12线程 |
| 散热风扇 | 利民AX120R SE |
| 内存 | 光威 弈Pro DDR4 3200 X2 |
| 主板 | 华硕H610M-A DDR4 |
| 硬盘 | 铠侠RC10 500GB固态硬盘或西部数据紫盘 2TB |
| 光驱 | 华硕DRW-24D5刻录机光驱 |
| 显卡 | 集成显卡 |
| 声卡 | 集成声卡 |
| 电源 | 酷冷至尊G500 500W |
| 机箱 | 先马凡尔赛3 |
| 鼠标、键盘、显示器 | 用户自选 |

表11-3 适用于1K或2K分辨率中高度游戏、中画质的电脑主机配置清单

| 配件名称 | 品牌和型号 |
| --- | --- |
| CPU | AMD Ryzen R5 5600（盒装）6核12线程 |
| 散热风扇 | 利民AX120R SE ARGB |
| 内存 | 金百达DDR4 3600 16GB |
| 主板 | 华硕 PRIME B550M-K ARGB主板 |
| 硬盘 | 铠侠RC20 1TB固态硬盘 |
| 显卡 | AMD RX 6500XT |
| 声卡 | 集成声卡 |
| 电源 | 酷冷至尊G600 600W |
| 机箱 | 启航者F4机箱 黑/白可选 |

表11-4 适用于大型游戏、高画质的电脑主机配置清单

| 配件名称 | 品牌和型号 |
|---|---|
| CPU | Intel Core i5-13600KF（散）14核20线程 |
| 散热风扇 | 雅浚EA5 SE 360水冷散热器 |
| 内存 | 阿特斯加DDR5 瓦尔基里 女武神RGB 6400 32GB 海力士M-DIE（16GB×2） |
| 主板 | 华硕TUF B760M-PLUS WIFI |
| 硬盘 | 宏碁掠夺者GM7000 1TB M.2固态硬盘 |
| 显卡 | 七彩虹RTX4070 Ti SUPER 16GB |
| 声卡 | 集成声卡 |
| 电源 | 微星A850GL 850W全模组 |
| 机箱 | 追风者XT523 |
| 鼠标、键盘、显示器 | 用户自选 |

## 11.2 电脑主机配件的组装

### 11.2.1 检查电脑的安装环境

装配电脑前，除了需要准备好装配工具外，还应仔细检查安装环境。首先，要观察安装环境是否整洁，并确认安装环境的湿度和温度都符合生产要求，安装场地内外不应有强烈的振动和电磁场干扰。其次，进行电脑装配操作的工作台要采取有效的静电防护措施。

图11-6为标准的电脑装配工作台。工作台上铺有防静电桌垫，并放置防静电环，配备防静电手套。操作时待安装的部件应妥善放置于防静电工具箱中。照明设备位于工作台的上方，为工作台提供良好的照明条件。工作地面应铺设绝缘地垫。工作过程中所连接的市电插座也应具有良好的接地保护。此外，在工作场地必须配置灭火设备，以应对可能发生的火灾事故。

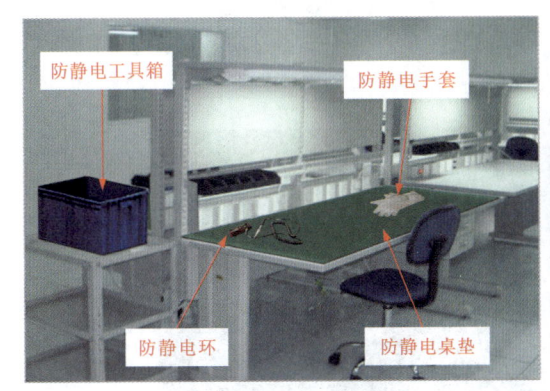

图11-6 标准的电脑装配工作台

### 11.2.2 安装CPU和散热风扇

在安装CPU之前，首先应确认电源处于关闭状态，并仔细确认主板CPU插座的规格是否与待安装CPU兼容。如图11-7所示，在主板CPU插座处放置有保护盖，用于保护CPU插座的插孔或触点，安装前需将保护盖移除。

保护盖用于保护CPU插座的插孔或触点，避免损坏

CPU插座

图11-7　主板CPU插座上的保护盖

如图11-8所示，安装CPU时，先将CPU插座旁的拉杆稍微向下按压后，向外侧稍用力推开。随后拉杆便会脱离卡扣自动释放，向上完全拉起。然后，用手轻拿CPU两侧，确认CPU第一引脚位置（三角形标识），按标记对位后小心地将CPU放置到CPU插座中。安装妥当后，将保护盖盖回，并将拉杆重新向下压回到卡扣处即可。

① CPU插座的保护盖
将CPU插座旁的拉杆稍微向下按压后，向外侧稍用力推开

② 将CPU插座拉杆向上拉起，并将CPU插座的保护盖掀起

③ 将CPU按照对应标记正确放置到CPU插座中

CPU第一引脚位置（三角形标识）
CPU两侧的凹槽对应CPU插座防插错设计

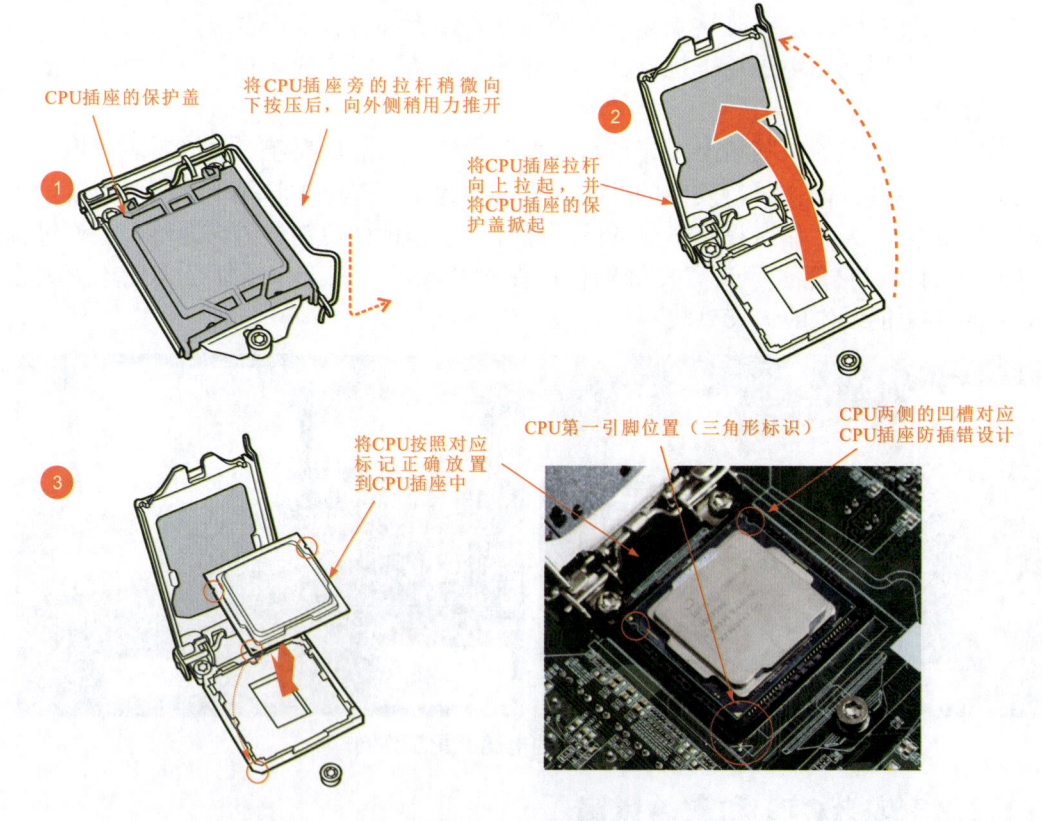

图11-8　CPU的安装

接下来，为CPU安装散热风扇组件。为了使CPU散热良好，需先在CPU表面均匀地涂抹一层散热硅胶，然后再将散热风扇组件安装在CPU上。

图11-9为CPU散热风扇组件的安装。

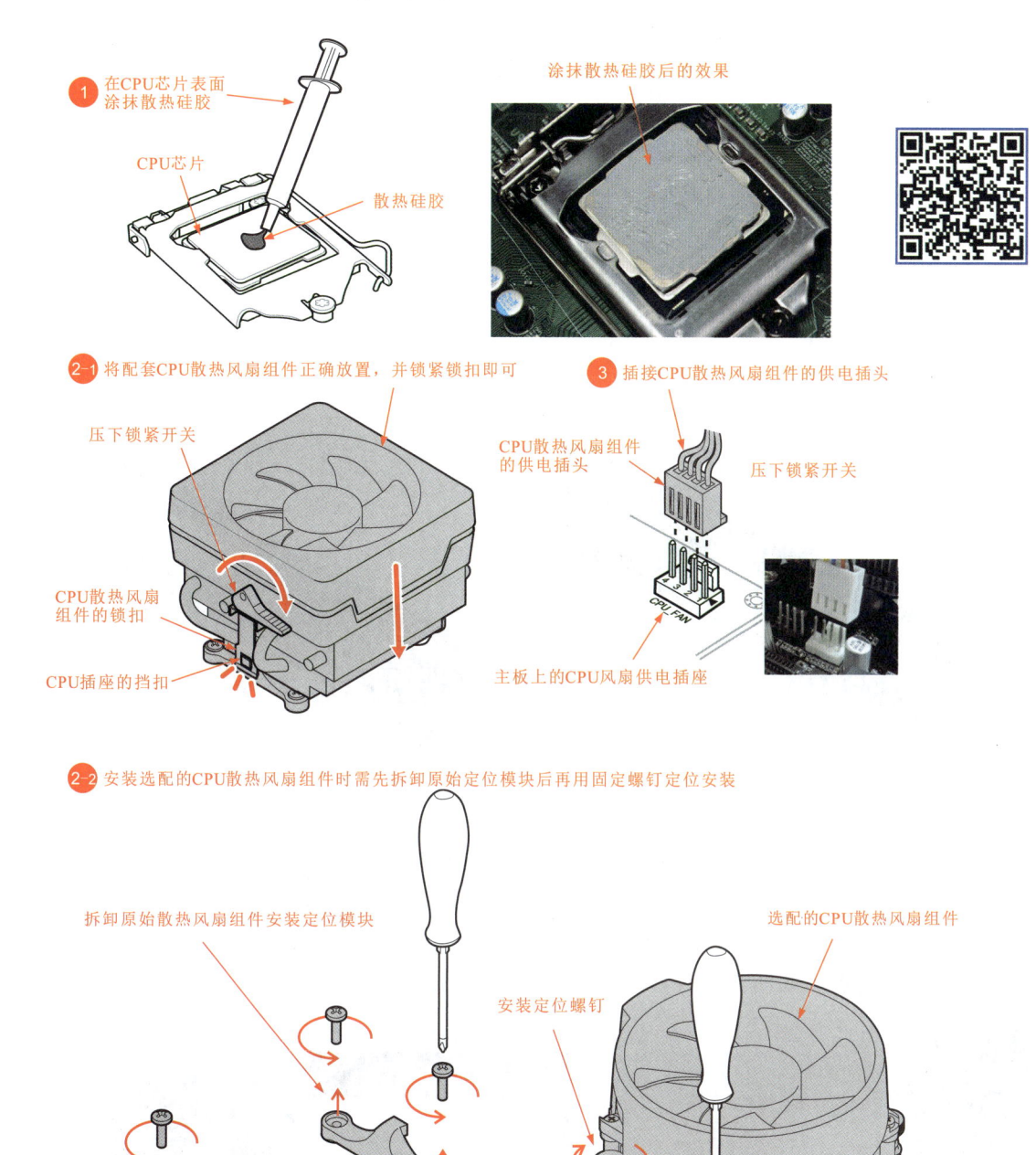

图11-9 CPU散热风扇组件的安装

如果是CPU配套的散热风扇组件，则安装方法较为简单。只需将散热风扇组件的散热片对准CPU芯片表面，确认垂直放置后，将锁扣放置于CPU插座的档扣中，放置好后压下锁紧开关即可。如果是选配的CPU散热风扇组件，通常需要先拆卸原始散热风扇组件安装定位模块，然后在对应CPU插座的四周安装定位螺孔，放置好散热风扇组件，拧紧固定螺钉。最后，将CPU散热风扇组件的电源供电插头插入主板上的CPU风扇供电插座上即可。

### 11.2.3 安装内存

以安装DDR4内存为例，图11-10为待安装的DDR4内存实物外形。

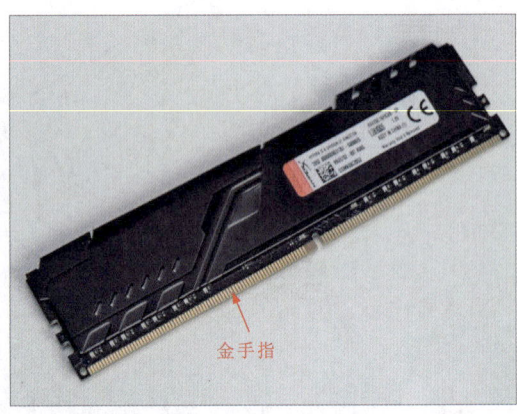

图11-10 待安装的DDR4内存实物外形

安装内存前，首先要找到主板上对应的内存插槽位置。一般常见的内存插槽位于主板右侧、CPU插座的旁边，如图11-11所示。大多数主板设有4个内存插槽，根据主板标记信息，第2、4个内存插槽为优先安装插座，即若安装一根内存，则插入第2个内存插槽；若安装两根内存，则插入第2、4个内存插槽。

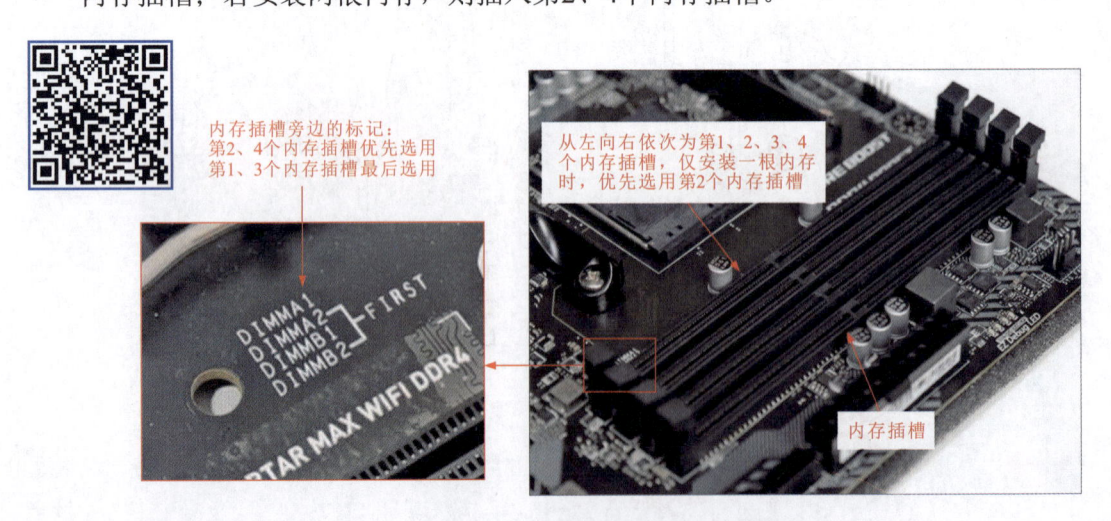

图11-11 确定内存的安装位置

安装内存时，首先打开主板上内存插槽两端的卡扣（有些主板的插槽只有一端有卡扣，则仅需打开一个卡扣即可），然后将内存金手指的缺口与内存插槽上的隔断对齐，垂直压入内存插槽中，如图11-12所示。压入到位后，插槽两端的卡扣会自动扣紧，并发出两声"咔哒"声，卡住内存条两侧的缺口，表明内存安装完成。

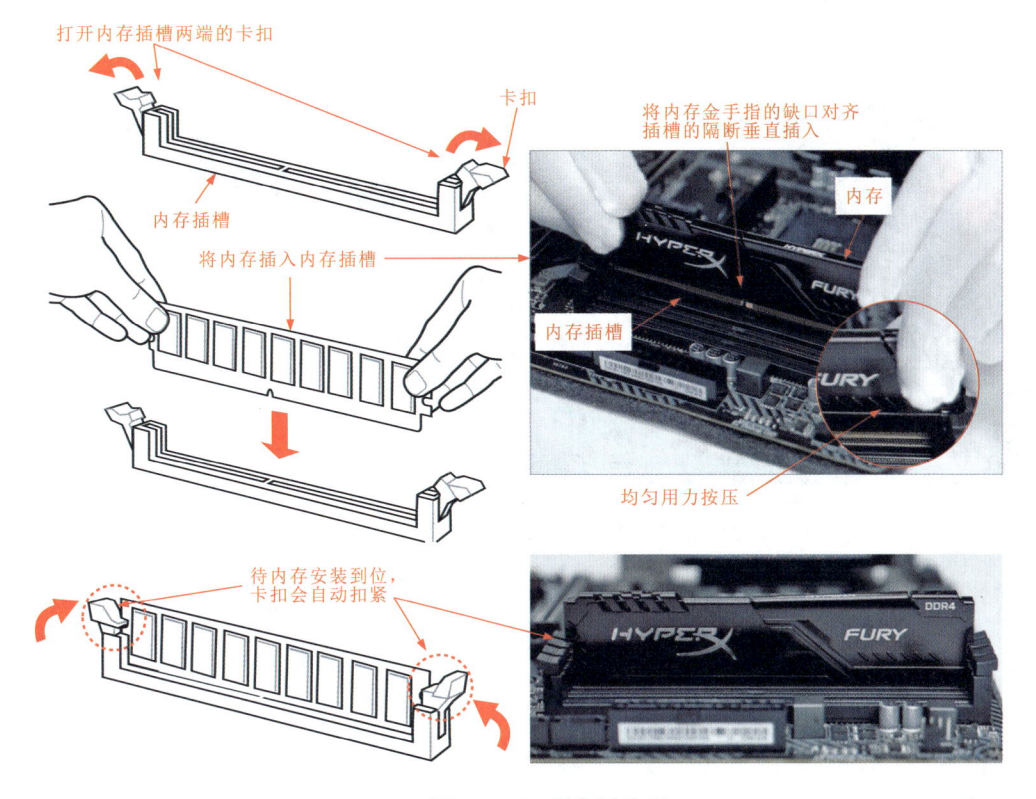

图11-12 内存的安装

## 11.2.4 安装主板

安装电脑主板是指将安装好CPU和内存的主板固定到电脑机箱中，如图11-13所示。

图11-13 待安装的主板和机箱

安装主板时，首先在主板盒子中找到附带的接口挡板，并将接口挡板固定到机箱背部；然后确定机箱铜柱数量及位置，确认与主板上的螺钉孔位一一对应，如图11-14所示。若机箱铜柱数量少于主板螺钉孔位数，则需要到机箱附带的螺丝包中找到铜柱并安装到机箱相应位置。

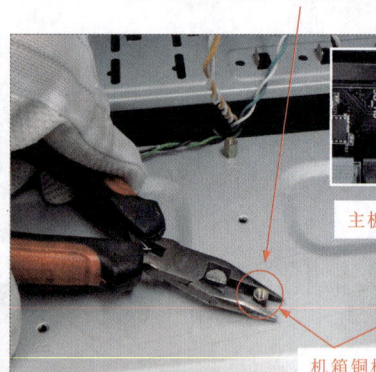

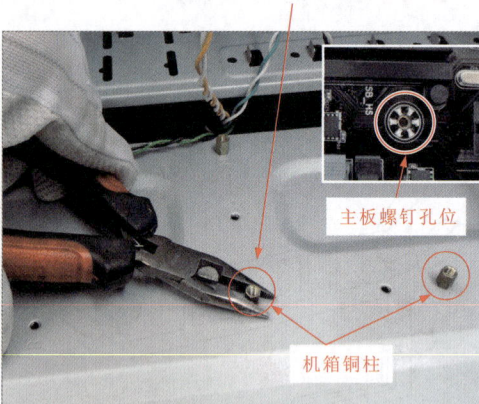

图11-14 安装主板前的准备

接着，将主板放入机箱中。放入时，将I/O接口侧对准机箱的孔洞或接口挡板，再将主板螺钉孔位与机箱铜柱对齐，使主板与机箱底板保持水平，用固定螺钉进行固定，如图11-15所示。

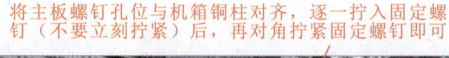

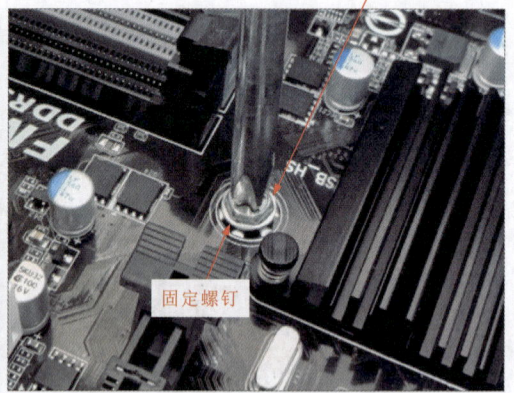

图11-15 主板的安装

## 11.2.5 安装硬盘

安装硬盘前首先要确认硬盘的类型和接口位置，然后找到机箱中对应的硬盘仓，进行固定和接线即可。图11-16为机械硬盘的安装。

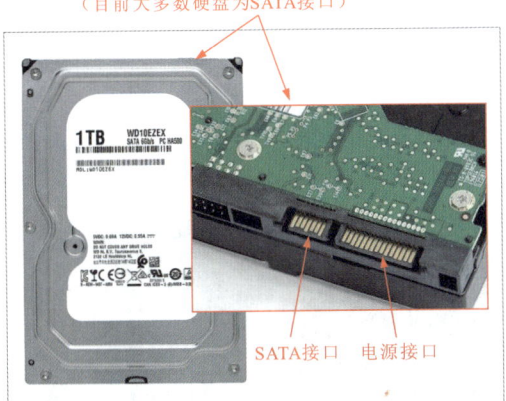

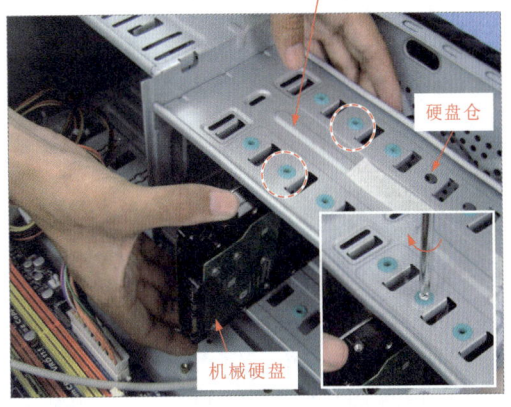

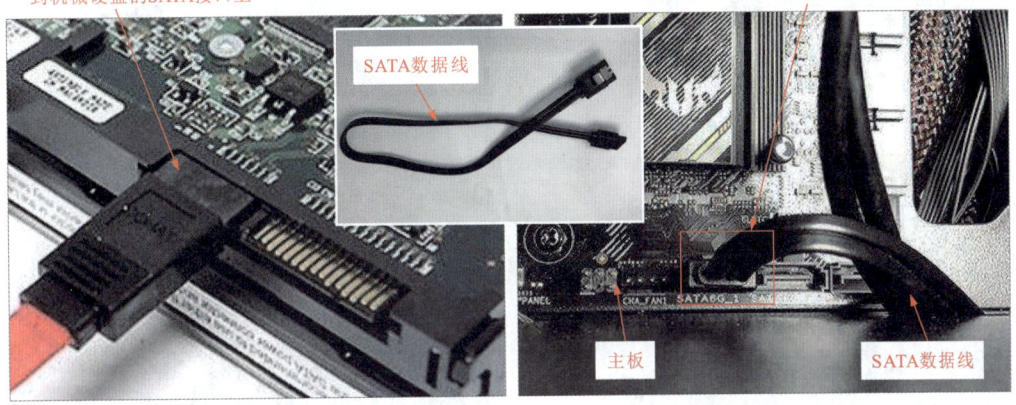

图11-16　机械硬盘的安装

需要注意的是，若电脑机箱中已安装电源，则还需要将电源的硬盘供电引线连接到硬盘的电源接口上。

固态硬盘与机械硬盘的接口一致，安装和接线方法也相同，如图11-17所示。

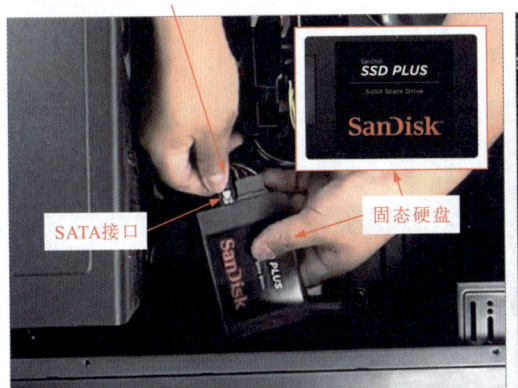

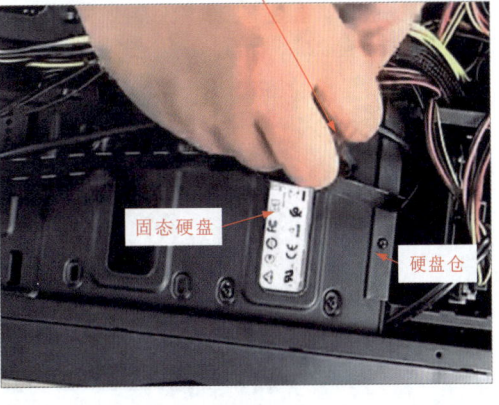

图11-17　固态硬盘的安装

### 11.2.6 安装光驱

光驱的安装和硬盘基本相同,首先将光驱固定到主机箱上,然后根据光驱接口类型,使用对应的数据线将其连接到主板上,如图11-18所示。

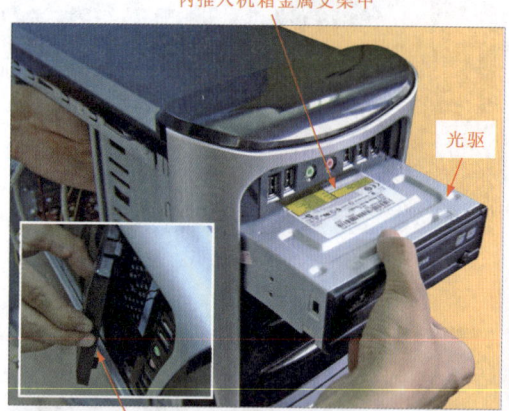

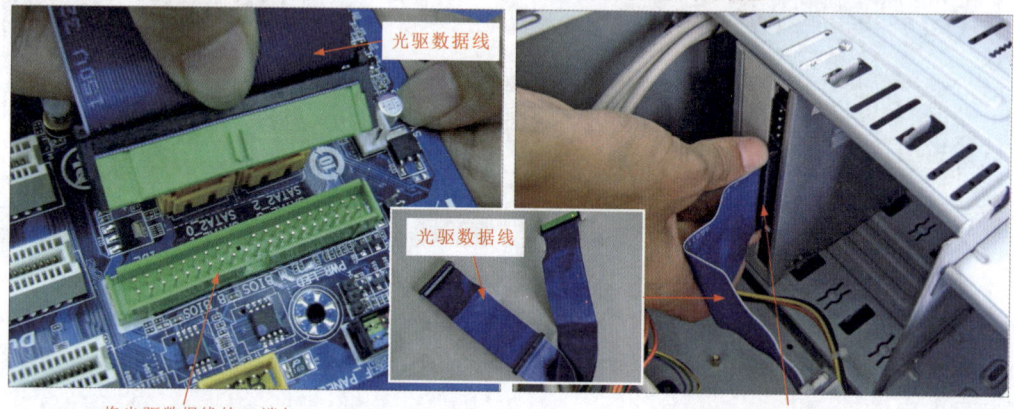

图11-18 光驱的安装

**补充说明**

安装光驱时需要注意设置跳线。如果只安装一个光驱,并通过单独的数据线与主板的IDE接口连接,则根据光驱的跳线标识,设置光驱为主设备。即将跳线帽插入第一组跳线针上,如图11-19所示。

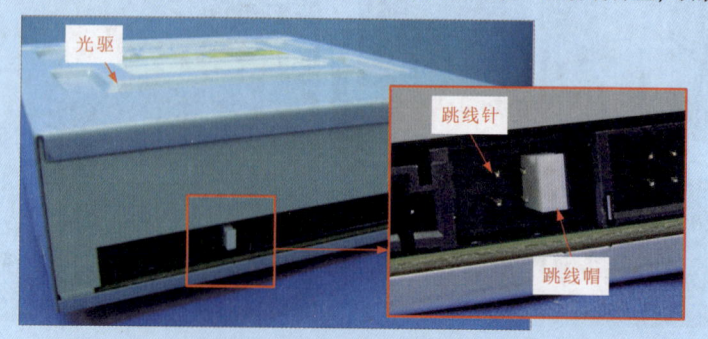

图11-19 光驱跳线设置

## 11.2.7 安装显卡

目前，台式电脑大都采用PCI-E X16显卡。在安装显卡前，首先找到主板上PCI-E X16插槽的位置，将显卡金手指插入PCI-E X16插槽，使接口部分卡入机箱的显卡安装孔中并固定，连接相应的供电引线即可，如图11-20所示。

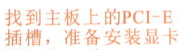

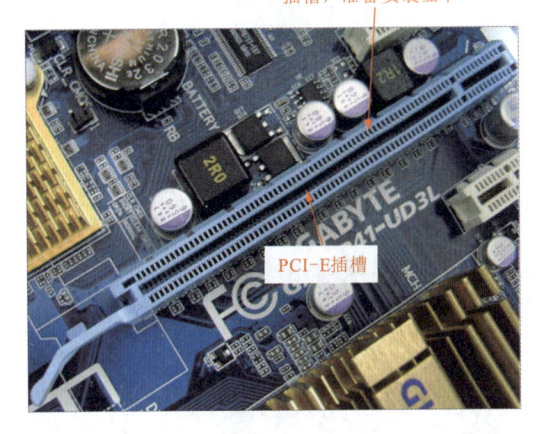

图11-20 显卡的安装

## 11.2.8 安装声卡

台式电脑主板上多集成有声卡，当对电脑声音处理有较高要求时，可在主板上安装板卡式声卡以满足需求。

安装声卡的方法比较简单，首先确认待安装声卡的接口类型，常见声卡多为PCI接口和PCI-E接口；然后找到主板上对应的插槽进行插装固定即可，安装操作过程如图11-21所示。

图11-21 声卡的安装

## 11.2.9 安装电源

电脑电源的安装一般分为安装固定和接线两个步骤。如图11-22所示,首先将电源固定到机箱的电源仓中,一般电源仓都位于机箱后部上方的位置,用配套的固定螺钉进行固定即可。

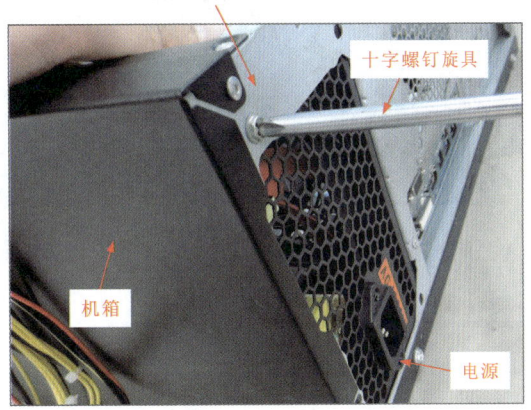

图11-22 电源的安装固定

固定好电源后,需将输出电源的电源线与相应部件进行连接,如主板供电连接、CPU散热风扇供电连接、显卡供电连接、硬盘供电连接、光驱供电连接等,如图11-23所示。

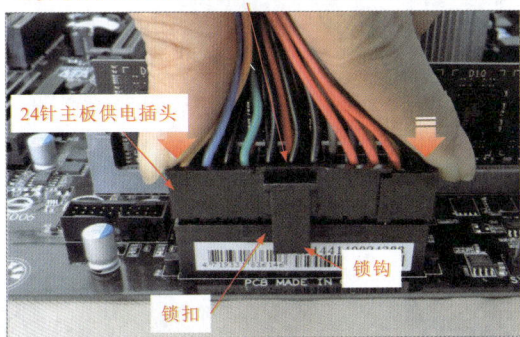

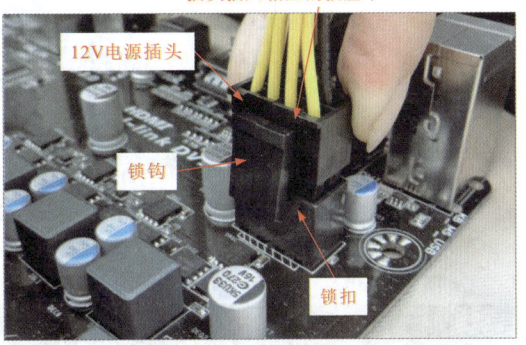

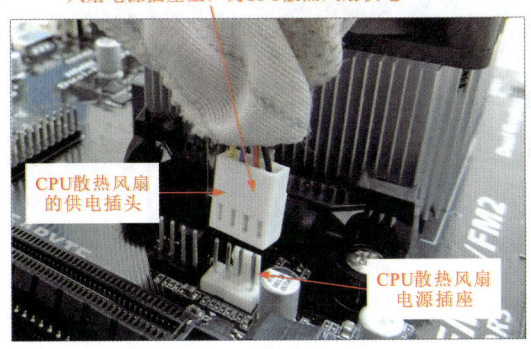

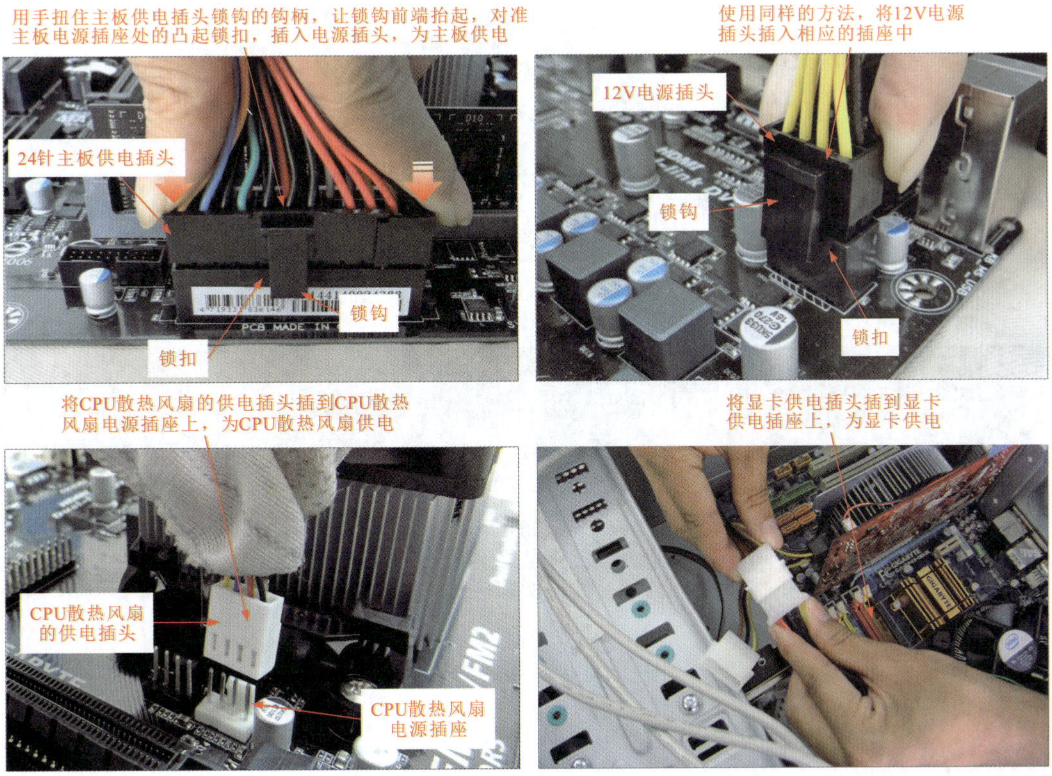

图11-23 电源接线

将硬盘供电插头插到硬盘供电接口上，为硬盘供电

将光驱供电插头插到光驱供电接口上，为光驱供电

硬盘供电插头

硬盘供电接口

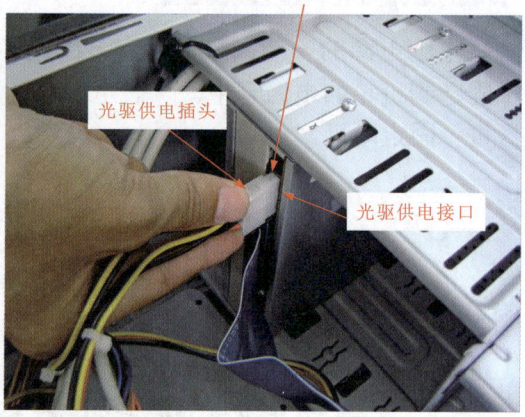

光驱供电插头

光驱供电接口

图11-23　电源接线（续）

## 11.2.10 连接机箱线

在机箱内部，可以看到一小捆有各种颜色的连接线，这些连接线对应连接主板相应的接口或插座，其主要作用是连接机箱前后面板上的控制开关、指示灯等，如图11-24所示。

音频线　　复位开关控制线　　硬盘指示灯控制线

USB接口连接引线

机箱内的各种连接线

电源指示灯控制线

电源开关控制线

USB接口连接插口　　　开关、指示灯等连接插口　　　音频接口连接插口

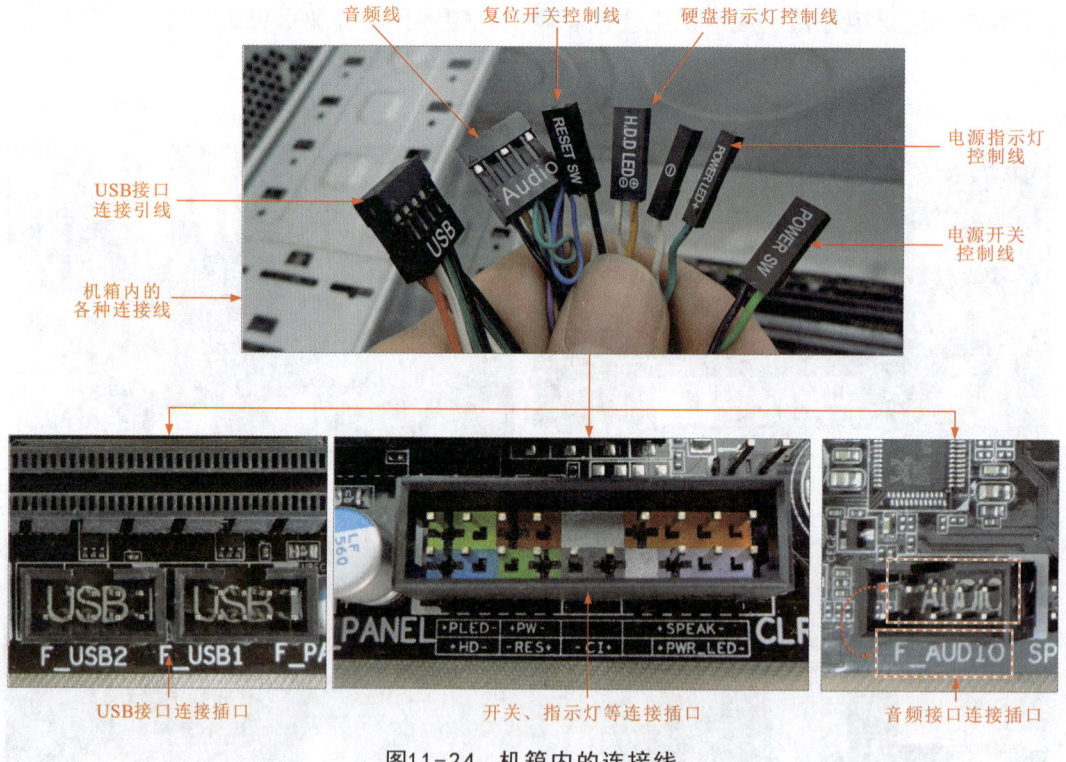

图11-24　机箱内的连接线

机箱线的连接比较简单，根据主板插口处的标识进行对应连接线的插接即可，如图11-25所示。

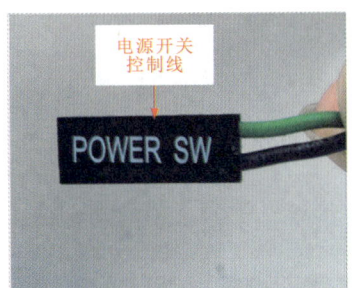

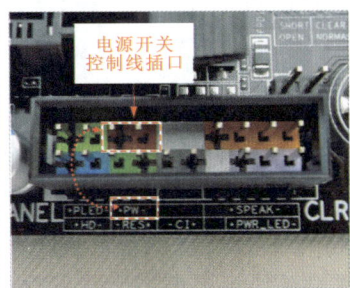

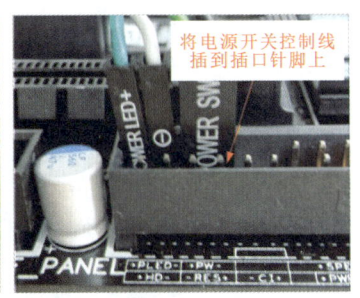

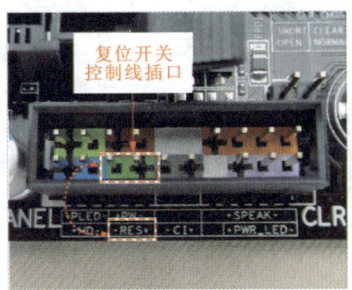

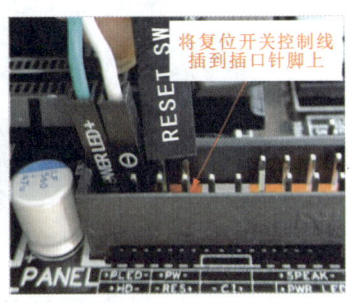

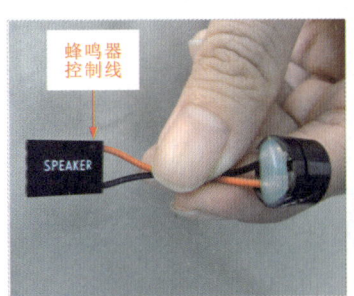

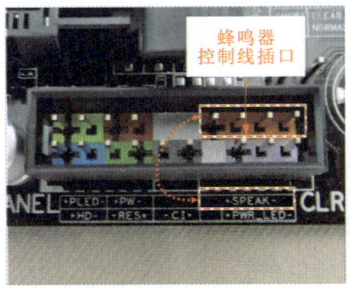

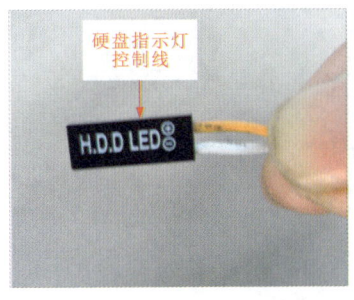

图11-25 机箱线的连接

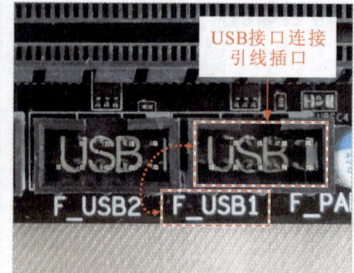

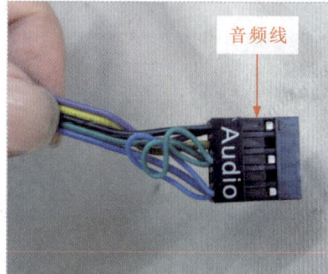

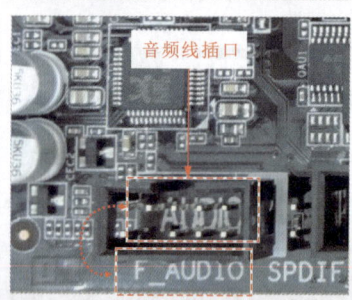

图11-25 机箱线的连接（续）

## 11.2.11 连接外部设备

电脑的外部设备主要有键盘、鼠标和显示器，分别用于输入和输出人机交互信息。

### 1 连接键盘和鼠标

目前常用的键盘和鼠标多为USB接口和无线两种。图11-26为USB接口键盘和鼠标的连接，连接时直接将相应接口插入机箱背部的USB接口中即可。

图11-26 USB接口键盘和鼠标的连接

连接无线键盘和鼠标时只需将无线接收器插入机箱背部的USB接口中,打开无线键盘和鼠标的电源,待电脑自动识别并安装驱动后即可完成连接,如图11-27所示。

开关

接收器

将无线鼠标的接收器从鼠标底部取出,插入机箱背部的USB接口中,打开无线鼠标的开关即可

无线鼠标

无线键盘

接收器

同样将无线键盘的接收器插入机箱背部的USB接口中即可

图11-27 无线键盘和鼠标的连接

## 2 连接显示器

显示器与电脑主要通过连接线和相应的接口进行连接。目前,显示器和电脑机箱可连接的接口主要有VGA、DVI、HDMI和DP接口,不同的接口类型需要使用对应类型的连接线进行连接,如图11-28所示。

DVI连接线

将DVI连接线的一端连接机箱上的DVI接口,另一端连接显示器的DVI接口

HDMI连接线

将HDMI连接线的一端连接机箱上的HDMI接口,另一端连接显示器的HDMI接口

显示器

VGA接口

VGA连接线

将VGA连接线的一端连接机箱上的VGA接口

另一端连接显示器的VGA接口

图11-28 显示器的连接

> **补充说明**
>
> 需要注意的是,有些电脑机箱与显示器接口不能完全对应,如机箱上只有DVI、HDMI接口,显示器只有VGA或DVI接口。此时可使用转接线或转接头转接后再进行连接,如VGA转HDMI转接线、VGA转DVI转接线、HDMI转DVI连接线、DVI转HDMI转接线等。

# 第12章
# 电脑操作系统和软件的安装

因内容超过篇幅限制，本章内容置于右侧二维码中，读者可自行扫描查阅。

## 12.1 电脑操作系统的安装

### 12.1.1 Windows 7操作系统的安装

Windows 7是微软公司于2009年发布的一款操作系统。Windows 7操作系统的操作界面、功能比较稳定。Windows 7操作系统的安装方法请扫描右侧二维码阅读。

### 12.1.2 Windows 11操作系统的安装

通过系统光盘安装Windows 11操作系统，与Windows 7操作系统的安装过程相似，将系统光盘放入光驱，通过相应设置进行识别安装即可。在电脑没有光驱的情况下，借助U盘制作系统盘安装Windows 11操作系统的方法请扫描右侧二维码阅读。

### 12.1.3 Windows 7升级为Windows 11

从Windows 7操作系统升级为Windows 11操作系统一般有两种方法，一种是从系统更新中直接升级，另一种是借助Windows 11镜像文件进行升级。

## 12.2 软件程序的安装

### 12.2.1 应用软件的安装

应用软件是指为了解决某个实际问题而编制的程序和有关资料。
本小节以常用的办公软件WPS为例，介绍应用软件的安装方法。

### 12.2.2 硬件驱动程序的安装

驱动程序是一种可以使电脑和设备进行通信的特殊程序，相当于硬件的接口。
本小节以独立显卡驱动程序为例，介绍硬件驱动程序的安装方法。

# 第13章 电脑系统的调试与优化

## 13.1 BIOS的常规设置

### 13.1.1 常见的BIOS

BIOS（Basic Input/Output System，基本输入/输出系统）是一组固化到主板上的一个ROM芯片上的程序，存储着电脑中最重要的基本输入/输出程序、系统设置信息、开机上电自检程序和系统启动自举程序。BIOS的主要功能是为电脑提供最底层的、最直接的硬件设置和控制。

BIOS是硬件和软件之间的转换器或接口，负责开机时对系统的各项硬件进行初始化设置和测试，以确保系统能够正常工作。

在早期，常见的BIOS主要有Award BIOS、AMI BIOS、Phoenix BIOS三类，不同类型BIOS的界面和功能会有所不同，进入和设置的方法也存在差异。

图13-1为三类BIOS（Award BIOS、AMI BIOS、Phoenix BIOS）的设置界面。

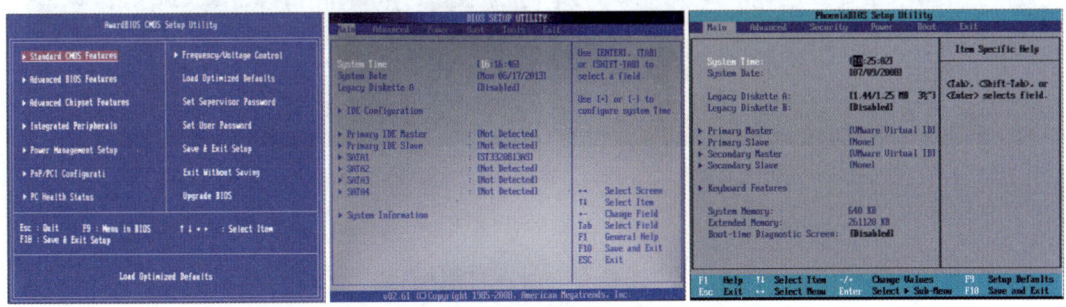

| Award BIOS设置界面 | AMI BIOS设置界面 | Phoenix BIOS设置界面 |

图13-1 三类BIOS的设置界面

Award BIOS是Award Software公司开发的BIOS产品，其功能强大，在硬件支持方面非常全面。

AMI BIOS是AMI公司开发的BIOS产品，这种BIOS对软硬件的适应性很好，且性能稳定。

Phoenix BIOS是Phoenix公司开发的BIOS产品，以界面操作简便著称。

目前，随着电脑硬件的迅速发展，传统BIOS已逐渐被UEFI BIOS所代替。UEFI（Unified Extensible Firmware Interface，统一可扩展固件接口）是一种详细描述接口类型的标准，它使得操作系统能够自动从预启动的操作环境加载到目标操作系统上。

UEFI BIOS采用图形化界面，能使用鼠标操作，并支持大容量硬盘，且开机引导速度也较传统兼容模式有显著提升。不同品牌主板采用的BIOS芯片型号不同，其UEFI BIOS主界面也各有不同。图13-2为几种主板的UEFI BIOS主界面。

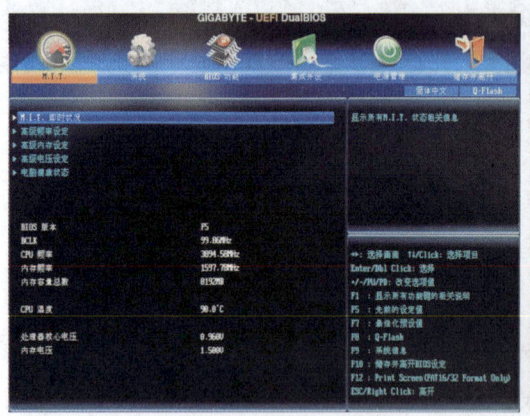

技嘉主板UEFI BIOS主界面 　　　　　　　微星主板UEFI BIOS主界面

华硕主板UEFI BIOS主界面 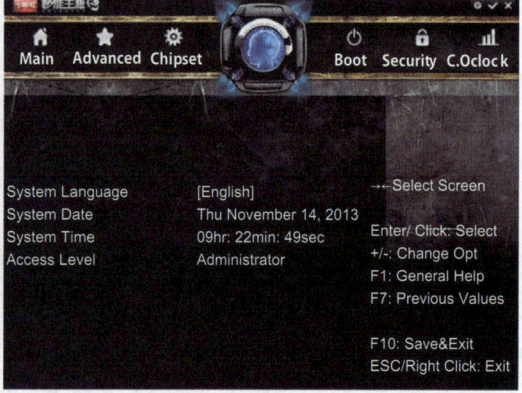　　　　　　　七彩虹主板UEFI BIOS主界面

图13-2　几种主板的UEFI BIOS主界面

## 13.1.2　BIOS的基本设置

下面以技嘉主板的UEFI BIOS为例，简单介绍BIOS的基本设置方法。

### 1　进入UEFI BIOS设置主界面

不同品牌或类型的主板，进入UEFI BIOS设置主界面的方式不同，可在接通电脑电源后的开机画面中进行确认，如图13-3所示。

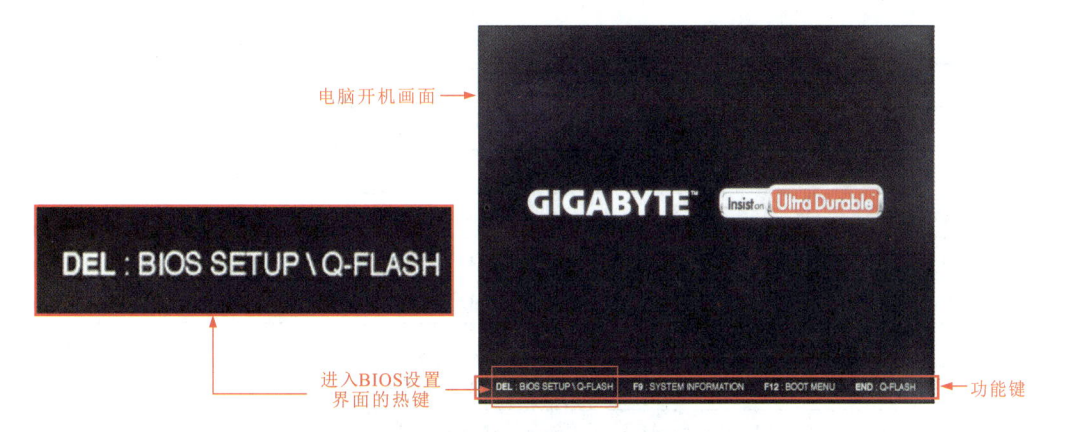

图13-3 采用技嘉主板的电脑开机画面

可以看到，在当前开机画面最下端出现文字提示操作者按下<DEL>键可进入BIOS设置，即在电脑接通电源后，出现开机画面时，迅速按下键盘上的<DEL>键，即可进入BIOS设定程序。

图13-4为UEFI BIOS主界面的基本功能划分。

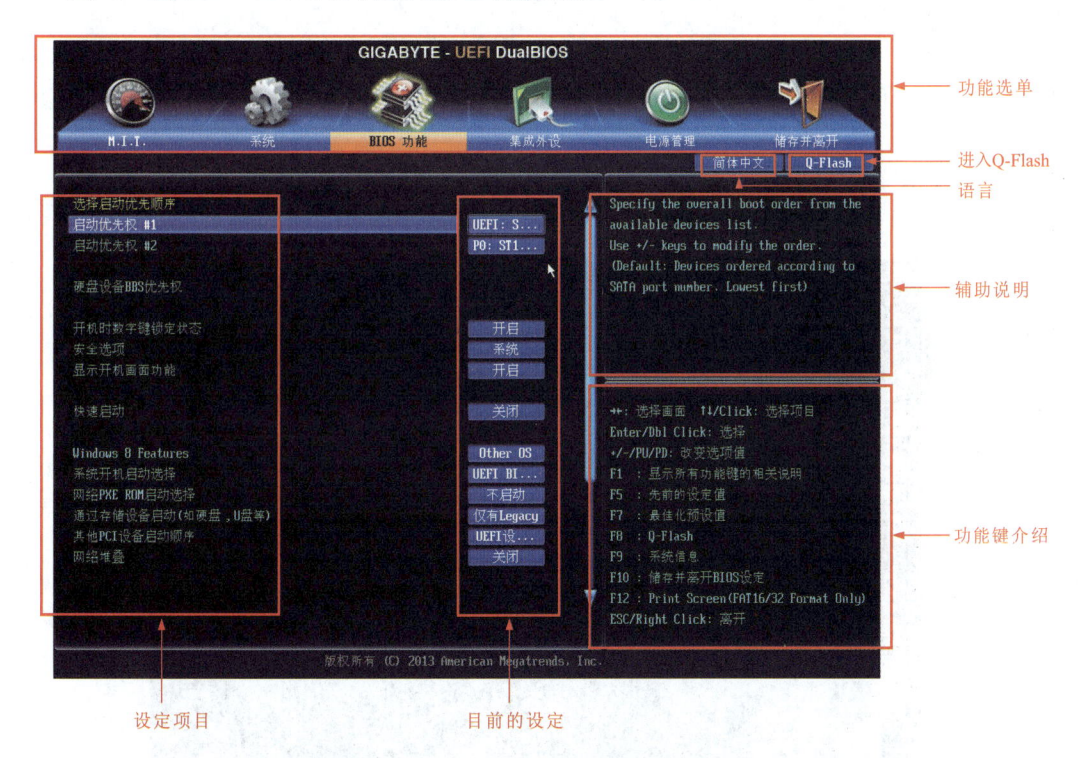

图13-4 UEFI BIOS主界面的基本功能划分

BIOS设定程序功能选单部分包括M.I.T.（电压控制）、系统（System）、BIOS功能（BIOS Features）、集成外设（Peripherals）、电源管理（Power Management）和储存并离开（Save & Exit）6个部分。

功能键部分介绍了BIOS设定程序的操作按键，见表13-1。

表13-1 BIOS设定程序操作按键说明

| 按 钮 | 说 明 |
|---|---|
| <←><→> | 向左或向右移动光标选择功能选单 |
| <↑><↓> | 向上或向下移动光标选择设定项目 |
| <Enter> | 确定选项设定值或进入功能选单 |
| <+>/<Page Up> | 改变设定状态，或增加选项中的数值 |
| <->/<Page Down> | 改变设定状态，或减少选项中的数值 |
| <F1> | 显示所有功能键的相关说明 |
| <F5> | 可载入该画面原先所有项目设定（仅适用于子选单） |
| <F7> | 可载入该画面的最佳化预设值（仅适用于子选单） |
| <F8> | 进入Q-Flash画面 |
| <F9> | 显示系统信息 |
| <F10> | 是否储存设定并离开BIOS设定程序 |
| <F12> | 截取目前画面，并自动存至USB盘 |
| <Esc> | 离开目前画面，或从主画面离开BIOS设定程序 |

图13-5为其他两种BIOS芯片中UEFI BIOS主界面的基本功能划分。实际的BIOS设定程序画面会因不同的BIOS版本而有所差异，本章的BIOS设定程序画面仅供参考。

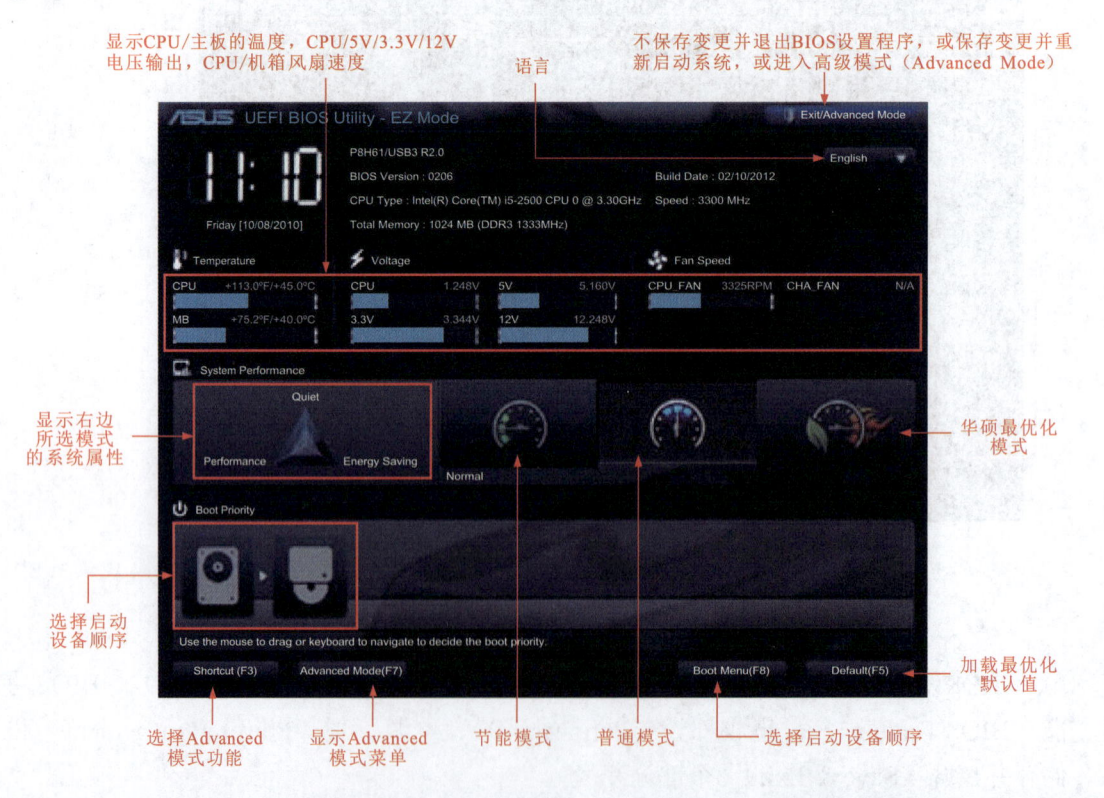

图13-5 其他两种BIOS芯片中UEFI BIOS主界面的基本功能划分

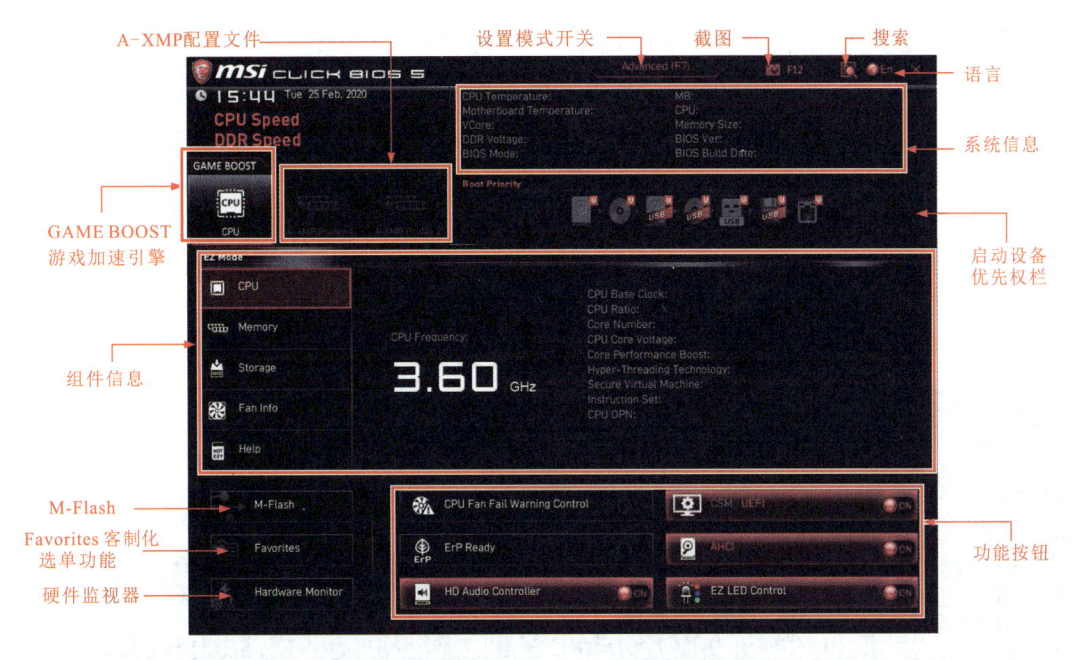

图13-5 其他两种BIOS芯片中UEFI BIOS主界面的基本功能划分（续）

## 2 UEFI BIOS设置

### 1 M.I.T.功能项设置

图13-6为M.I.T.功能项界面。M.I.T.是功能选单中的第一项，提供调整CPU/内存等的频率、倍频、电压的选项，并且显示系统/CPU自动检测到的温度、电压及风扇转速等信息。

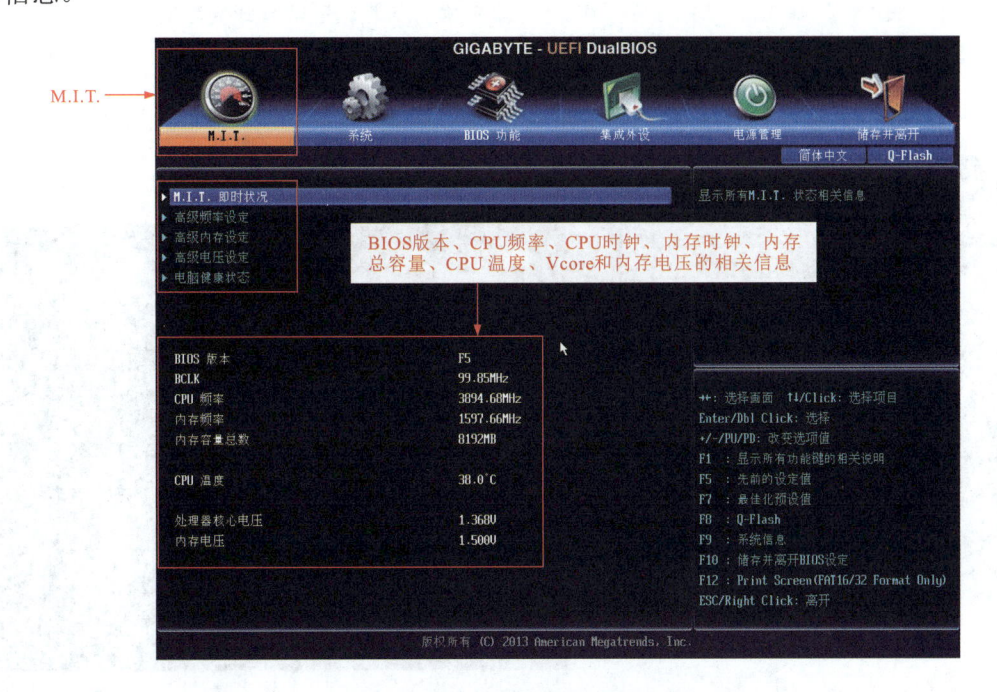

图13-6 M.I.T.功能项界面

M.I.T.功能项中包含5个设定项，即M.I.T.即时状况（M.I.T. Current Status）、高级频率设定（Advanced Frequency Settings）、高级内存设定（Advanced Memory Settings）、高级电压设定（Advanced Voltage Settings）、电脑健康状态（PC Health Status）。

在M.I.T.功能项界面中，通过单击或按下键盘上的<↑><↓>键可选定5个设定项中的一项。选定好需要设定的项，再按下键盘上的<Enter>键即可进入当前项显示或设定状态。

图13-7为M.I.T.功能项中"M.I.T.即时状况"的选定与详细信息的显示。

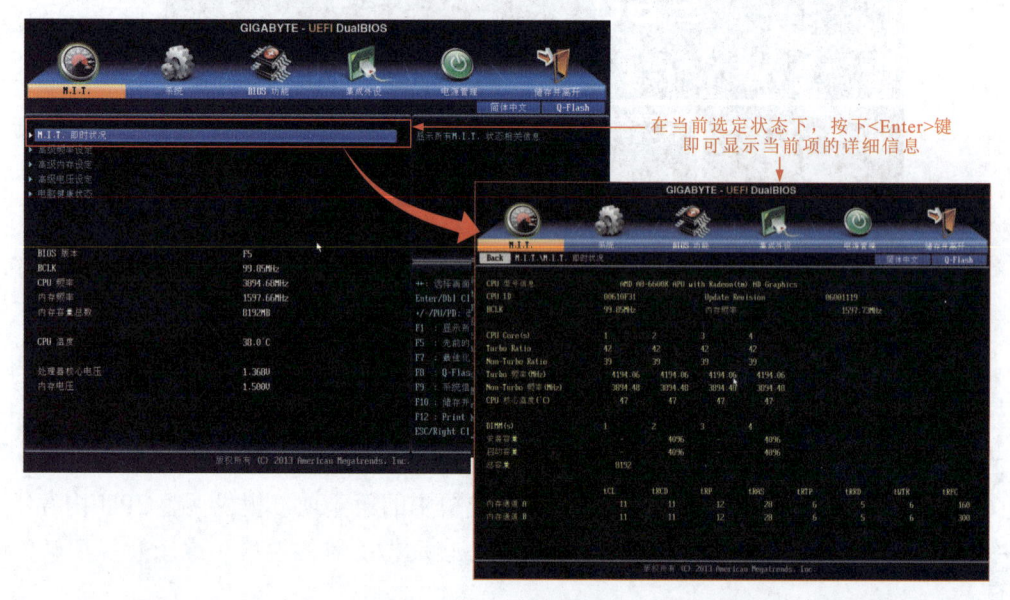

图13-7　M.I.T.功能项中"M.I.T.即时状况"的选定与详细信息的显示

如果要退出当前显示，则按下<Esc>键即可。接着按下<↓>键，"高级频率设定"项被选中，按下<Enter>键即可进入当前项的设定状态界面，如图13-8所示。

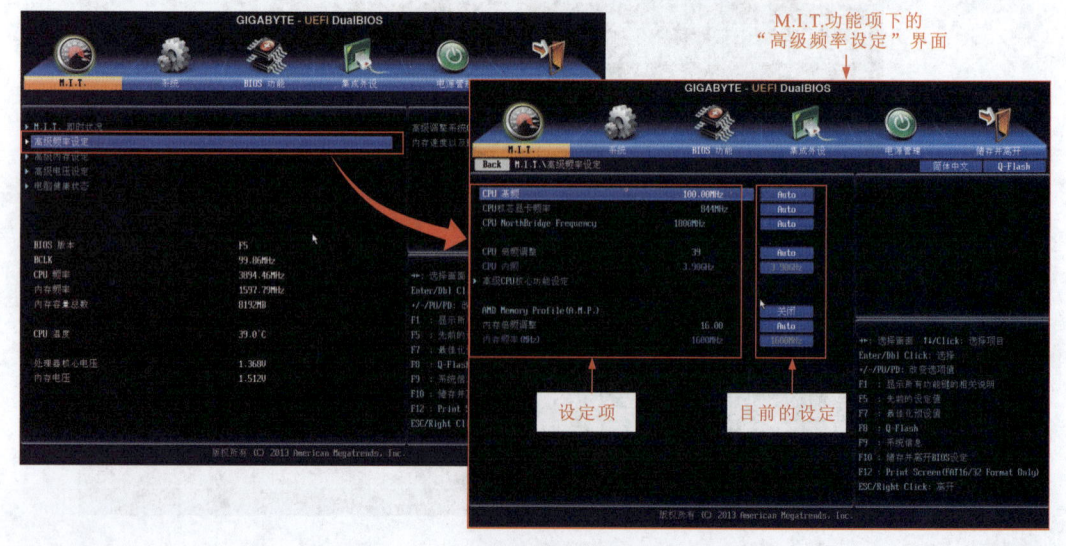

图13-8　"高级频率设定"项的设定界面

> **补充说明**
>
> "高级频率设定"中的设定项说明如下。
> ◆ CPU基频（CPU/PCIe Base Clock）：该项用于以0.01MHz为单位调整CPU的基频及PCIe前端总线频率（预设值：Auto）。
> ◆ CPU核芯显卡频率（Internal Graphics Clock）：该项用于调整内核（CPU）显示功能的频率。可设定范围为400～1600MHz（预设值：Auto）。
> ◆ CPU NorthBridge Frequency：CPU北桥频率，该项用于调整北桥频率。北桥与CPU之间的前端总线的实际工作频率称为外频。如果超过CPU的外频，则前端总线会提高，相应地北桥频率也默认提高。一般不建议调整此项，调整不当会导致电脑不稳定或不能开机。
> ◆ CPU倍频调整（CPU Clock Ratio）：该项用于调整CPU的倍频，可设定范围会根据CPU种类自动检测。
> ◆ CPU内频（CPU Frequency）：该项用于显示目前CPU的运行频率。
> ◆ 高级CPU核心功能设定（Advanced CPU Core Features）：该项下有多个设定项，仅针对支持此功能的CPU。
> ◆ AMD Memory Profile(A.M.P.)：开启此设定项，BIOS可读取XMP规格内存的SPD数据，可优化内存性能。
> ◆ 内存倍频调整（System Memory Multiplier）：该项用于调整内存的倍频系数。若设为Auto，则BIOS将依内存SPD数据自动设定（预设值：Auto）。
> ◆ 内存频率(MHz)（Memory Frequency）：该项第一个数值为所安装的内存时钟，第二个数值则依据所设定的内存倍频调整而定。

在该设定界面，单击设定项右侧的目前设定值即可弹出设定值对话框，在该对话框中可对设定值进行调整或修改，如图13-9所示。

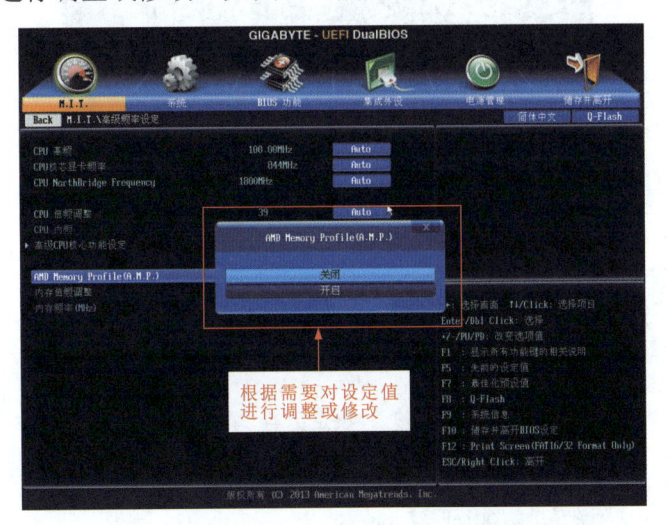

图13-9 "高级频率设定"中设定值的修改方法

> **补充说明**
>
> 需要注意的是，一般不建议随意调整M.I.T.功能项中的设定值，调整可能会造成系统不稳定或其他不可预期的结果。不当的超频或超电压可能会造成CPU、芯片组及内存的损毁或减少其使用寿命。

M.I.T.功能项中其他设定项的显示或调整方法与上述方法相同。图13-10为其他三个设定项的界面。

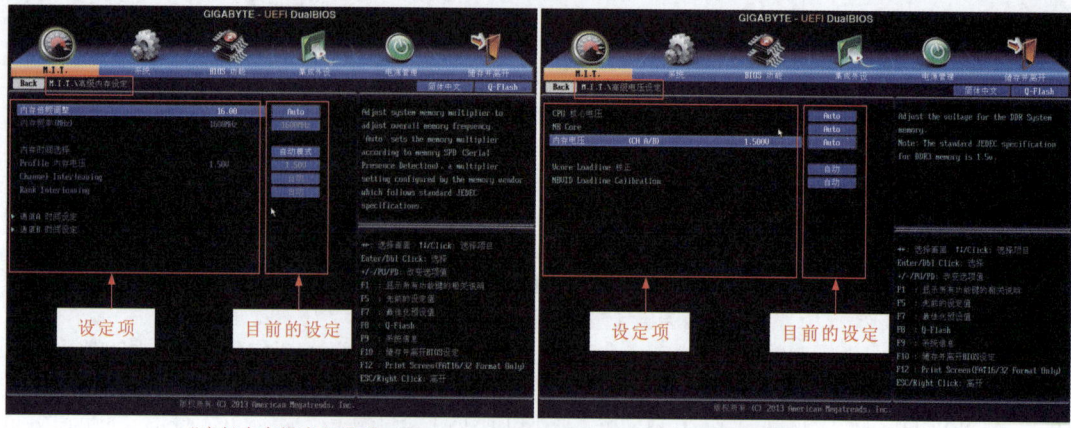

"高级内存设定"界面

"高级电压设定"界面

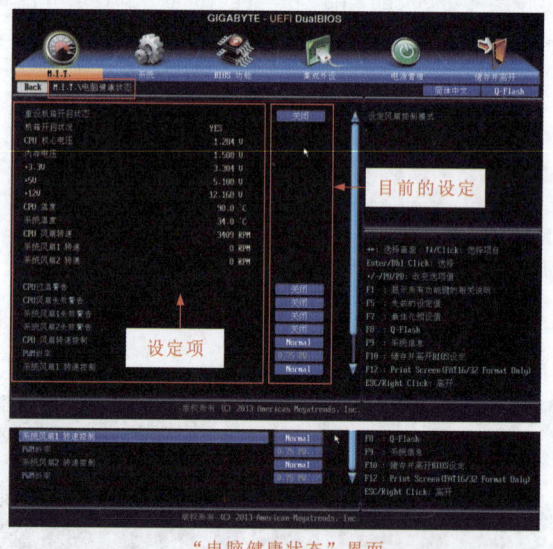

"电脑健康状态"界面

图13-10　M.I.T.其他三个设定项的界面

### 补充说明

"高级内存设定"中的设定项说明如下。

◆ 内存倍频调整（System Memory Multiplier）：设定值与"高级频率设定"中的相同选项是同步的。

◆ 内存频率(MHz)（Memory Frequency）：设定值与"高级频率设定"中的相同选项是同步的。

◆ 内存时间选择（DRAM Timing Selectable）：该项被设为"Quick"或"Expert"时，"Channel Interleaving""Rank Interleaving"及"通道A/B时间设定"设定选项将开放为可手动调整。选项包括Auto（预设值）、Quick及Expert。

◆ Profile内存电压（Profile DDR Voltage）：该项所显示的数值会因使用不同的CPU而有所不同。

◆ Channel Interleaving：该项用于选择是否开启内存通道间的交错存取功能。开启此功能可以让系统对内存的不同通道同时进行存取，以提升内存速度及稳定性。若设为"Auto"，则BIOS会自动设定此功能（预设值：Auto）。

◆ Rank Interleaving：该项用于选择是否开启内存Rank的交错存取功能。开启此功能可以让系统对内存的不同Rank同时进行存取，以提升内存速度及稳定性。若设为"Auto"，则BIOS会自动设定此功能（预设值：Auto）。

◆ 通道A/B时间设定：该项可调整每个通道内存的时序。这些选项只有在"内存时间选择"设为"Quick"或"Expert"时，才开放设定。需要注意的是，在调整完内存时序后，可能会发生系统不稳定或不开机的情况，此时可以载入最佳化设定或清除CMOS设定值数据，让BIOS设定恢复至预设值。

"高级电压设定"设定项：该设定项用于调整CPU及内存等的 电压。

"电脑健康状态"中的设定项说明如下。

◆ 重设机箱开启状态（Reset Case Open Status）：Disabled，保留之前机箱被开启状况的记录（预设值）；Enabled，清除之前机箱被开启状况的记录。

◆ 机箱开启状况（Case Open）：该项显示主板上的"CI针脚"通过机箱上的检测设备所检测到的机箱被开启状况。如果电脑机箱未被开启，则此选项显示"No"；如果电脑机箱被开启过，则此选项显示"Yes"。如果希望清除先前机箱被开启状况的记录，则将"重设机箱开启状态"设为"Enabled"并重新开机即可。

◆ CPU核心电压（CPU Vcore/Dram Voltage/+3.3V/+12V）：显示系统目前的各电压值。

◆ CPU温度（CPU/System Temperature）：显示目前主板上CPU/系统温度。

◆ CPU风扇转速（CPU/System FAN Speed）：显示CPU及各系统风扇目前的转速。

◆ CPU过温警告（CPU Warning Temperature）：该项用于设定CPU过温警告的温度。当温度超过该项所设定的数值时，系统将会发出警告声。选项包括Disabled（预设值，关闭CPU温度警告）、60℃/140℉、70℃/158℉、80℃/176℉和90℃/194℉。

◆ CPU风扇失效警告（CPU/System FAN Fail Warning）：该项用于选择是否启动CPU风扇及系统风扇故障警告功能。启动此选项后，当风扇没有接上或故障时，系统将会发出警告声，此时应检查风扇的连接或运行状况（预设值：Disabled）。

◆ CPU风扇转速控制（CPU Fan Speed Control）：Normal，风扇转速会依CPU温度而有所不同（预设值）；Silent CPU，风扇将以低速运行；Manual，可以在"Slope PWM"选项中设置风扇的转速；Disabled CPU，风扇将以全速运行。

② **系统功能项设置**

系统功能项用于设定BIOS设定程序的预设显示语言及系统日期/时间，还可显示目前连接至SATA连接端口的设备信息。

图13-11为系统功能项界面。

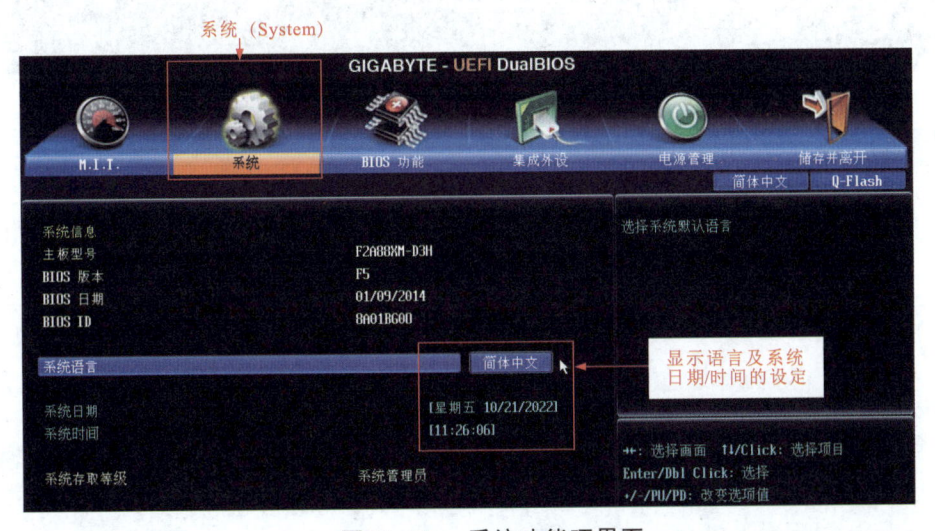

图13-11　系统功能项界面

在该界面中，当"系统语言"设定项被选中时，按下<Enter>键会弹出"系统语言"对话框，如图13-12所示。右击或按下键盘上的<↑><↓>键即可选择需要的语言。

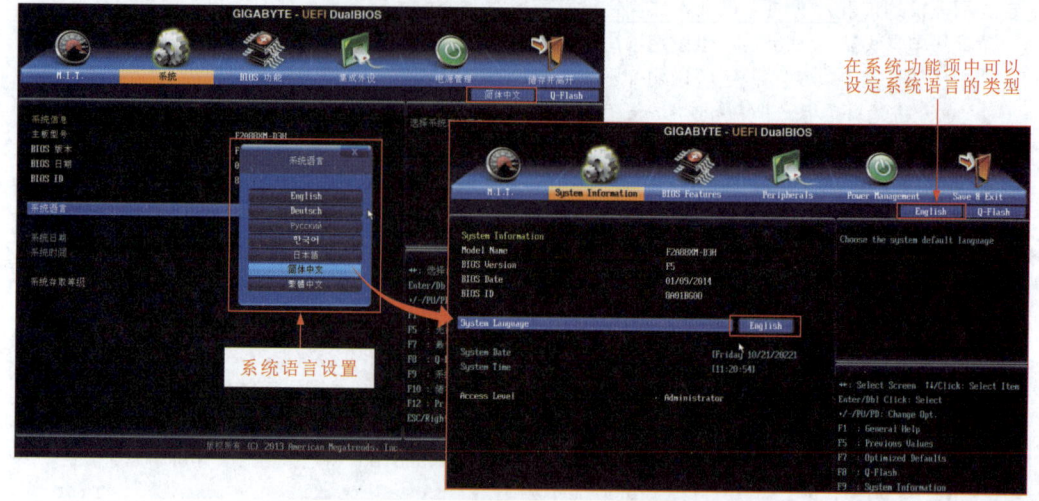

图13-12 系统功能项中的"系统语言"设定项

系统日期和时间的设定，可先通过鼠标单击选定或按下键盘上的<↑><↓>键选择相应的设定项，再按<Tab>键切换日期和时间项目，如图13-13所示。

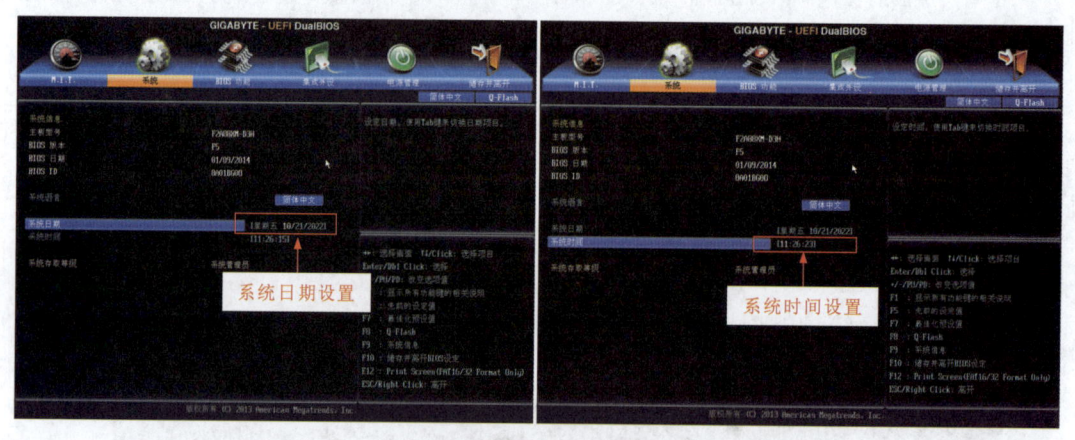

图13-13 系统功能项中的"系统日期/时间"的设定

> **补充说明**
>
> 系统功能项中的设定项说明如下。
> ◆ 系统语言（System Language）：该项用于选择BIOS设定程序内所使用的语言。
> ◆ 系统日期（System Date）：该项用于设定电脑系统的日期，格式为"星期（仅供显示）/月/日/年"。若要切换至"月""日""年"选项，则按下<Enter>键，并使用键盘上的<Page Up>或<Page Down>键切换至所要的数值。
> ◆ 系统时间（System Time）：该项用于设定电脑系统的时间，格式为"时：分：秒"，如下午一点显示为"13：0：0"。若要切换至"时""分""秒"选项，则按下<Enter>键，并使用键盘上的<Page Up>或<Page Down>键切换至所要的数值。
> ◆ 系统存取等级（Access Level）：依登入的密码显示目前用户的权限（若没有设定密码，将显示"Administrator"）。系统管理员（Administrator）权限允许用户修改所有BIOS设定。用户（User）权限仅允许修改部分BIOS设定。

## ③ BIOS功能项设置

BIOS功能项用于设定开机设备的优先顺序、CPU高级功能及开机显示设备选择等。图13-14为BIOS功能项界面。

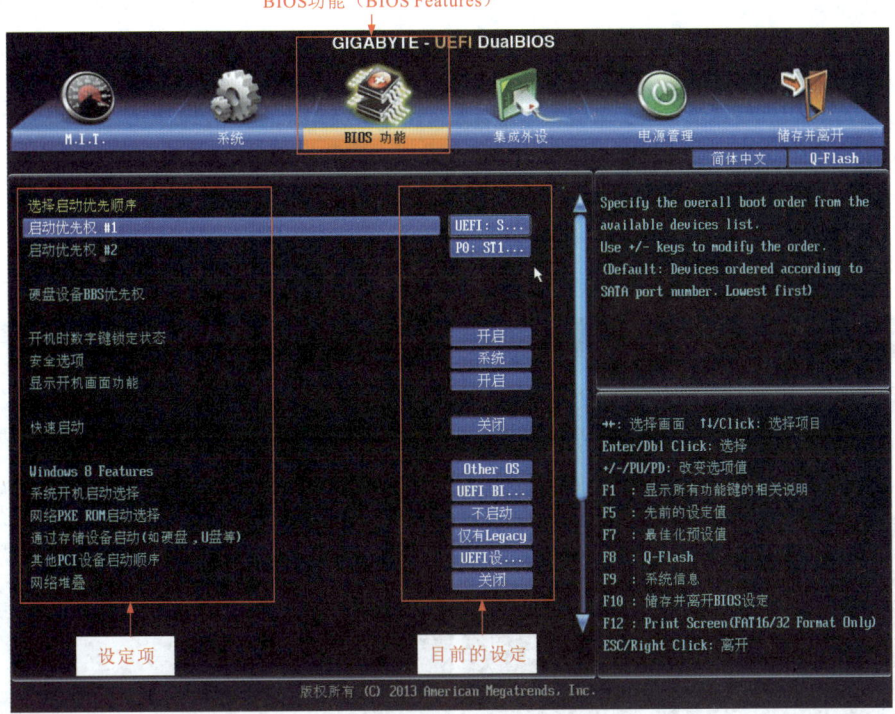

图13-14　BIOS功能项界面

在该界面中，第一个设定项为"选择启动优先顺序"，按下键盘上的<↑><↓>键可切换当前设定项。当选定"启动优先权#1"时按下<Enter>键即可进入当前项显示或设定状态，如图13-15所示。

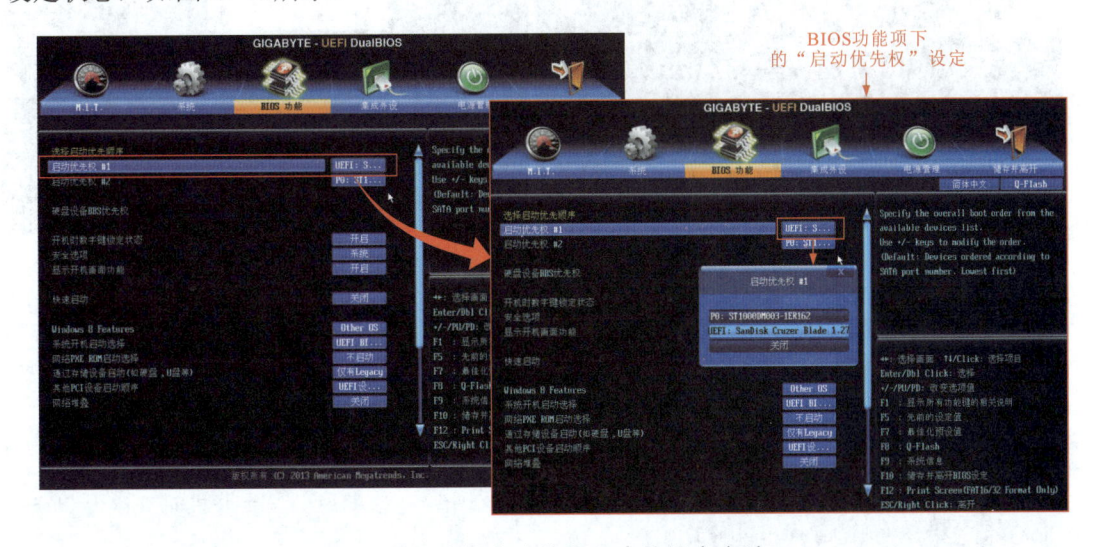

图13-15　选择启动优先顺序的设定方法

该项用于从已连接的设备中设定开机顺序，系统会依此顺序进行开机。例如，可将硬盘设为第一开机设备（Boot Option #1），光驱设为第二开机设备（Boot Option #2）。

> **补充说明**
>
> "选择启动优先顺序"项的清单中仅列出该设备类型被设为第一优先顺序的设备。例如，只有在"硬盘设备BBS优先权"子选单中被设为第一优先设备的硬盘才会出现在清单里。
>
> 当安装的是支持GPT格式的可卸除式存储设备时，该设备前方会注明"UEFI"，若想由支持GPT磁盘分割的系统开机时，则选择注明"UEFI"的设备开机。或若想安装支持GPT格式的操作系统，如Windows 7 64-bit，则选择存放Windows 7 64-bit的安装光盘并注明为"UEFI"的光驱开机。

BIOS功能界面中的其他设定项的设定方法同上，如图13-16所示。

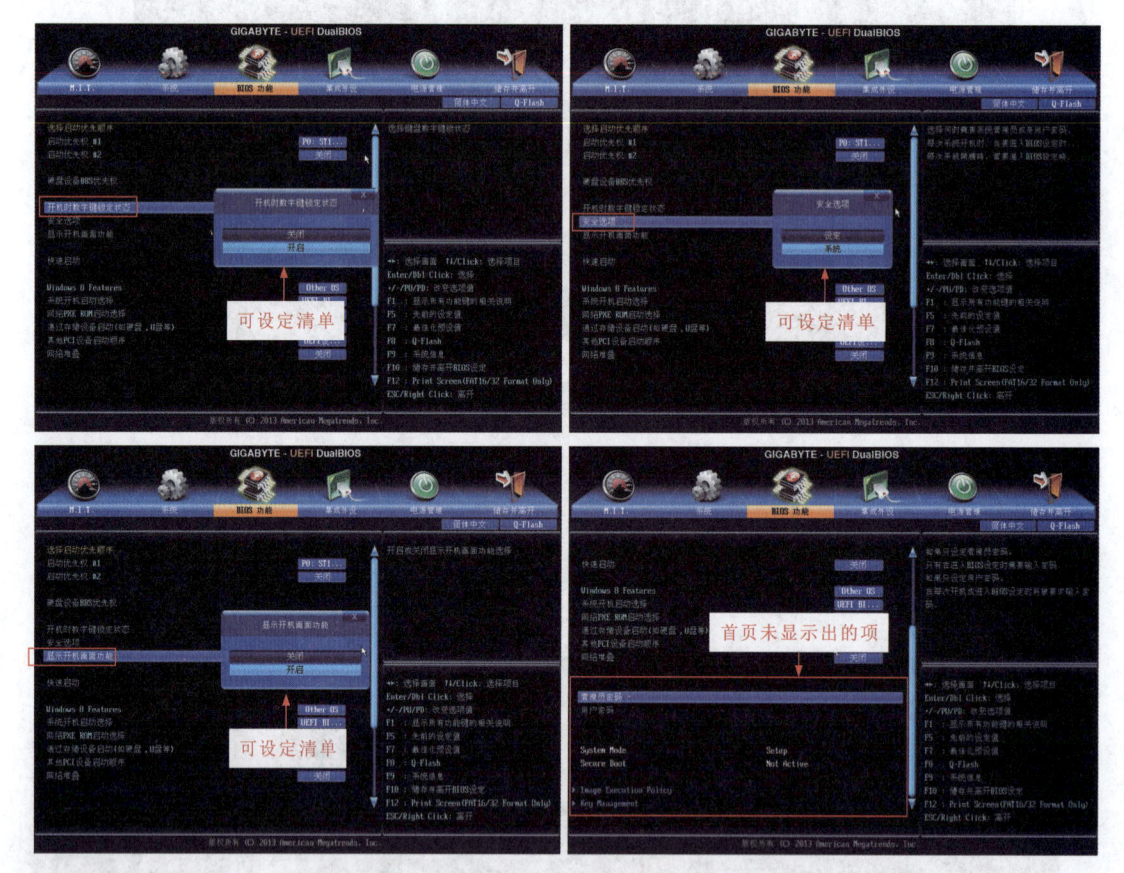

图13-16 BIOS功能界面中的其他设定项界面

> **补充说明**
>
> BIOS功能项中的设定项说明如下。
>
> ◆ 硬盘设备BBS优先权（Hard Drive BBS Priorities）：该项用于设定硬盘的开机顺序。选中该项时按<Enter>键即可进入该类型设备的子选单，子选单中会列出所有已安装设备。该项只有在最少安装一组设备时才会出现。
>
> ◆ 开机时数字键锁定状态（Bootup NumLock State）：该项用于设定开机时键盘上<NumLock>键的状态（预设值：Enabled）。

◆ 安全选项（Security Option）：该项用于设置何时需要系统管理员或用户密码。若设置了BIOS密码，则此项设置为"Setup"，只有在进入BIOS设置时才要求输入密码；若设置为"System"，则在开机启动和进入BIOS设置时都要求输入密码。

◆ 显示开机画面功能（Full Screen Logo Show）：该项用于选择是否在一开机时显示Logo。若设置为"Disabled"，则开机时将不显示Logo（预设值：Enabled）。

◆ 快速启动（Fast Boot）：当快速启动功能开启时，BIOS只会将开机所需的最少设备初始化以加速开机过程，此选项不会影响BIOS内所设定的开机顺序。

◆ Windows 8 Features：选择Windows 8以启用安全启动等Windows启动功能。

◆ 系统开机启动选择（Boot Mode Selection）：该项用于控制系统由何种设备开机启动。

◆ 网络PXE ROM启动选择（LAN PXE Boot Option ROM）：开启或关闭传动架构网络设备启动选择。

◆ 通过存储设备启动(如硬盘，U盘等)（Storage Boot Option Control）：该项用于控制是否执行UEFI BIOS与传统BIOS的存储设备启动。

◆ 其他PCI设备启动顺序（Other PCI Device ROM Priority）：该项用于控制是否通过除了已定义的网络、存储或板载线卡外的PCI设备启动。

◆ 网络堆叠（Network stack）：禁用或启用从网络引导来安装GPT格式的操作系统。例如，从Windows部署服务器安装操作系统。

◆ 设定管理员密码（Administrator Password）：该项可设定管理员的密码。在此选项上按<Enter>键，输入要设定的密码，BIOS会要求再输入一次以确认密码，输入后再次按<Enter>键。设定完成后，开机时必须先输入管理员或用户密码才能进入开机程序。与用户密码不同的是，管理员密码允许用户进入BIOS设定程序修改所有的设定。

◆ 设定用户密码（User Password）：该项可设定用户的密码。在此选项上按<Enter>键，输入要设定的密码，BIOS会要求再输入一次以确认密码，输入后再次按<Enter>键。设定完成后，开机时必须先输入管理员或用户密码才能进入开机程序。用户密码仅允许用户进入BIOS设定程序修改部分选项的设定。

如果想取消密码，只需在原来的选项按<Enter>键后，先输入原来的密码，然后按<Enter>键，接着BIOS会要求输入新密码，直接按<Enter>键即可。

### 4 集成外设功能项设置

集成外设功能项用于设定所有的周边设备，如SATA、USB、内建音频及内建网络等。图13-17为集成外设功能项界面。

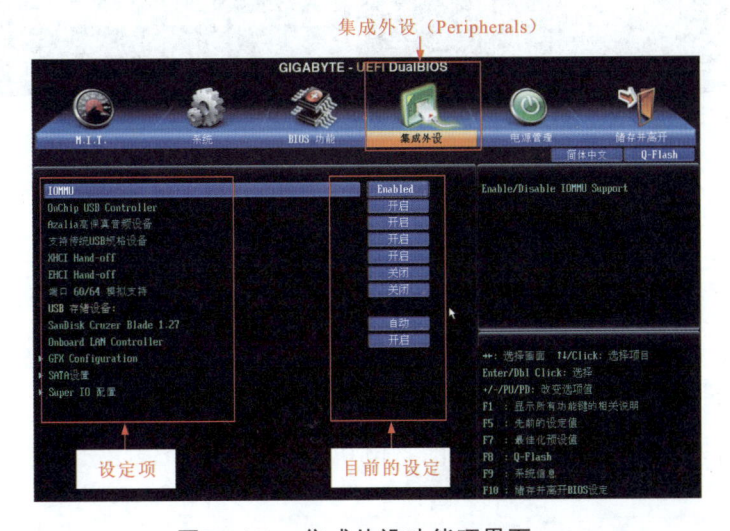

图13-17　集成外设功能项界面

> **补充说明**
>
> 集成外设功能项中的设定项说明如下。
> ◆ IOMMU：启用/禁用IOMMU支持。
> ◆ OnChip USB Controller：该项用于控制是否开启USB控制器。
> ◆ Azalia 高保真音频设备（HD Audio Azalia Device）：该项用于控制是否开启Azalia 高保真音频设备。
> ◆ 支持传统USB规格设备（Legacy USB Support）：该项用于控制是否开启支持传统USB规格设备。 AUTO代表若无传统USB设备连接，则不开启支持；DISABLE代表USB周边只能在EFI下使用。
> ◆ XHCI Hand-off：该项是针对操作系统没有支持XHCI硬件关闭动作的解决方法，XHCI所有权变更必须由XHCI驱动提出要求。
> ◆ EHCI Hand-off：该项是针对操作系统没有支持EHCI硬件关闭动作的解决方法，EHCI所有权变更必须由EHCI驱动提出要求。
> ◆ 端口60/64模拟支持（Port 60/64 Emulationg）：该项用于控制是否开启I/O端口60h/64h模拟支持。
> ◆ SanDisk Cruzer Blade 1.27：大容量存储设备模拟方式。AUTO表示以原始设备格式化方式开启； Optical drive是将该设备模拟为光驱，若设备中无任何媒体设备则以该设备的预设形态模拟。
> ◆ Onboard LAN Controller（内建网络功能）：该项用于控制是否开启主板内建的网络功能（预设值：Enabled）。
> ◆ GFX Configuration：GFX设置，包括Primary Video Device（主视频设备）和Integrated Graphics（集成显卡）两项。
> ◆ SATA设置（SATA Configuration）：该项为SATA设置项，其内部包括多个设置项，具体参考图13-18。
>
> 图13-18 SATA设置项
>
> ◆ Super IO 配置（Super IO Configuration）：超级IO 配置，该项用于启动或关闭串行端口（COM）、并行端口（Parallel Port）和设备模式设定。

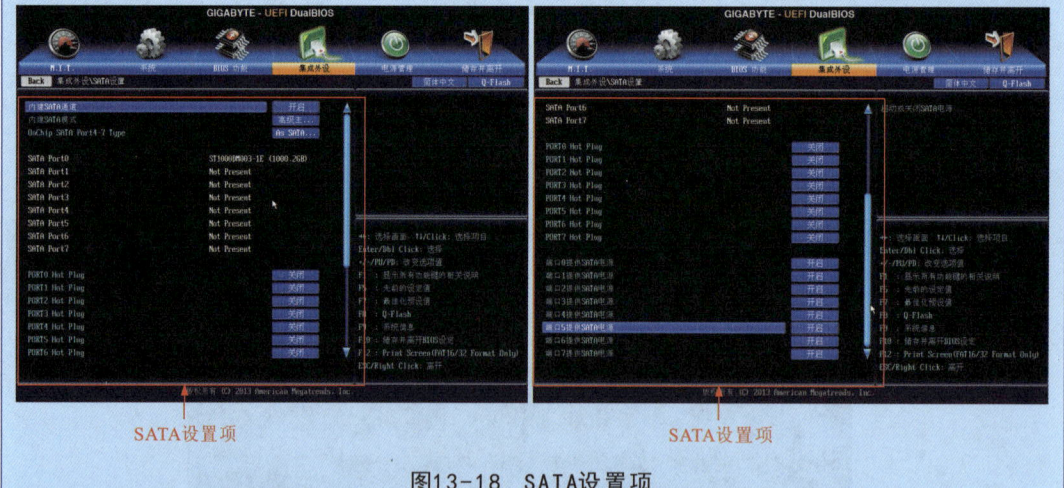

### 5 电源管理功能项设置

电源管理功能项用于设定系统的省电功能运行方式。图13-19为电源管理功能项界面。

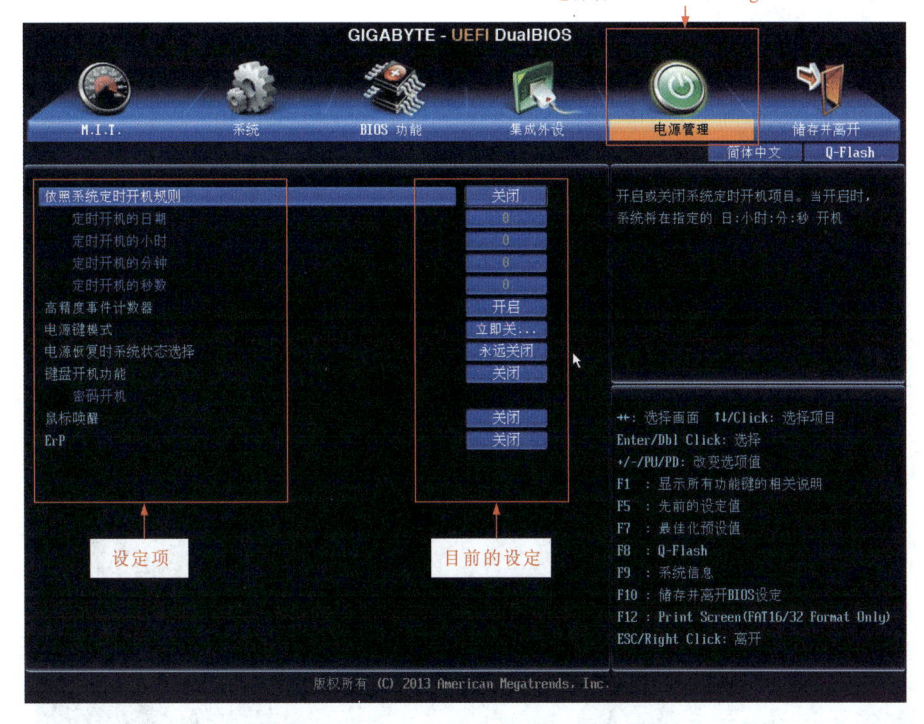

图13-19　电源管理功能项界面

> **补充说明**
>
> 电源管理功能项中的设定项说明如下。
> ◆ 依照系统定时开机规则（Resume by Alarm）：该项用于选择是否允许系统在特定的时间自动开机（预设值：Disabled）。
> 　◇定时开机的日期（Wake up day）：0（每天定时开机）、1～31（每个月的第几天定时开机）。
> 　◇定时开机的小时（Wake up hour）：0～23。
> 　◇定时开机的分钟（Wake up minute）：0～59。
> 　◇定时开机的秒数（Wake up second）：0～59。
> ◆ 高精度事件计数器（HPET Timer）：该项用于选择是否在Windows 7操作系统下开启"高精度事件计时器"的功能（预设值：Enabled）。
> ◆ 电源键模式（Soft-off by PWR-BTTN）：该项用于选择在MS-DOS系统下，使用电源键的关机方式。
> 　◇立即关闭（Instant-Off）：按一下电源键即可立即关闭系统电源（预设值）。
> 　◇延迟4秒（Delay 4 Sec）：需按住电源键4秒后才会关闭系统电源。若按住时间少于4秒，系统会进入暂停模式。
> ◆ 电源恢复时系统状态选择（AC BACK）：该项用于选择断电后电源恢复时的系统状态。
> 　◇永远关闭（Always Off）：断电后电源恢复时，系统维持关机状态，需按电源键才能重新启动系统（预设值）。
> 　◇永远开启（Always On）：断电后电源恢复时，系统将立即启动。
> 　◇记忆（Memory）：断电后电源恢复时，系统将恢复至断电前的状态。
> ◆ 键盘开机功能（Power On By Keyboard）：该项用于选择是否使用PS/2规格的键盘来启动/唤醒系统。
> ◆ 鼠标唤醒（Power On By Mouse）：该项用于选择是否使用鼠标来启动/唤醒系统。
> ◆ Erp：该项用于选择是否在系统关机（S5待机模式）时耗电量低于1瓦（预设值：Disabled）。

## 6 储存并离开功能项设置

储存并离开功能项用于储存已变更的设定值至CMOS并离开BIOS设定程序，或将设定好的BIOS设定值储存为一个CMOS设定文件。也可在此界面通过"载入最佳化预设值"选项来载入BIOS的最佳化预设值。图13-20为储存并离开功能项界面。

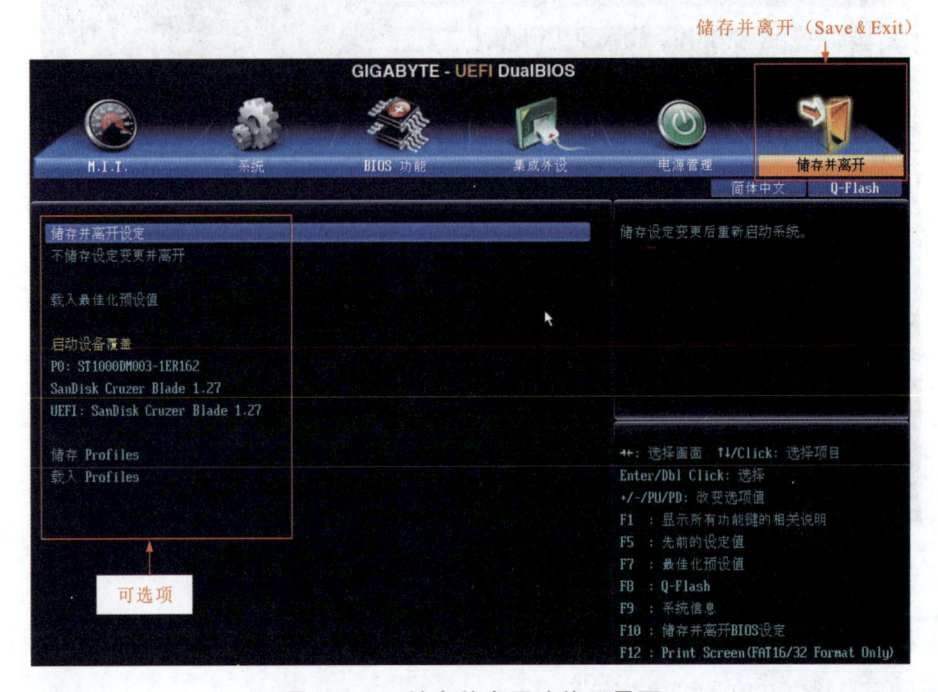

图13-20 储存并离开功能项界面

### 补充说明

储存并离开功能项的设定项说明如下。

◆ 储存并离开设定（Save & Exit Setup）：在此选项上按<Enter>键然后再选择"Yes"即可储存所有设定结果并离开BIOS设定程序。若不想储存，则选择"No"或按<Esc>键即可恢复主画面。

◆ 不储存设定变更并离开（Exit Without Saving）：在此选项上按<Enter>键然后选择"Yes"，BIOS将不会储存此次修改的设定，并退出BIOS设定程序。选择"No"或按<Esc>键即可恢复主画面。

◆ 载入最佳化预设值（Load Optimized Defaults）：在此选项上按<Enter>键然后选择"Yes"，即可载入BIOS出厂预设值。执行此选项可载入BIOS的最佳化预设值，此设定值较能发挥主板的运行性能。在更新BIOS或清除CMOS数据后，请务必执行此功能。

◆ 启动设备覆盖（Boot Override）：该项用于选择要立即开机的设备。此选项下方会列出可开机设备，在要立即开机的设备上按<Enter>键，并在要求确认的信息出现后选择"Yes"，系统会立刻重启，并从所选择的设备开机。

◆ 存储Profiles（Save Profiles）：此功能提供将设定好的BIOS设定值储存成一个CMOS设定文件，最多可设定四组设定文件（Profile 1～4）。选择要储存目前设定于Profile 1～4其中的一组，再按<Enter>键即可完成设定。

◆ 载入Profiles（Load Profiles）：系统若因运行不稳定而重新载入BIOS出厂预设值时，可以使用此功能载入预存的CMOS设定文件，免去重新设定BIOS的麻烦。在要载入的设定文件上按<Enter>键即可载入该设定文件数据。

## 13.1.3 BIOS的更新

不同型号的BIOS芯片，其BIOS的更新方法不同。以上述技嘉主板中的BIOS为例，一般有Q-Flash和@BIOS两种更新方法。

### 1 采用Q-Flash方法更新BIOS（BOIS的快速更新）

Q-Flash是一个简单的BIOS管理工具，能够简便快捷地实现BIOS的更新或存储备份。Q-Flash在BIOS选单中即可实现更新。

#### ① 更新BIOS前的准备

更新BIOS前首先根据主板型号及BIOS芯片型号到网站下载最新版本BIOS压缩文件，并确认所下载的BIOS压缩文件是否与主板型号相符。将下载的BIOS压缩文件解压缩并将其存储至U盘或硬盘中（FAT32/16/12文件系统格式）。

> **补充说明**
>
> 存储下载的BIOS压缩文件的U盘或硬盘必须是FAT32/16/12文件系统格式。
> 值得注意的是，更新BIOS有风险，因此在更新BIOS时应谨慎操作，以避免不当的操作而造成系统损毁。

#### ② 更新BIOS的方法

在BIOS设置主界面按<F8>键进入Q-Flash选单界面，如图13-21所示。

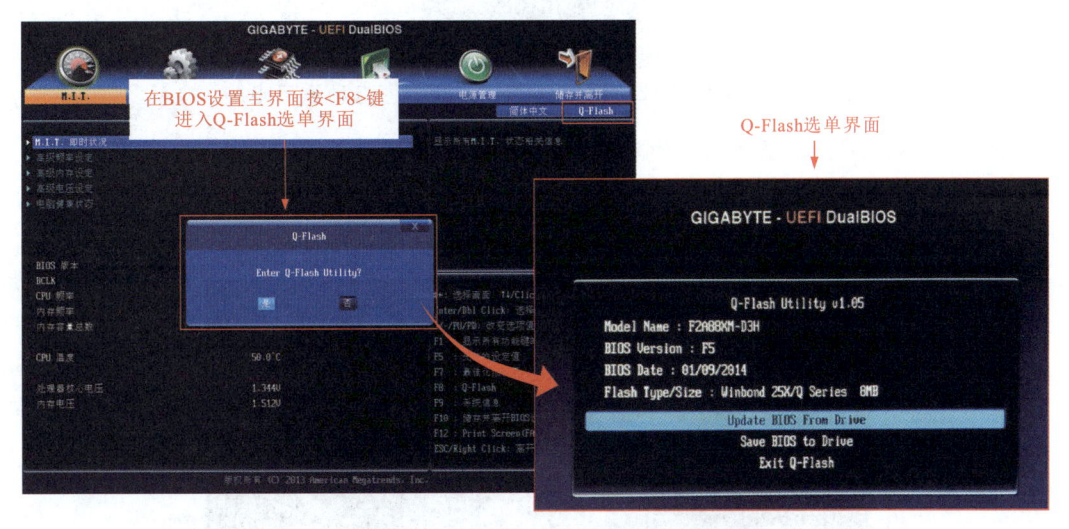

图13-21 进入Q-Flash选单界面

> **补充说明**
>
> 若下载后解压缩的BIOS文件存储于RAID/AHCI模式的硬盘或连接至独立SATA控制器的硬盘，应在电脑重启时，在POST阶段按<End>键进入Q-Flash选单。

在Q-Flash选单界面，利用键盘或鼠标选择所要执行的项目。下面以将BIOS文件存储于U盘中为例进行介绍。

首先将已存有BIOS文件的U盘插入系统。进入Q-Flash选择界面后，选择"Update BIOS From Drive"选项，然后在弹出的对话框中选择"Flash Disk"选项，如图13-22所示。

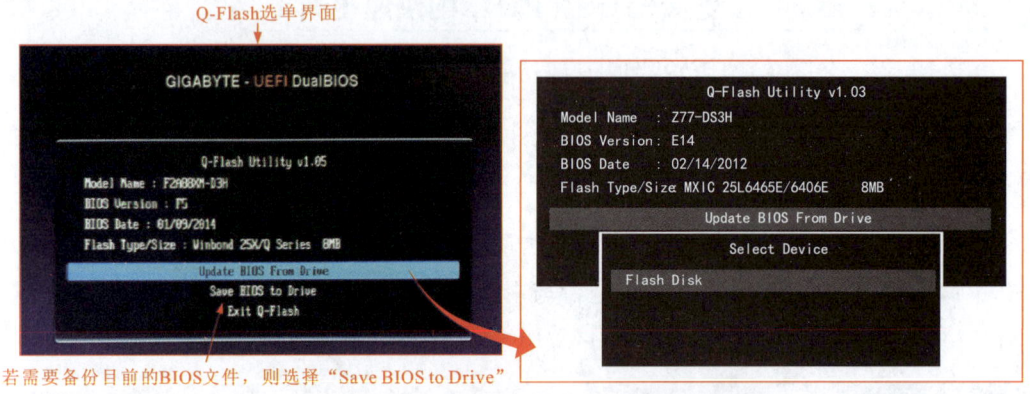

图13-22 识别存有BIOS文件的U盘

根据BIOS文件的存储路径，选择所要更新的BIOS文件。显示器会显示正在从U盘中读取BIOS文件。当出现确认对话框"Are you sure to update BIOS?"时，选择"Yes"后开始更新BIOS，同时显示器会显示目前更新的进度。

完成BIOS更新后，选择"Reboot"选项重启电脑，如图13-23所示。

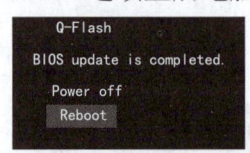

图13-23 BIOS完成更新后选择"Reboot"选项重启电脑

接着，电脑重启，系统进行POST时，按<DEL>键进入BIOS设定程序，并移动光标到"储存并离开"功能项界面。选择"载入最佳化预设值"选项，弹出"载入最佳化预设值"对话框，单击"是"按钮，载入BIOS出厂预设值，如图13-24所示。

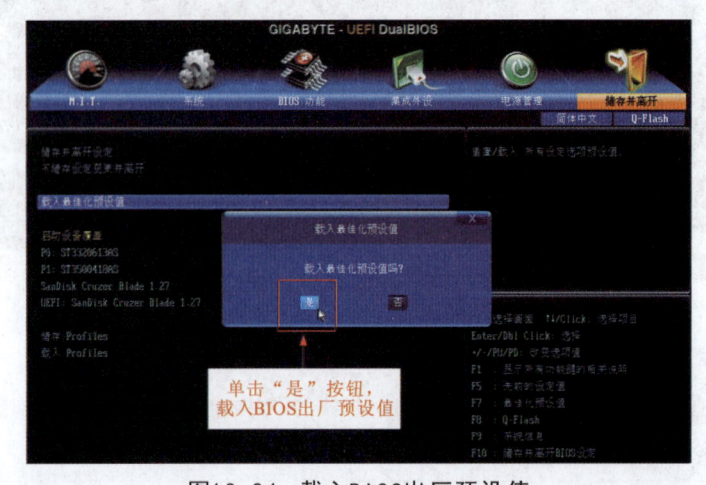

图13-24 载入BIOS出厂预设值

更新BIOS之后，系统会重新检测所有的周边设备。因此，在更新BIOS后，需要重新载入BIOS预设值。

最后，选择"储存并离开设定"选项，按<Enter>键，选择"是"选项存储设定值至CMOS并离开BIOS设定程序。离开BIOS设定程序后，系统自动重启，BIOS程序更新完成。

### 2 采用@BIOS更新BIOS

采用@BIOS更新BIOS可在Windows模式下进行。通过@BIOS与距离最近的BIOS服务器连接，下载最新版本的BIOS文件，以更新主板上的BIOS。

#### 1 更新BIOS前的准备

采用@BIOS更新BIOS前需要做好充分的准备。首先应在Windows模式下，关闭所有应用程序与常驻程序，以避免更新BIOS时发生不可预期的错误。

> **补充说明**
>
> 值得注意的是，采用@BIOS更新BIOS的过程中，绝对不能中断网络，如断电、关闭网络连接或网络处于不稳定的状态。若发生以上情形，则易导致BIOS损坏致使系统无法开机。

#### 2 更新BIOS的方法

首先在网络上下载@BIOS工具软件，并安装在需要更新BIOS的电脑中。@BIOS工具软件界面如图13-25所示。

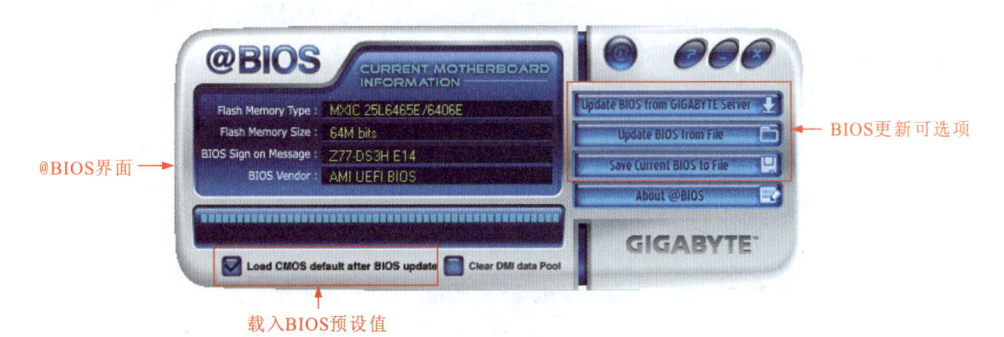

图13-25 @BIOS工具软件界面

在@BIOS工具软件界面右侧选择BIOS更新可选项。

若选择第一项"Update BIOS from GIGABYTE Server"即通过网络更新BIOS，将选择距离所在国家最近的@BIOS服务器，下载符合此主板型号的BIOS文件，根据画面提示完成更新操作。

> **补充说明**
>
> 如果@BIOS服务器找不到需要更新BIOS主板的BIOS文件时，可到BIOS主板官网下载该主板型号最新版的BIOS压缩文件。解压缩文件后，利用手动更新的方法更新BIOS。

> **补充说明**
>
> 需要注意的是，在执行更新操作前，务必确认BIOS文件与主板型号相符，若选错型号，会导致系统无法开机。

若需要手动更新BIOS，则选择"Update BIOS from File"，选择在更新准备阶段经由网站下载或其他渠道获取的已解压缩的BIOS文件，再根据画面提示完成更新操作即可。

若需存储目前所使用的BIOS版本，则选择第三项"Save Current BIOS to File"即可。

在@BIOS工具软件界面左下方，勾选"Load CMOS default after BIOS update"复选框，可于BIOS更新完成后重新开机时，载入BIOS预设值。

最后，确认BIOS更新完成后，重启电脑。

## 13.2 电脑系统的基本调试方法

电脑系统的基本调试是指用户在电脑操作系统中，通过软件调整、设置的方法，完成对电脑桌面背景、屏幕保护程序、显示外观、显示精度、电源、系统日期和时间等方面的定义或修改，即通过更改系统的默认设置以满足用户实际需求，从而创建一个个性化的操作环境。

安装不同操作系统的电脑，相关调试细节可能有所不同。下面以采用Windows 7操作系统的电脑为例，介绍电脑系统的基本调试方法。

### 13.2.1 更换桌面背景

桌面背景是指打开电脑后显示画面的图像，用户可根据自己的需求对桌面背景进行设置和更换，下面是具体的操作步骤。

在桌面空白处右击，在弹出的快捷菜单中选择"个性化"选项，进入个性化设置窗口。在个性化设置窗口下方找到"桌面背景"选项，在此处单击即可进入"选择桌面背景"窗口。用户从该窗口中选择系统自带的图片，或单击"图片位置"右侧的"浏览"按钮，从电脑中选择想要设置为桌面背景的图片，单击"保存修改"按钮即可，如图13-26所示。

图13-26 更换桌面背景

在该窗口下方还有一个"图片位置"选项，将鼠标移至按钮右侧下拉箭头处单击，在打开的下拉列表中可以设置图片在桌面上的显示形式，有"填充""适应""拉伸""平铺""居中"5个选项，可根据需要选择相应选项。

## 13.2.2 增设屏幕保护程序

在个性化设置窗口右下方找到"屏幕保护程序"选项，单击即可进入"屏幕保护程序设置"窗口。在该窗口中选择屏幕保护程序的类型，并进行相关设置即可，如图13-27所示。

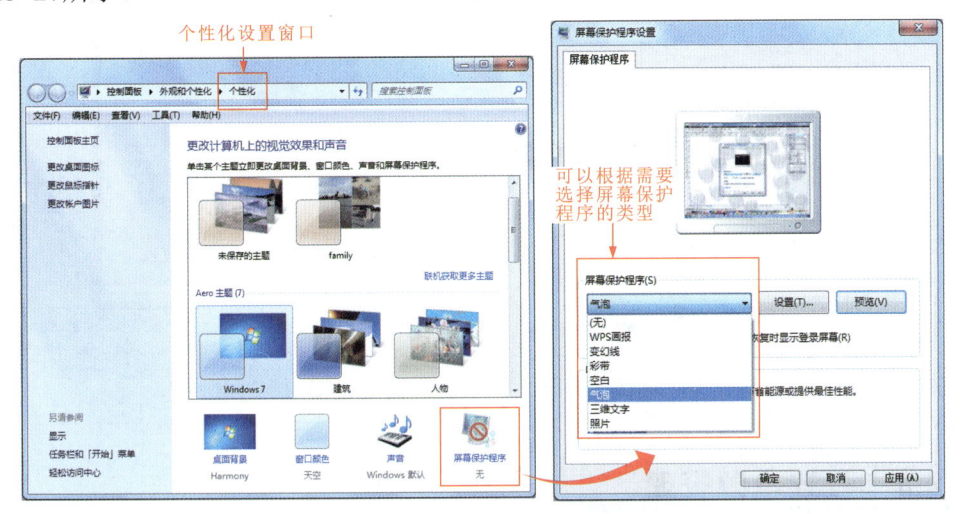

图13-27　增设屏幕保护程序

## 13.2.3 调试屏幕显示精度

调试屏幕显示精度可通过改变屏幕分辨率实现。屏幕分辨率是指电脑显示屏上显示的像素个数，一般分辨率越高，显示效果越精细。电脑屏幕分辨率的设置方法如图13-28所示。

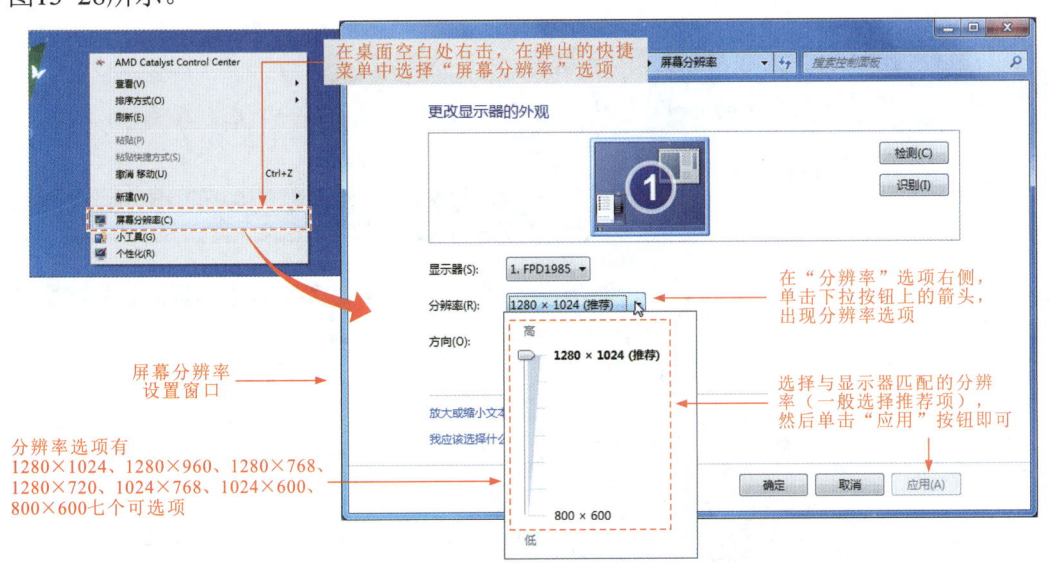

图13-28　电脑屏幕分辨率的设置方法

> **补充说明**
>
> 在屏幕分辨率设置窗口，除了基本的分辨率设置外，还可进行高级设置，即单击该窗口中的"高级设置"选项，弹出高级设置窗口，如图13-29所示。在此窗口中可以进行屏幕刷新频率等参数的设置。

图13-29 屏幕分辨率的高级设置窗口

## 13.2.4 设置电源管理

设置电源管理电脑在一定时间内都没有任何操作时，系统就会自动关闭显示器、硬盘，或者让电脑系统处于休眠待机状态，降低电耗以达到省电的目的。所谓"电源管理"就是对电源使用方案、节能方式等进行设置。

进行电源管理选项设置时，首先在"控制面板"窗口中单击"系统和安全"选项，在弹出的窗口中间位置单击"电源选项"选项，进入设置界面，如图13-30所示。

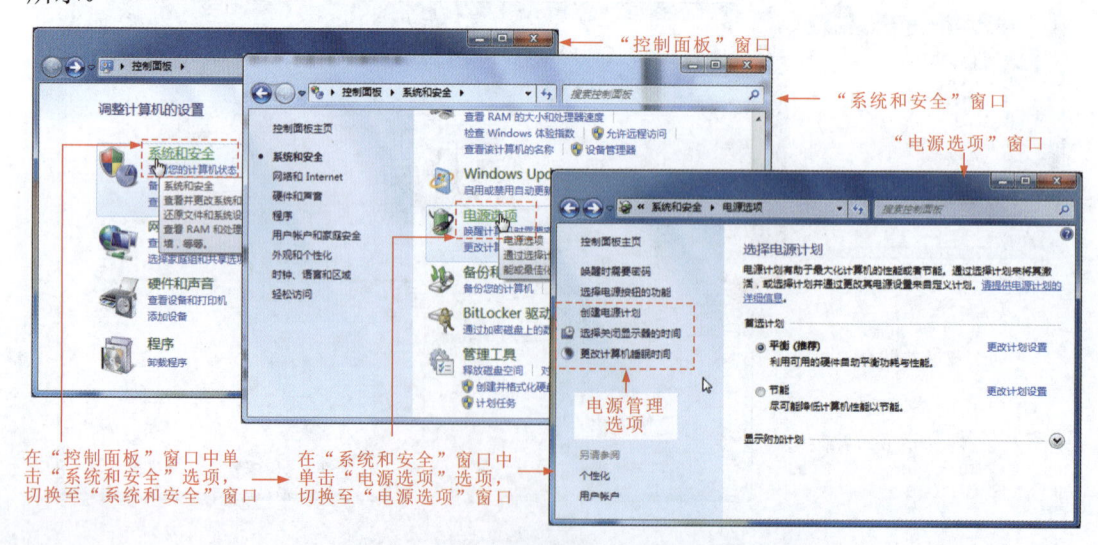

图13-30 进入"电源选项"窗口的操作步骤

如图13-31所示，进入"电源选项"窗口后便可进行个性化设置和节能省电方案设置。

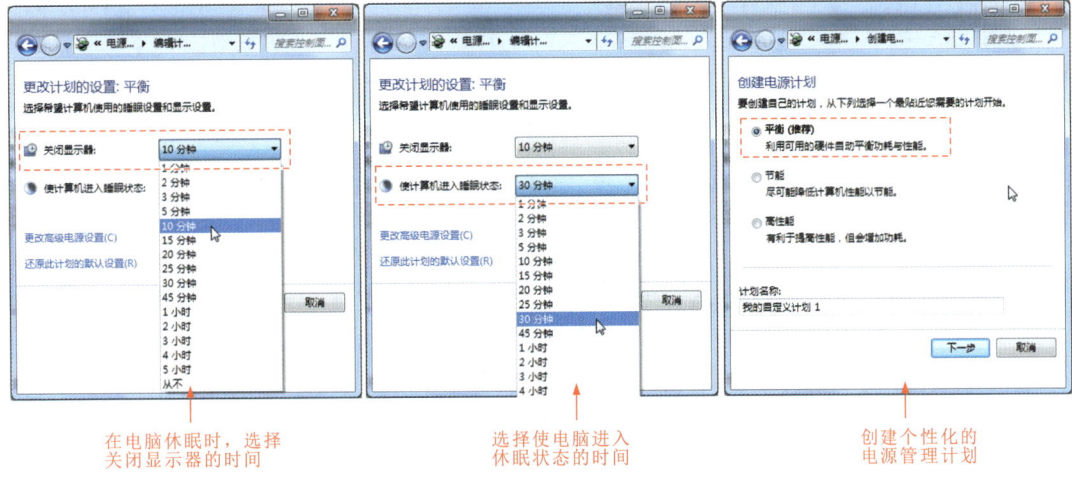

图13-31　电源管理选项设置

## 13.2.5　更新系统日期和时间

电脑系统具有同步显示当前日期和时间的功能，在新安装操作系统或使用地域不同时，都需要对其系统日期或时间进行更新设置。

在电脑桌面最下面一行的任务栏中，最右侧会自动显示当前系统的日期和时间。需要更新时，单击最右侧日期和时间数字，从弹出的"日期和时间"窗口中单击"更改日期和时间"按钮即可进行设置。

设置系统日期和时间的方法如图13-32所示。

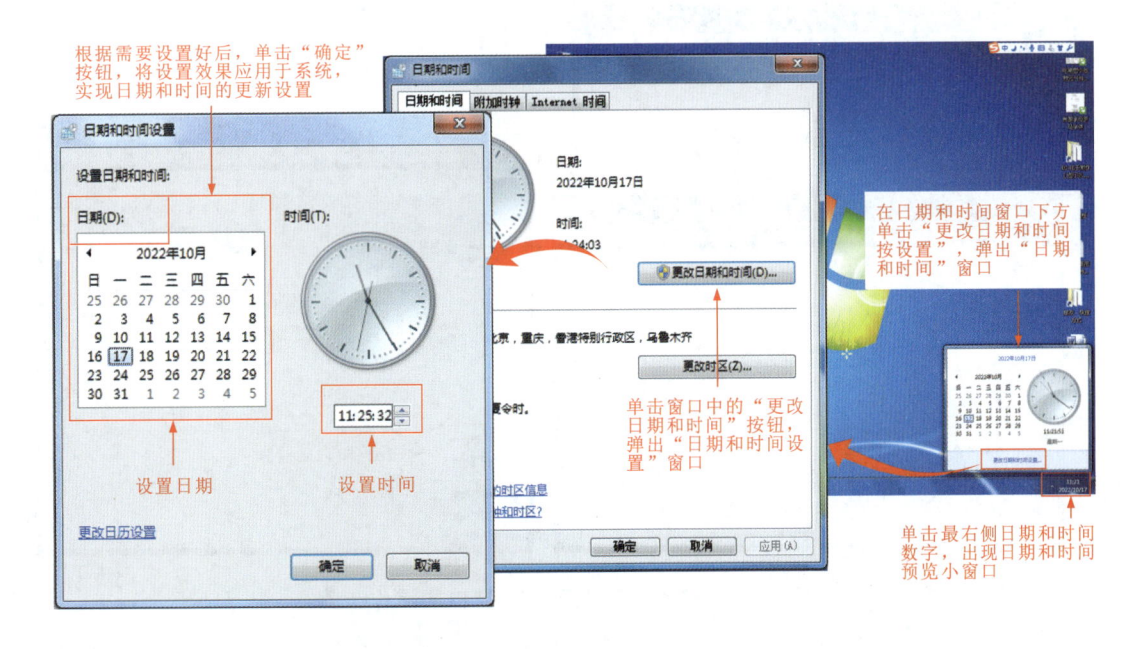

图13-32　设置系统日期和时间的方法

除了使用上述方法进行系统日期和时间的设置外，还可以通过网络自动同步更新与Internet时间同步，如图13-33所示。

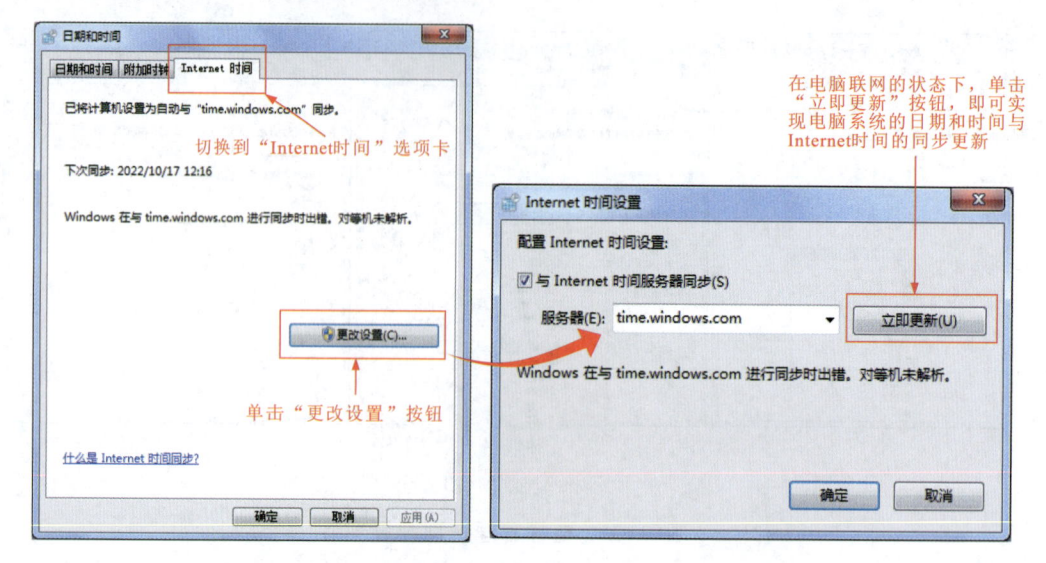

图13-33　利用网络自动同步更新系统日期和时间

## 13.2.6 系统多账户设置

Windows 7操作系统具有多账户管理功能。如图13-34所示，单击桌面左下角的"开始"按钮，在出现的菜单右侧一列中选择"控制面板"选项。在弹出的窗口中单击"用户账户和家庭安全"选项，在打开的窗口中单击第一行"用户账户"下的"添加或删除用户账户"选项，即可进入"管理账户"窗口。

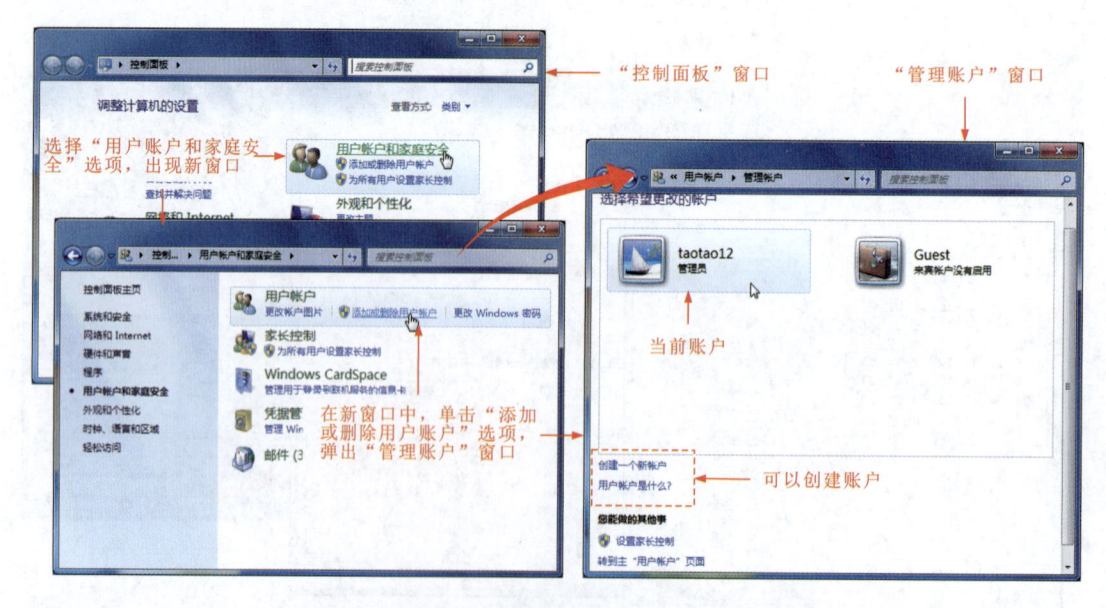

图13-34　进入"管理账户"窗口的操作步骤

### 补充说明

Windows 7操作系统提供了标准账户、管理员账户、来宾账户三种账户类型，可以让多个账户共用一台电脑。每个账户拥有自己的登录密码，可以建立自己专用的运行环境，不同的运行环境间各自独立、互不干扰。

◆ 标准账户适用于日常使用。
◆ 管理员账户可以对电脑进行最高级别的控制，但应该只在必要时才使用。
◆ 来宾账户主要针对需要临时使用电脑的用户。

进入"管理账户"窗口后，便可进行"创建新账户""删除账户"等操作，如图13-35所示。

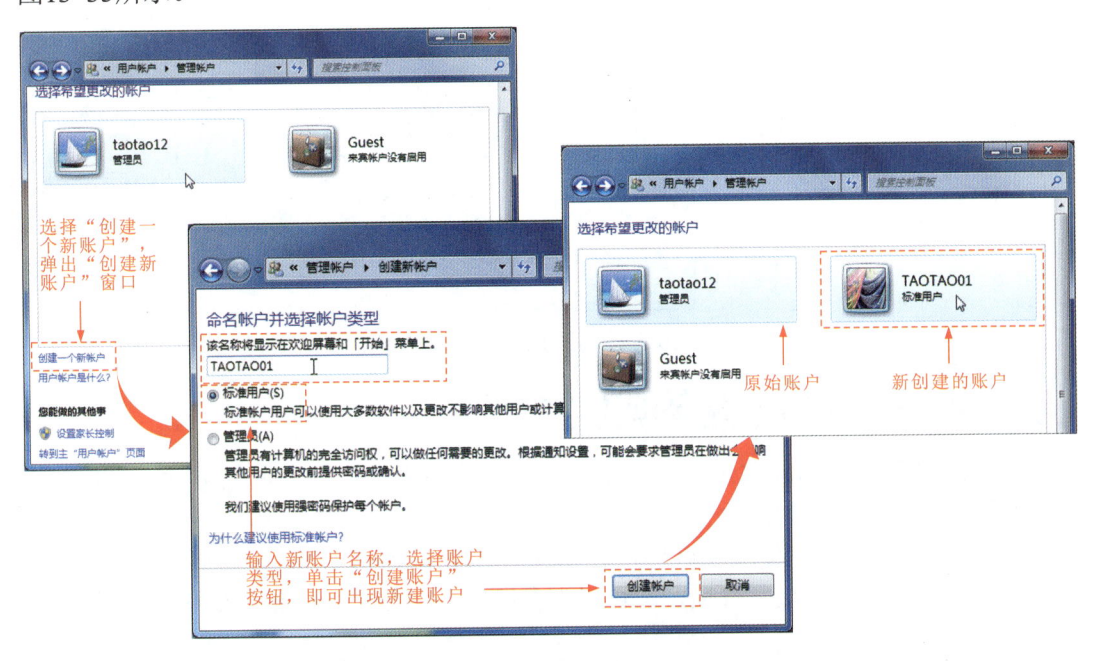

图13-35 创建新账户的操作方法

## 13.2.7 添加或删除程序

在使用电脑时，系统自带的程序有时不能满足用户的全部需求，因此，大多数情况下，需要用户根据需要进行软件程序的添加或删除操作。

添加程序时，首先将需要的软件安装程序从网络上下载到电脑中或购买软件程序光盘获取；再双击安装程序，打开软件安装向导，根据安装向导单击"下一步"按钮即可。

删除程序时，应在"控制面板"窗口找到"程序"选项，单击进入"程序"窗口，选择"卸载程序"选项，如图13-36所示。

在"卸载或更改程序"窗口中选择想要卸载的软件后，单击窗口区域内的"卸载"或"更改"按钮，根据窗口提示步骤进行操作即可。

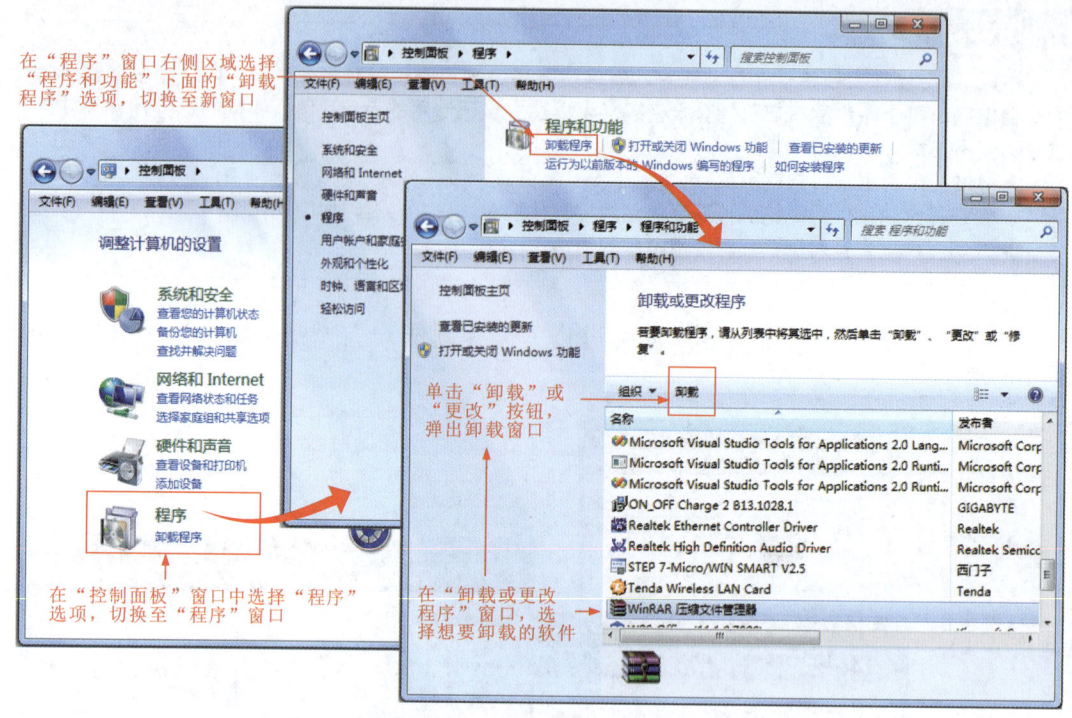

图13-36 删除程序的操作方法

## 13.2.8 调整键盘、鼠标的工作状态

电脑的键盘、鼠标参数也是影响系统性能的重要因素之一。调整键盘、鼠标的工作状态均在电脑的"控制面板"窗口中进行。

首先，打开"控制面板"窗口，在右下侧选择"时钟、语言和区域"选项中的"更改键盘或其他输入法"选项，即可对键盘的相关参数进行调整，如图13-37所示。

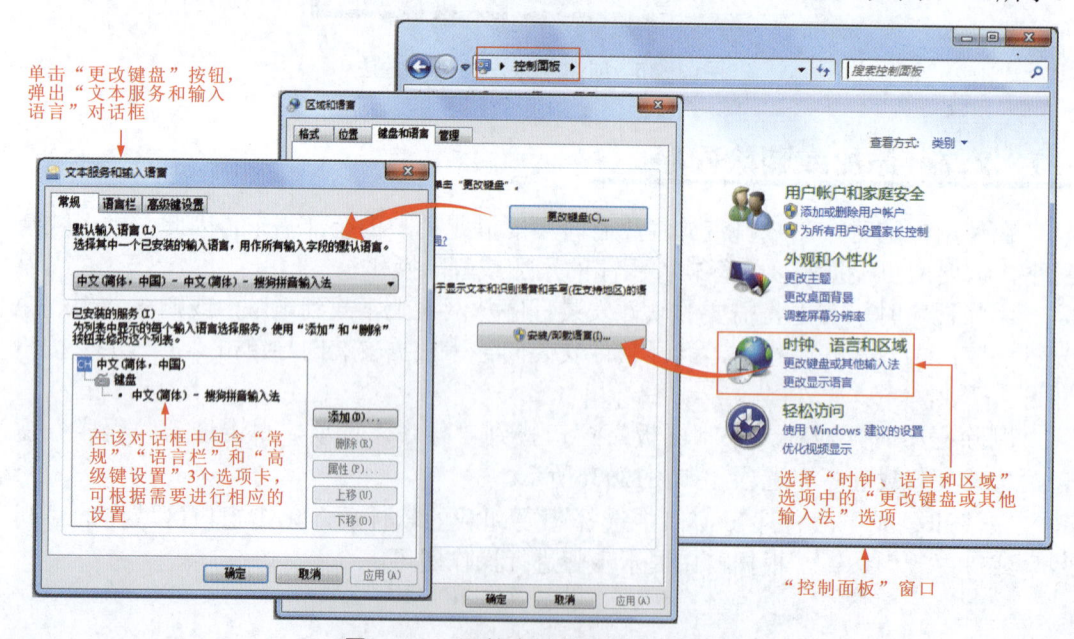

图13-37 调整电脑键盘的工作状态

电脑鼠标工作状态的调整也在"控制面板"窗口中进行。从"控制面板"窗口进入"个性化"窗口，在该窗口中单击"更改鼠标指针"选项，即可弹出"鼠标 属性"对话框，如图13-38所示。在该对话框中即可对鼠标指针的样式（图案效果）、移动速度等进行设置，以适应用户的使用习惯。

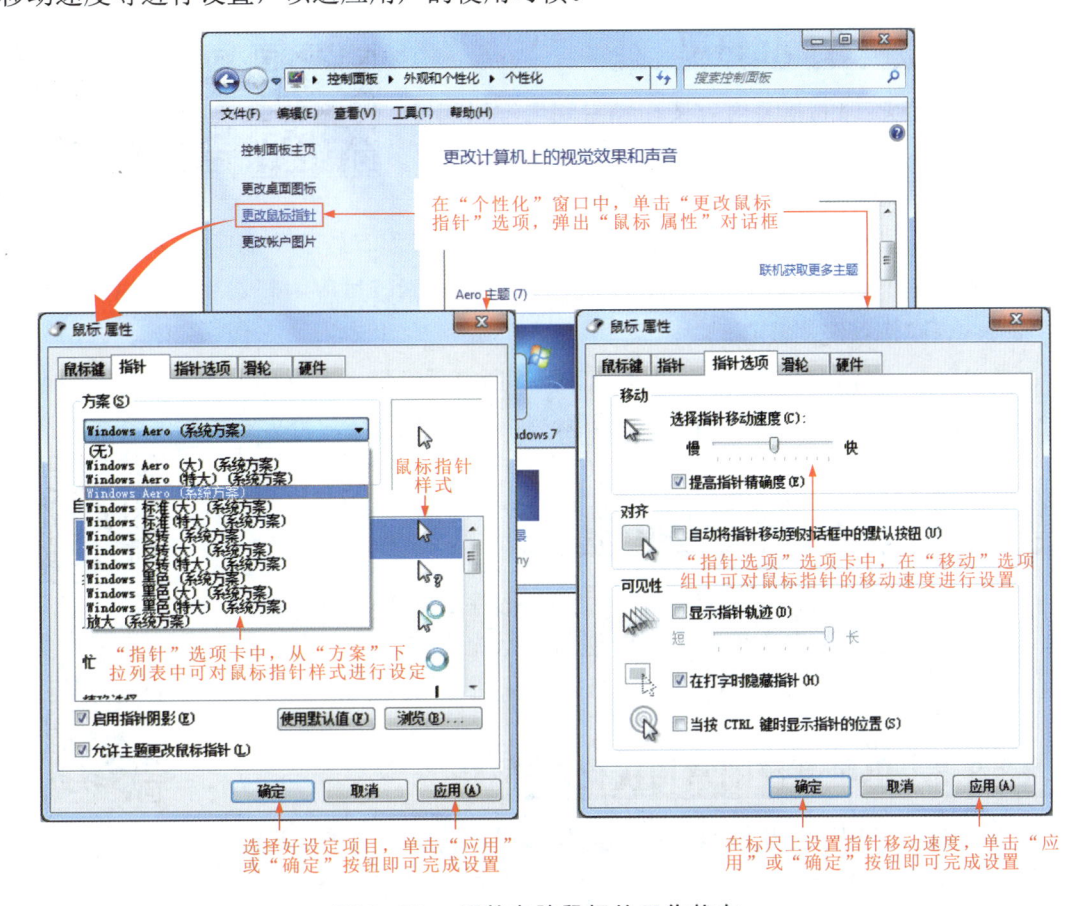

图13-38　调整电脑鼠标的工作状态

> **补充说明**
>
> 鼠标指针是指用户在使用鼠标操作电脑时，鼠标体现在显示器上的标识，一般为一个箭头形式，用户可对其进行设置。

## 13.3　电脑系统的优化

电脑在使用一段时间后，会因为不当操作产生一些错误信息，数据的传输、转存、删除过程中也会产生垃圾文件，还会因为操作失误或安装、删除程序导致电脑的一些信息设置被修改，从而生成一些注册表垃圾等冗余数据。

这些"垃圾""废物"过多，会严重影响电脑的工作状态，最直观的就是电脑运行速度越来越慢，操作时总会莫名其妙地弹出一些错误警告，甚至部分功能出现异常。

所以，定期对电脑进行优化和整理是十分必要的。

### 13.3.1　设置优化系统属性

设置优化系统属性，主要是对磁盘空间进行释放、设置系统属性、优化系统服务项、优化启动设置和优化系统关机速度等参数。

### 13.3.2　磁盘优化整理

磁盘优化整理的相关内容请扫描右侧二维码阅读。

### 13.3.3　注册表的编辑修改

注册表（Registry）主要是Windows操作系统用于保存软/硬件配置状态及应用程序所需的相关信息的文件，它在Windows操作系统启动运行过程中起着非常重要的作用，是Windows操作系统的核心。

在Windows操作系统中执行"开始"→"所有程序"→"附件"→"运行"命令，或按快捷键Win+R，打开"运行"对话框，输入regedit命令，可启动注册表编辑器。

### 13.3.4　注册表的清理和优化

电脑系统经过长时间的使用后，尤其是程序的频繁安装和不完善的卸载，以及不规范的操作使用，通常会使注册表内遗留大量无用的表项和无用的信息，此时需要对注册表进行清理和优化操作，以确保系统稳定高效地运行。

### 13.3.5　电脑系统的常用优化软件

优化软件是用于优化电脑系统，使其运行更为顺畅的工具类软件。优化软件种类较多，常用的主要有Windows优化大师、腾讯电脑管家、360安全卫士、超级兔子、CCleaner和软媒魔方等，这些软件通常在功能设置上比较全面，而且界面直观、易于操作，能够有效地完成对系统的管理和优化服务。

## 13.4　电脑病毒的特点与防范

### 13.4.1　电脑病毒的特征与危害

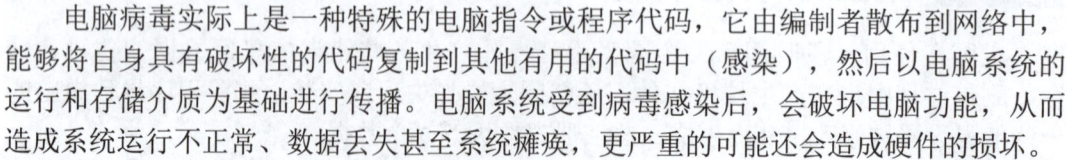

电脑病毒实际上是一种特殊的电脑指令或程序代码，它由编制者散布到网络中，能够将自身具有破坏性的代码复制到其他有用的代码中（感染），然后以电脑系统的运行和存储介质为基础进行传播。电脑系统受到病毒感染后，会破坏电脑功能，从而造成系统运行不正常、数据丢失甚至系统瘫痪，更严重的可能还会造成硬件的损坏。

### 13.4.2　电脑病毒的防治与查杀

电脑病毒的防治与查杀的相关内容请扫描右侧二维码阅读。

# 第14章 电脑网络的连接与设置

## 14.1 常用网络硬件设备

### 14.1.1 网卡

网卡是网络接入设备,它作为电脑接入网络或与其他电脑通信的桥梁,确保了数据在电脑之间的顺畅传输,每台接入网络的电脑都必须安装网卡。

网卡的功能是将电脑的数据进行包装,通过连接到网卡上的网线将数据发送到网络中。同时,它也接收从网络上传来的数据,并对这些数据进行处理和重新组合,送到所在的电脑中。

电脑中的网卡主要分为集成网卡和独立网卡。集成网卡是指网卡芯片集成在电脑主板中,它是主板的一部分,也称为板载网卡,如图14-1所示。目前大多数电脑采用集成网卡,网卡芯片一般安装在主板网卡接口(RJ-45)附近。

图14-1 集成网卡

图14-2为几种集成网卡芯片的实物外形。

图14-2 几种集成网卡芯片的实物外形

> **补充说明**
>
> 集成网卡以速度划分，可分为10/100Mbps自适应网卡和千兆网卡；以网络连接方式划分，可分为普通网卡和无线网卡；以芯片类型划分，可分为芯片组内置的网卡芯片（某些芯片组的南桥芯片，如SIS963）和主板所附加的独立网卡芯片（如Realtek 8139系列）。部分高档家用主板、服务器主板还提供了双板载网卡。

独立网卡是一块可实现网络连接功能的独立的电路板，该电路板接口插接到主板PCI（或PCI-E）扩展插槽中，通过网络传输介质与电脑网络中的其他网络设备相连，如图14-3所示。

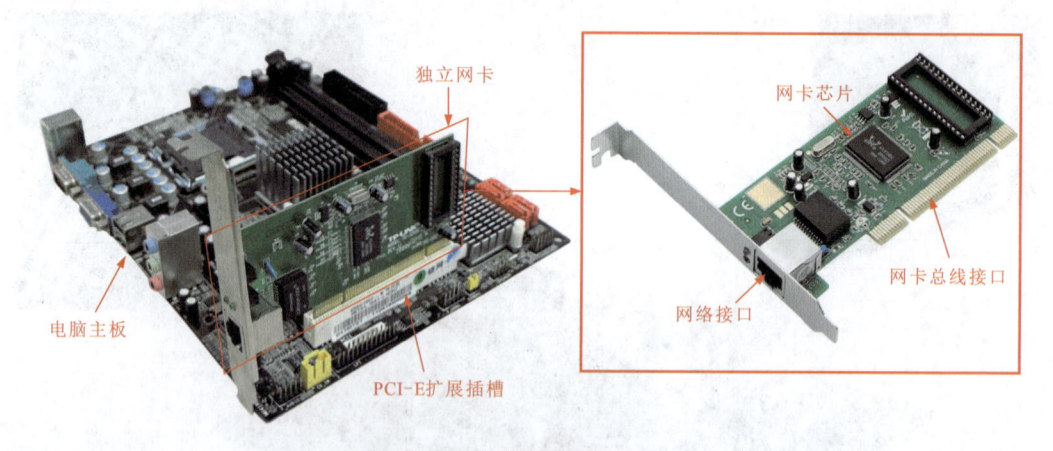

图14-3 独立网卡实物外形

> **补充说明**
>
> 网卡是工作在数据链路层的网络组件，是局域网中连接电脑和传输介质的接口，不仅能实现电脑与局域网传输介质之间的物理连接和电信号匹配，还承担着数据帧的发送与接收、数据帧的封装与拆封、介质访问控制、数据的编码与解码以及数据缓存等多重功能。

> **补充说明**
>
> 早期，电脑中的网卡按总线类型不同，主要分为ISA总线网卡、EISA总线网卡和PCI总线网卡。
>
> ISA总线网卡是早期的标准16位总线网卡，带宽为8.33MHz，CPU的占用率高，速度较慢，不能使用快速数据转换，最大传输速率只能到10Mbps。随着技术的发展，ISA总线网卡现在已经被淘汰。
>
> PCI总线网卡是标准32位总线，可以提供133Mbps的带宽，并具有真正的即插即用的特点。工作频率为33MHz，CPU的占用率较低，速度快，可以使用快速数据转换，传输速率可高达1000Mbps，现在市面上的网卡基本上都是PCI总线网卡。PCI总线网卡的自动配置功能，使用户在安装网卡时不必再辛苦地调开关或跳线，而是将一切的资源需求设置工作在系统初启时交给BIOS处理，从而简化了安装的难度。

## 14.1.2 调制解调器

调制解调器是将调制器（Modulator）和解调器（Demodulator）的功能合二为一的设备，将两个英文的字头合起来作为它的简称，即MODEM。

按传输介质不同，调制解调器可分为ADSL调制解调器（电话线接入）、同轴调制解调器（也叫EOC终端，同轴电缆接入）和光调制解调器（光纤线接入）。

### 1 ADSL调制解调器

ADSL调制解调器应用于早期利用电话线上网的网络结构中。由于电话线路是为人们通话传输声音信号的通道，而电脑所处理的数据信号是数字信号，因此，电脑的数据信号要利用电话线路传输也要转换为声音信号（模拟信号）。电脑的数据信号经调制解调器转换为模拟信号再送到电话线路，电话线路上所传输的模拟信号受到数字信号的调制，携带着数据信号的信息内容。接收信息时，由调制解调器解调出模拟信号中所包含的数据信息，再发送给电脑。

### 2 同轴调制解调器（EOC终端）

图14-4为同轴调制解调器（EOC终端）的实物外形。

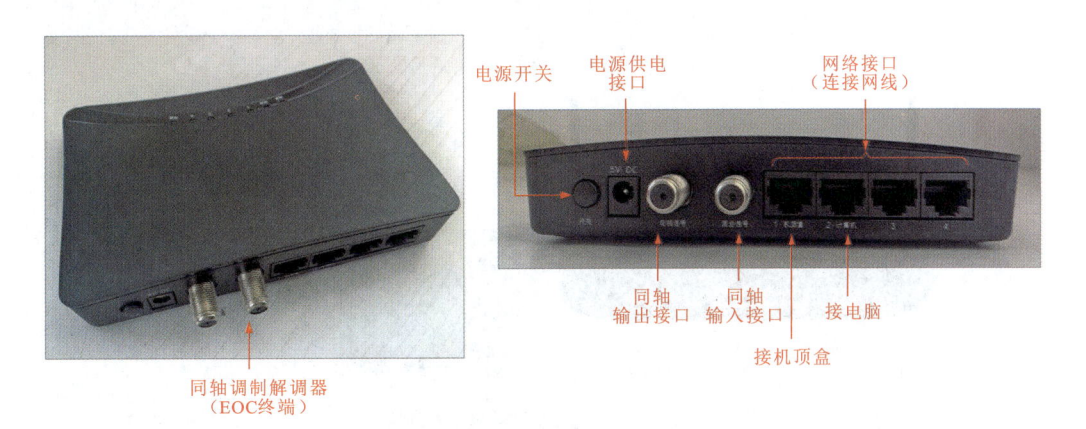

图14-4 同轴调制解调器（EOC终端）的实物外形

EOC是一种基于有线电视同轴电缆网使用以太网协议的接入技术，即在同轴电缆中进行以太网数据信号传输，将以太网信号经过调制后在同轴电缆中进行数据传输，其频率不占用有线电视频率段。

同轴调制解调器（EOC终端）是指EOC系统中的终端设备，类似早期的ADSL调制解调器，其作用是接收数据和电视的混合信号，并通过滤波将高频信号和低频信号分开，将同轴电缆传输的低频信号转换为以太网传输的信号。

图14-5为同轴调制解调器（EOC终端）连接关系。

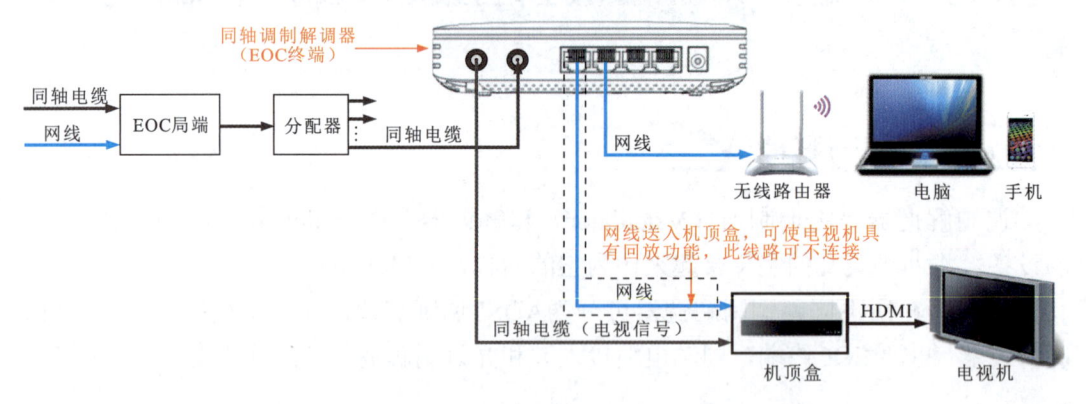

图14-5　同轴调制解调器（EOC终端）连接关系

### 3　光调制解调器

光调制解调器，俗称光猫，也称为单端口光端机，是将光以太信号转换为其他协议信号的收发设备。图14-6为几种光调制解调器的实物外形。

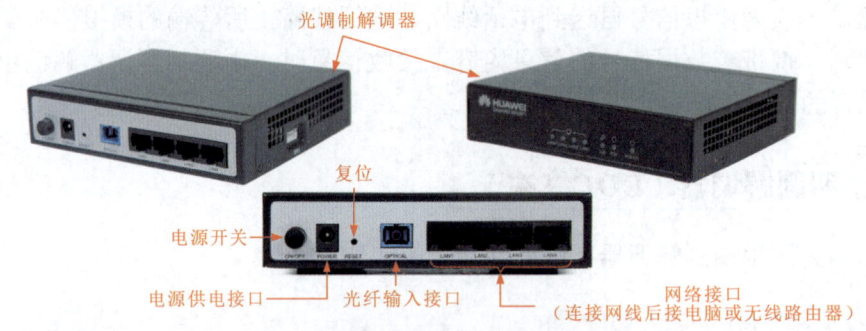

(a) 不带无线路由功能的光调制解调器

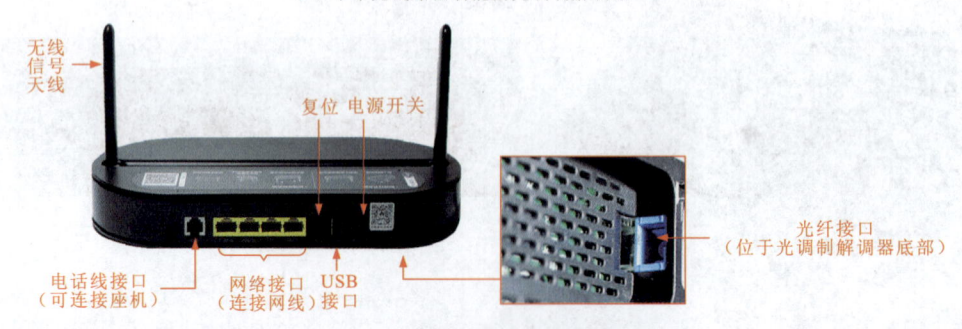

(b) 带无线路由功能的光调制解调器

图14-6　几种光调制解调器的实物外形

使用不带无线路由功能的光调制解调器时，网络信号经光纤接口输入，由网络接口输出。由于目前的光调制解调器都具备基础路由功能，网络接口连接网线后直接连接电脑即可实现有线上网，也可连接无线路由器后实现无线上网。

图14-7为不带无线路由功能的光调制解调器的连接关系。

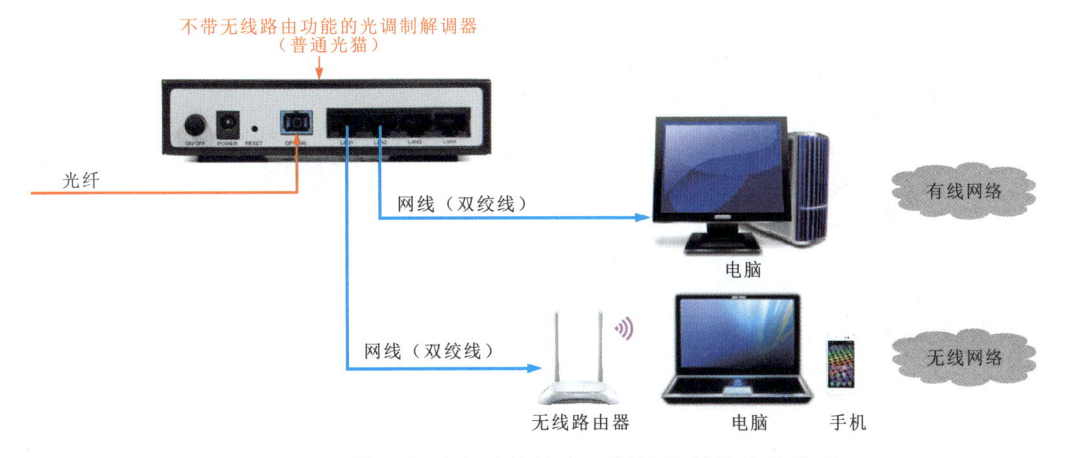

图14-7　不带无线路由功能的光调制解调器的连接关系

带无线路由功能的光调制解调器，可直接实现有线上网和无线上网两种形式，如图14-8所示。

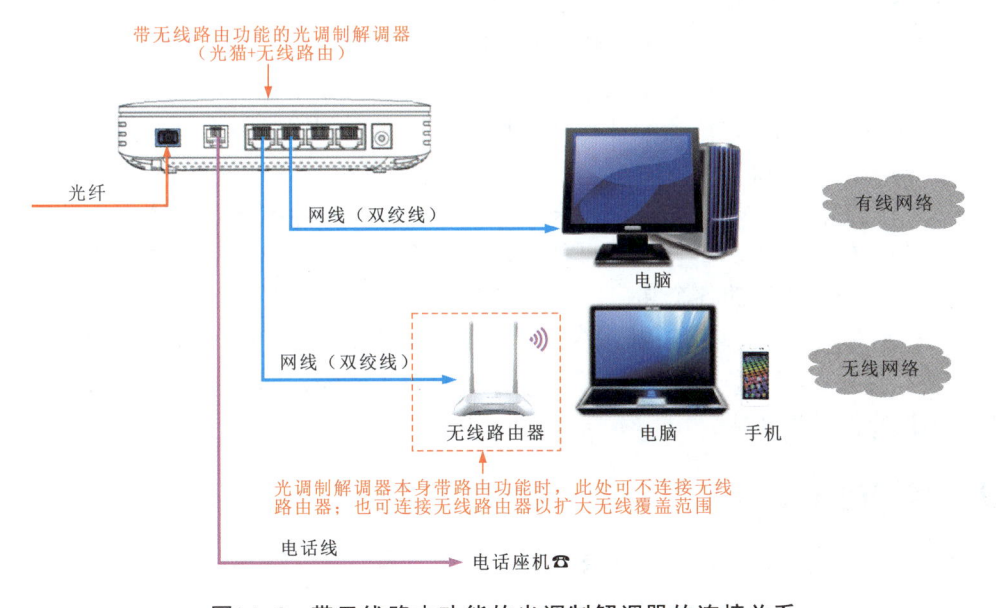

图14-8　带无线路由功能的光调制解调器的连接关系

## 14.1.3 集线器

集线器（Hub）是电脑网络中连接多个电脑或其他设备的连接设备，是对网络进行集中管理的最小单元。Hub就是中心的意思，像树的主干一样，它是各分支的汇集点。多种类型的网络都依靠集线器来连接各种设备并把数据分发到各个网段。

集线器可视为一个共享设备，其实质是一个中继器，外形如图14-9所示，主要提供信号放大和中转的功能。它把一个端口接收的全部信号向所有端口分发出去。一些集线器在分发之前会将弱信号加强后重新发出，还有一些集线器可排列信号的时序以提供所有端口间的同步数据通信。

常见小型集线器　　　　　　　　　　　　　　　常见小型集线器

图14-9　集线器外形

### 1　集线器的特点

集线器主要用于星状以太网结构，它是解决从服务器直连到桌面的最经济的方案。使用集线器组网灵活，它处于网络的一个星状节点，便于对与节点相连的工作站进行集中管理，不让出问题的工作站影响整个网络的正常运行，并且用户的加入和退出也很自由。然而，随着网络技术的发展，集线器的缺点越来越突出，后来发展起来的一种技术更先进的数据交换设备——交换机逐渐取代了部分集线器的高端应用场合。集线器的不足主要体现在以下三个方面。

（1）用户带宽共享，带宽受限。集线器的每个端口并没有独立的带宽，而是共享总的背板带宽，用户端口带宽较窄，且随着集线器所接用户的增多，用户的平均带宽会不断减少。因此，集线器现在已经不能满足许多对网络带宽有严格要求的网络应用场景，如多媒体、流媒体应用等。

（2）广播方式，易造成网络风暴。集线器是一个共享设备，它的主要功能只是信号放大和中转，并不具备自动寻址能力，即不具备交换功能。所有传到集线器的数据均被广播到与之相连的各个端口，容易形成网络风暴，造成网络堵塞。

（3）非双工传输，网络通信效率低。集线器的每个端口同一时刻只能进行一个方向的数据通信，而不能像交换机那样进行双向双工传输，网络执行效率低，不能满足较大型网络通信的需求。

### 2　集线器的分类

集线器的种类很多，目前主要有以下几种常用的分类方法。

#### 1 按带宽分类

依据带宽的不同，可以将集线器分为10Mbps、100Mbps、10/100Mbps自适应型双速集线器和1000Mbps集线器等。

10Mbps集线器是指该集线器中的所有端口均只能提供10Mbps的带宽，100Mbps只能提供100Mbps的带宽；而10/100Mbps自适应集线器，也称为双速集线器，它可以在10Mbps和100Mbps之间进行切换。

目前所有的双速集线器均可以自适应，其内部设置了两条总线，可以分别工作在两种不同的速率下，它的每个端口都能自动判断与之相连接的设备所能提供的连接速率，并自动调整到与之相适应的最高速率。

### 2 按管理方式分类

按管理方式的不同，集线器可以分为亚集线器和智能集线器两种。

亚集线器是指不可管理的集线器，属于低端产品；智能集线器是指能够通过简单网络管理协议对集线器进行简单管理的集线器。亚集线器只起到信号放大和复制的作用，无法对网络进行性能优化，使用亚集线器的网络中必须有一台以上的服务器。智能集线器改进了亚集线器的缺点，增加了网络交换功能，具有网络管理和自动检测端口速率的能力（类似于交换机）。目前，市场上大部分的集线器都属于智能集线器。

### 3 按配置形式分类

按配置形式的不同，集线器可以分为独立集线器、模块化集线器和堆叠式集线器等，各类集线器的特点如下。

◆ 独立式集线器具有价格低、网络管理方便、容易查找故障等优点，主要用于构建小型局域网。

◆ 模块化集线器配有机架或卡箱，带有多个卡槽，每个槽可放一块通信卡。每块通信卡的作用相当于一个独立集线器。当通信卡安装在机架内卡槽中时，它们就被连接到通信底板上，这样，底板上的两个通信卡的端口间就可以方便地进行通信。模块化集线器有4～14个槽，故网络可以方便地进行扩充，如图14-10所示。

模块化集线器

模块化集线器扩充方便且备有管理选件，配有机架或卡箱，带有多个卡槽，每个槽可放一块通信卡，相当于一个独立集线器

图14-10 模块化集线器

◆ 堆叠式集线器可以将多个集线器"堆叠"使用，当它们连接在一起时，其作用就像一个模块化集线器，可以将其当作一个单元设备进行管理。一般情况下，当多个集线器堆叠时，其中存在一个可管理集线器，利用可管理集线器对堆叠式集线器中的其他"独立集线器"进行管理。堆叠式集线器可方便地实现对网络的扩充，是新建网络时最为理想的选择，如图14-11所示。

堆叠式集线器

堆叠式集线器可以将多个集线器"堆叠"使用，当集线器连接在一起时，其作用就像一个模块化集线器

连接端口

图14-11 堆叠式集线器

此外，还可以按每个集线器的连接端口，将集线器分为8口、16口、24口集线器；也可以按集线器的外形，将集线器分为机架式集线器和桌面式集线器两类。每种分类方法各有其特点，并不需要进行严格区别。

## 14.1.4 交换机

交换机也称为交换式集线器，是一种比集线器效率更高的网络连接设备。交换机实际上是一种用于电信号转发的网络设备，它可以为接入交换机的任意两个网络节点提供独享的电信号通路。

### 1 交换机的基本功能

交换机工作在OSI模型的第二层，它可以根据数据链路层信息作出帧转发决策，同时构造自己的转发表，访问MAC地址，并将帧转发至该地址。交换网络不像共享网络那样把报文分组广播到每个节点，而是为终端用户提供独占的点对点连接，其能够隔离冲突域并有效地抑制广播风暴的产生。图14-12为交换机的功能示意图。

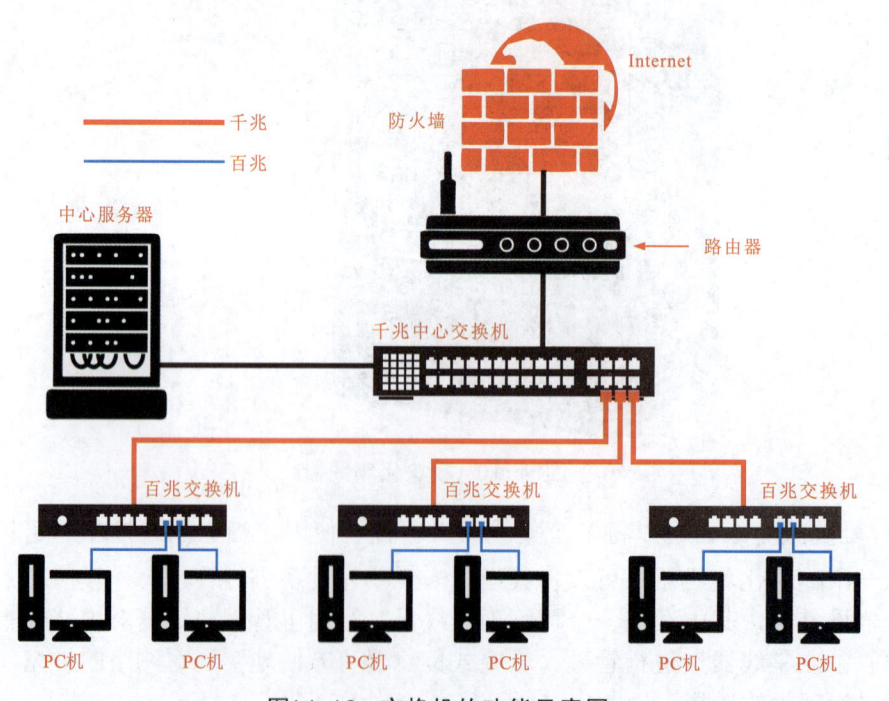

图14-12 交换机的功能示意图

交换机的技术参数较多，这些技术参数全面地反映了交换机的技术性能及其主要功能。可作为用户选购产品时的重要参考依据。

### 1  转发方式

交换机采用的决定如何转发数据包的转发机制有三种。

◆ 直通转发方式。交换机一旦解读到数据包目的地址，就开始向目的端口发送数据包。通常，交换机在接收到数据包的前6个字节时，就已经知道目的地址，从而可以决定向哪个端口转发这个数据包。直通转发方式的优点是转发速率快、减少延时和提高整体吞吐率；缺点是交换机在没有完全接收并检查数据包的正确性之前就已经开始了数据转发。在通信质量不高的环境下，交换机会转发所有的完整数据包和错误数据包，这实际上是给整个交换网络带来了许多垃圾通信包，被误解为发生了广播风暴。总之，直通转发方式适用于网络链路质量好、错误数据包较少的网络环境。

◆ 存储转发方式。存储转发技术要求交换机在接收到全部数据包后再决定如何转发，交换机可以在转发之前检查数据包的完整性和正确性。其优点是不会转发残缺数据包，减少了潜在的不必要的数据转发，缺点是转发速率比直通转发方式慢。因此，存储转发方式比较适用于链路质量一般的网络环境。

◆ 碰撞逃避转发方式。某些交换机厂商（3COM）的交换机还提供其特定的转发技术。碰撞逃避转发方式通过减少网络错误繁殖，在高转发速率和高正确率之间选择了一条折中的解决办法。

### 2  延时特性

交换机延时是指从交换机接收到数据包到开始向目的端口复制数据包之间的时间间隔，有许多因素会影响延时大小。采用直通转发方式的交换机有固定的延时，因为直通式交换机不管数据包的整体大小，而是根据目的地址来决定转发方向。因此，它的延时是固定的，取决于交换机解读数据包前6个字节中目的地址的速率。采用存储转发方式的交换机由于必须要接收完整的数据包后才开始转发数据包，所以它的延时与数据包大小有关。数据包大，则延时长；数据包小，则延时短。

### 3  管理功能

交换机提供的管理功能决定了用户可以如何访问和控制交换机。通常，交换机厂商都提供管理软件或使用第三方管理软件远程管理交换机。一般的交换机满足SNMP MIB I/MIB II统计管理功能，复杂一些的交换机通过内置Mini-RMON组来支持RMON（Remote Network Monitoring，远端网络监视）功能。有的交换机还允许外接RMON监视可选端口的网络状况。

### 4  单/多MAC地址类型

单MAC交换机的每个端口只有一个MAC硬件地址，多MAC交换机的每个端口可捆绑多个MAC硬件地址。单MAC交换机主要设计用于连接最终用户、网络共享资源或非桥接路由器，不能用于连接集线器或含有多个网络设备的网段。多MAC交换机在每个端口有足够存储体来记忆多个硬件地址。

多MAC交换机的每个端口可看作一个集线器。不同交换机的存储体Buffer的容量大小各不相同，Buffer容量的大小限制了交换机所能够提供的交换地址容量。一旦超过了该地址容量，有的交换机将丢弃其他地址数据包，有的交换机则将数据包复制到各个端口不作交换。

### ⑤ 外接监视功能

一些交换机具有"监视端口"，便于网络分析仪直接连接到交换机上监视网络状况。

### ⑥ 扩展树

由于交换机实际上是多端口的透明桥接设备，所以交换机也有桥接设备的固有问题——"拓扑环"。某个网段的数据包通过某个桥接设备传输到另一个网段，而返回的数据包通过另一个桥接设备返回源地址，这个现象称为"拓扑环"。一般，交换机采用扩展树协议算法让网络中的每个桥接设备相互知道，自动防止出现拓扑环现象。交换机通过将检测到的拓扑环中的某个端口断开，达到消除拓扑环的目的，维持网络中拓扑树的完整性。在网络设计中，拓扑环常被推荐用于关键数据链路的冗余备份链路选择。所以，带有扩展树协议支持的交换机可以用于连接网络中关键资源的交换冗余。

### ⑦ 全双工方式

全双工端口可以同时发送和接收数据，这要求交换机和所连接的设备都支持全双工工作方式。具有全双工功能的交换机具有以下优点。

- ◆ 高吞吐量：两倍于单工模式通信的吞吐量。
- ◆ 避免碰撞：没有发送/接收碰撞。
- ◆ 突破长度限制：由于没有碰撞，所以不受CSMA/CD链路长度的限制。通信链路的长度限制只与物理介质有关。

目前支持全双工通信的协议有快速以太网、千兆以太网和ATM。

### ⑧ 高速集成端口

交换机可以提高带宽"管道"（固定端口、可选模块或多链路隧道）以满足交换机的交换流量与上级主干的交换需求，以防止出现主干通信瓶颈。常见的高速集成端口有以下几种。

- ◆ FDDI：应用较早，范围广，但有协议转换费用。
- ◆ Fast Ethernet/Gigabit Ethernet：连接方便，协议转换费用低；但受网络规模限制。
- ◆ ATM：可提供高速交换端口，但协议转换费用高。

### ⑨ 最大VLAN数量

最大VLAN数量反映了一台设备所能支持的最大VLAN数目。目前交换机所能支持的最大VLAN数目在1024以上，足以满足一般企业的需要。VLAN划分应遵从802.1Q标准。

### ⑩ 扩充性配置

机架插槽数、扩展槽数、最大可堆叠数、10/100/1000Mbps以太网端口数、最大ATM端口数、最大SONET端口数和最大电源数等多个硬件指标直接反映了交换机的扩充能力，以及其他主干网络设备的互联互通能力。

## 2 交换机的种类

从广义上讲，交换机分为两种：广域网交换机和局域网交换机。广域网交换机主要应用于电信领域，提供通信用的基础平台；局域网交换机则应用于局域网络，用于连接各种终端设备。根据传输介质和传输速度的不同，交换机可以分为以太网交换机、快速以太网交换机、千兆以太网交换机、FDDI交换机、ATM交换机和令牌环交换机等。按照最广泛的普通分类方法，局域网交换机可以分为工作组级交换机、部门级交换机和企业级交换机三类。

### ① 工作组级交换机

工作组级交换机是最常见的一种交换机，其端口数量少，为信息点少于100台的电脑联网提供交换环境，对带宽的要求不高，网络的扩展性不高，一般为固定配置而非模块化配置。工作组级交换机的背板带宽比较低，每个数据包中的物理地址处理相对简单。它主要用于办公室、小型机房、多媒体制作中心、网站管理中心和业务受理较为集中的业务部门等。在传输速率方面，工作组级交换机大都提供多个具有10/100Mbps自适应能力的端口，如图14-13所示。

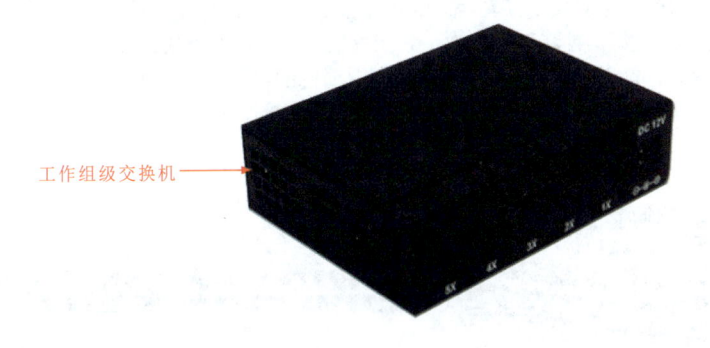

图14-13　工作组级交换机

### ② 部门级交换机

部门级交换机可以是固定配置，也可以是模块配置，一般配备有光纤接口。与工作组级交换机相比，部门级交换机具有较为突出的智能型特点，如支持基于端口的VLAN，可以实现端口管理，支持全双工、半双工传输模式，可以对流量进行控制，有网络管理功能，可以通过电脑的232口或经过网络对交换机进行配置、监控和测试等。一般情况下，部门级交换机的信息点少于300台，主要用于小型企业、大型机关，端口速率基本都为100Mbps，如图14-14所示。

部门级交换机 →

图14-14　部门级交换机

### ③ 企业级交换机

企业级交换机属于高端交换机，它采用模块化的结构，可作为网络骨干构建信息点超过500台的高速局域网。企业级交换机可以提供用户化定制、优先级队列服务和网络安全控制，并能很快适应数据增长和改变的需要，从而满足用户的需求。对于需求更为复杂的网络而言，企业级交换机不仅能传输超大容量的数据和控制信息，还具有硬件冗余和软件可伸缩性特点，保证网络的可靠运行。企业级交换机仅用于大型网络，且一般作为网络的骨干交换机，如图14-15所示。

企业级交换机 →

图14-15　企业级交换机

> **补充说明**
>
> 根据交换机的结构，还可将其分为固定端口交换机和模块化交换机（也称机箱插槽式交换机）。图14-16为固定端口交换机和模块化交换机。其中，固定端口交换机的常见接口有8口、16口、24口和48口；模块化交换机具有较大的灵活性和可扩展性，它能提供一系列扩展模块，如千兆以太网模块、ATM模块、快速以太网模块等，能够将具有不同协议、不同拓扑结构的网络连接起来。用户可根据需求合理配置模块，模块化交换机价格高昂，一般将其作为骨干交换机使用。
>
> 固定端口交换机 →　　　　　　　　　　　模块化交换机 →
>
> 图14-16　固定端口交换机和模块化交换机

## 14.1.5　路由器

路由器是一种用于连接互联网中各局域网、广域网的设备，它可以根据信道的情况自动选择和设定路由，并按前后顺序发送信号。

图14-17为典型路由器的外形结构。路由器外部主要由信号天线、电源接口、复位键、WAN接口、LAN接口和WPS键等几部分构成。

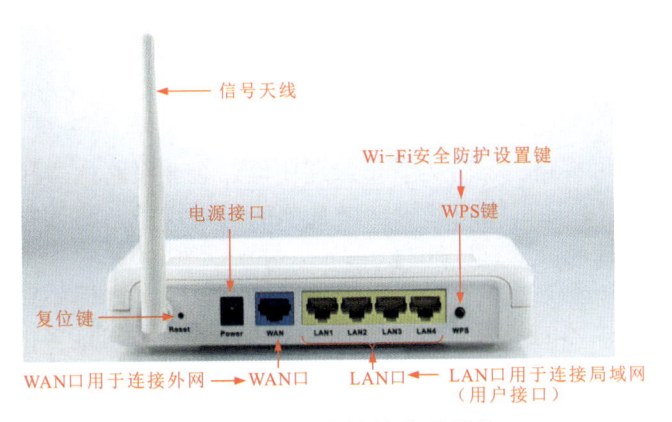

图14-17 典型路由器的外形结构

## 1 路由器的基本功能

路由器工作在网络层，集网关、网桥、交换技术于一体，能对不同网络或网段之间的数据进行阅读和译码，以使它们能够相互识别对方的数据，从而构成一个更大的网络。

图14-18为路由器的信号传输方式。

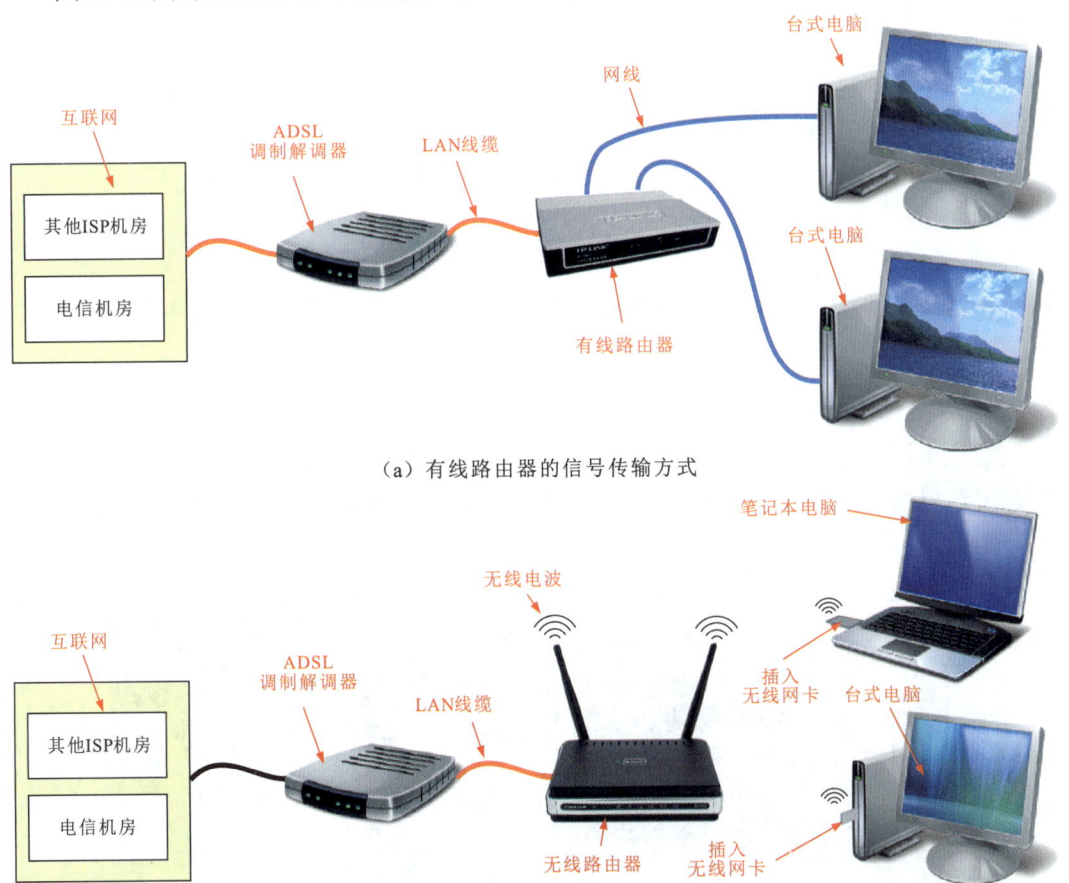

（a）有线路由器的信号传输方式

（b）无线路由器的信号传输方式

图14-18 路由器的信号传输方式

### 2 路由器的分类

#### ① 从功能上划分

从功能上划分可将路由器分为骨干级路由器、企业级路由器和接入级路由器。

◆ 骨干级路由器是实现企业级网络互联的关键设备,它的特点是数据吞吐量较大、速度快、可靠性高。

◆ 企业级路由器连接许多终端系统,连接对象较多,但系统相对简单,数据流量较小,对这类路由器的要求是以尽量便宜的方法实现尽可能多的端点互连,同时还要求能够支持不同的服务质量。

◆ 接入级路由器主要应用于连接家庭或ISP内的小型企业客户群体。

#### ② 从所处网络位置上划分

从所处网络位置上划分可将路由器分为内部路由器和边界路由器。

◆ 内部路由器处于网络的中间,通常用于连接不同网络,起到一个数据转发的桥梁作用。

◆ 边界路由器处于由多个互联的LAN所组成的网络与外界广域网相连的位置。由于它可能要同时接收来自许多不同网络路由器发来的数据,所以要求边界路由器的背板带宽要足够宽。

#### ③ 按协议的支持情况划分

按协议的支持情况可将路由器分为单协议路由器和多协议路由器。

◆ 单协议路由器只能针对单一的协议进行传输,如IP路由器只支持IP协议,不支持IPX协议。

◆ 多协议路由器可完成多个协议的传输,但其性能相对单协议路由器较低。

## 14.1.6 服务器

服务器是一台性能比较高的电脑,它的功能是为网络上的各台电脑提供服务。服务器作为网络中的重要设备,具有一些普通电脑所没有的功能。图14-19为服务器的外观。

图14-19 服务器的外观

按照不同的划分标准，服务器可分为多种。例如，按用途可以分为网络服务器、数据服务器、文件服务器等；从用户的应用角度划分，通常把服务器分为低档服务器、工作组级服务器、部门级服务器和高档服务器。

### 1 低档服务器

低档服务器的功能并不是很多，内存容量也不会很大，一般在1GB以内，但通常会采用带ECC（Elliptic Curve Cryptography，椭圆曲线加密算法）纠错技术的服务器专用内存。这类服务器主要采用Windows或者NetWare网络操作系统，可以充分满足办公室型的中小型网络用户的数据处理、文件共享、互联网接入及简单数据库应用的需求。

### 2 工作组级服务器

工作组级服务器相对低档服务器而言功能较全面，可管理性强且易于维护，但仍属于低档服务器。它只能连接一个工作组（50台终端左右），网络规模较小。这类服务器主要采用Intel服务器CPU和Windows／NetWare网络操作系统，但也有一部分服务器采用UNIX系列操作系统。可以满足中小型网络用户的数据处理、文件共享、互联网接入及简单数据库应用的需求。

### 3 部门级服务器

部门级服务器属于中档服务器，一般都是支持双CPU以上的对称处理器结构，具备比较完全的硬件配置，如磁盘阵列、存储托架等。部门级服务器集成了大量的监测及管理电路，具有全面的服务器管理能力，可监测如温度、电压、风扇、机箱等状态参数，并结合标准服务器管理软件，使管理人员能够及时了解服务器的工作状况。同时，大多数部门级服务器具有优良的系统扩展性，能够满足用户在业务量迅速扩大时及时在线升级系统。这种服务器一般为中型企业的首选，可用于金融、邮电等行业。

### 4 高档服务器

高档服务器一般采用4个以上CPU的对称处理器结构。另外，它还具有独立的双PCI通道和内存扩展板设计，具有高速和大容量内存、大容量热插拔硬盘、高可靠电源和超强的数据处理能力等。

## 14.2 互联网的连接设置

简而言之，电脑网络（Computer Network），就是将两台以上的电脑通过电缆、电话线或无线通信等传输介质互连在一起，实现信息和服务的共享。

早期，由于技术的限制，用于存储和组织数据的电脑（主机）体积非常大，操作人员在"本地"设备（又称终端）上，将数据通过终端的输入设备录入主机，主机上的一些硬件通信设备使得许多这样的终端能够与之连接，从而实现为多个远程用户服务。在这种集中式计算环境下，主机提供了所有数据存储的空间和计算能力，而终端只是一个输入/输出设备而已。这也是最初的电脑网络模型。

随着电脑产业的不断发展，小型个人电脑的出现和普及，使得每个人都可以完全控制自己的电脑进行数据的运算和处理，这样的电脑网络不再仅单纯依靠主机进行计算，而是每台电脑（终端）都可以完成一部分工作，这时电脑网络的更大用途在于共享每台电脑上的信息和服务。

随着通信技术的发展和个人电脑运算能力的不断增强，人们不仅可以通过电脑网络实现简单的资源共享，而且可以使用两个或多个电脑（终端）共同协作完成任务。

互联网的结构如图14-20所示，全世界的电脑都可以通过互联网连接起来，实现信息交流。

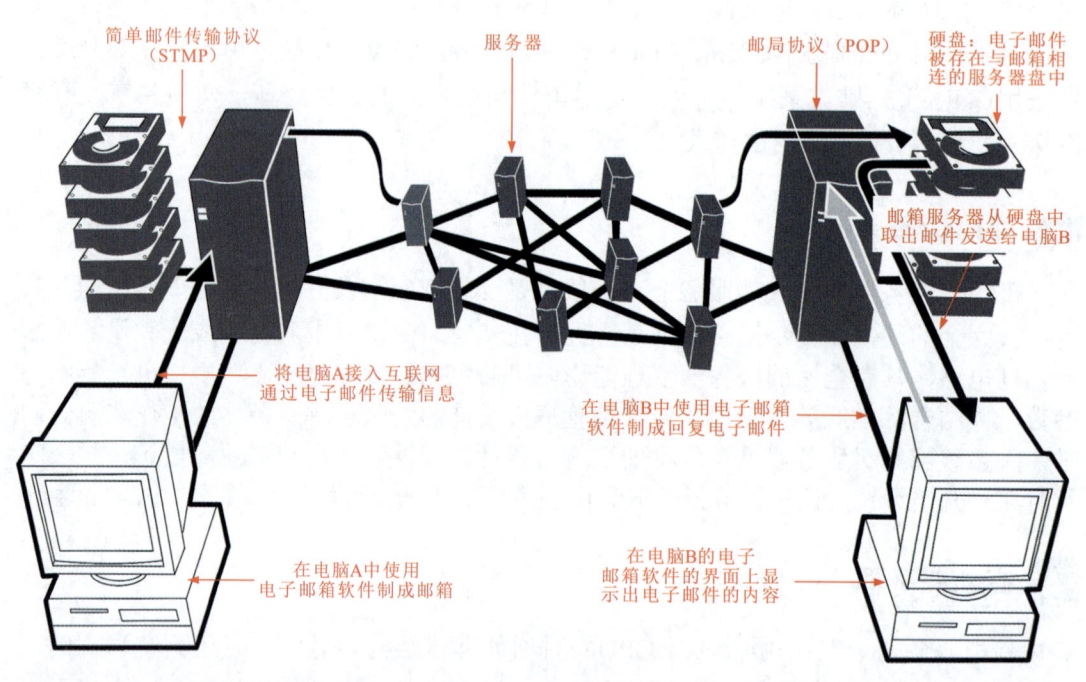

图14-20 互联网的结构

## 14.2.1 通过网线联网

通过网线联网是指借助实际的网络线缆（双绞线）将电脑与互联网相连接，实现电脑的联网。通过网线联网包括网线与前端网络设备（如光调制解调器）的连接、电脑的联网设置两个方面。

## 1 网线与前端网络设备的连接

网线是指连接网络设备的双绞线，电脑通过网线联网，首先需要对网线两端进行端接处理，再将网线两端分别插入前端的网络设备和电脑的网络接口，即可完成网线联网的物理连接。

### 1 网线的端接处理

目前，常用的网线多为双绞线。双绞线不能直接使用，必须制作成符合标准的网线接头或接口后，才能与电脑、路由器、调制解调器等网络设备进行连接，从而实现正常的网络通信。

将双绞线制作成具有标准网络接头的形式是指在双绞线端头安装RJ-45标准网络接头，使其能与网络设备相连。

图14-21为双绞线使用的RJ-45接头。由于它外表晶莹透亮，所以该接头俗称"水晶头"。将水晶头分别按规则正确连接到双绞线的两端，就完成了双绞线的端接处理。因此，双绞线的端接处理过程也可以看作水晶头的制作过程。

- 双绞线的端接处理过程可以看作水晶头的制作过程
- 将水晶头分别按规则正确连接到双绞线的两端，就完成了双绞线的端接处理
- RJ-45接头
- RJ-45接头的外表晶莹透亮，俗称水晶头，其主要作用是将网络传输设备与网线相连接

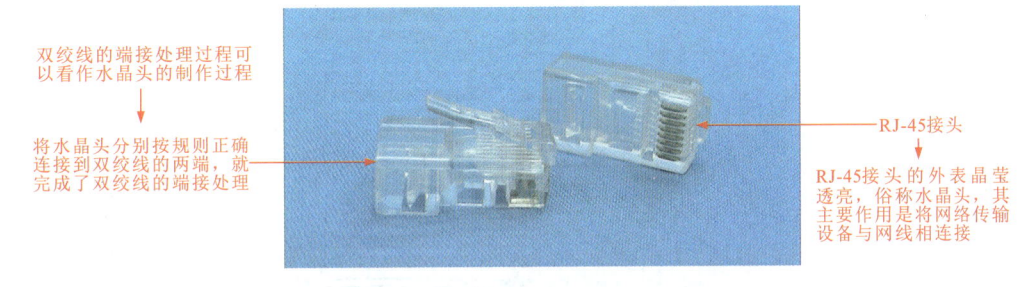

图14-21 双绞线使用的RJ-45接头

对双绞线进行端接处理时，需要借助双绞线钳剥除双绞线的保护胶皮，如图14-22所示。

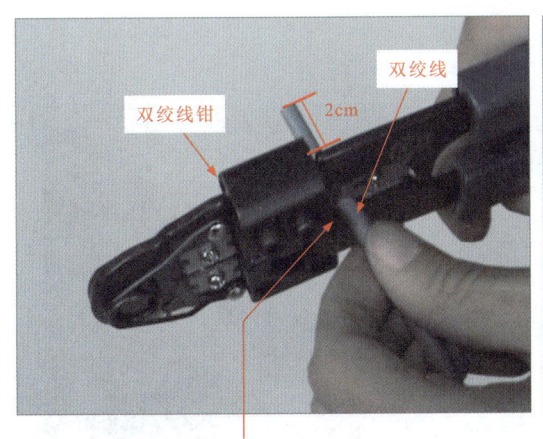

- 双绞线钳
- 双绞线
- 2cm

将双绞线的一端从双绞线钳的剥线缺口中穿过，使一段双绞线位于双绞线钳缺口的另一侧，长度约2cm即可

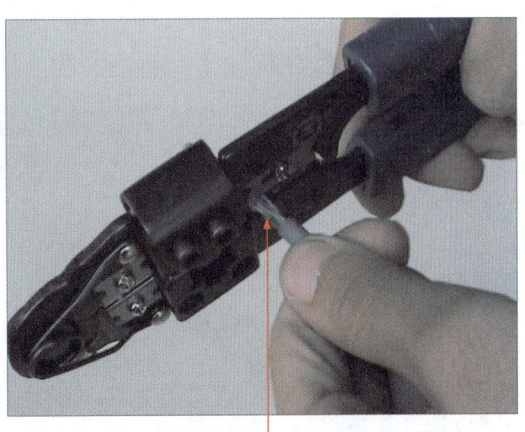

待位置确定好后合紧双绞线钳，使双绞线钳剥皮缺口处的刀口压紧双绞线的外层保护胶，然后将双绞线钳环绕双绞线旋转一周，向外用力拉出，双绞线外层保护皮即被剥除

图14-22 双绞线钳剥除保护胶皮的操作方法

剥除保护胶皮后，可以看到双绞线内部是由4对两两缠绕的导线组成的，共8根，且分别以不同颜色进行标识，如图14-23所示。

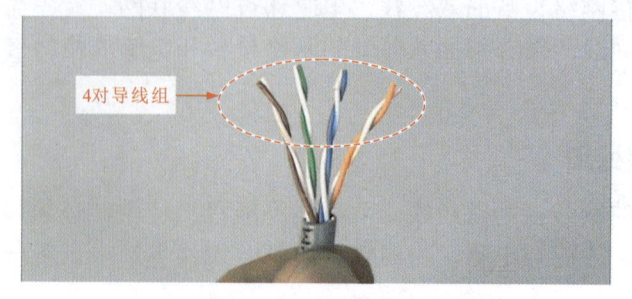

图14-23　4对导线组

接下来，将4对8根导线分开并按线序标准整理线序。通常双绞线有两种线序标准，图14-24分别为T568A和T568B的线序标准。在实际操作中，可以按照习惯或设备上标识的端接方式来确定采用何种线序标准进行理线。

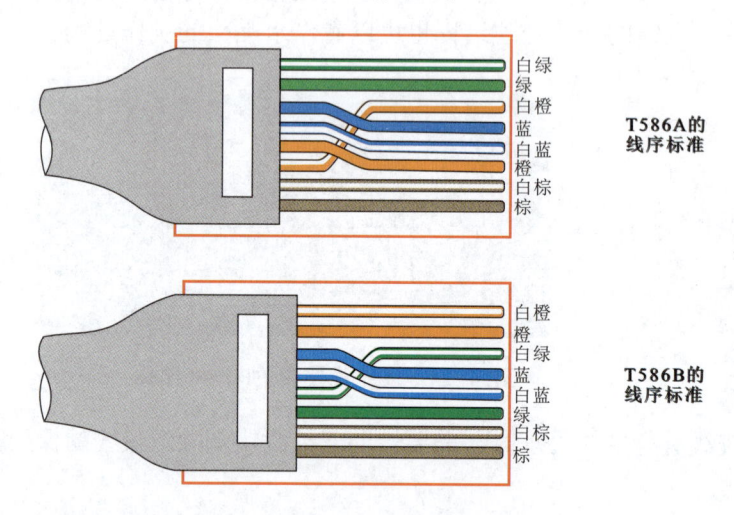

图14-24　T568A和T568B的线序标准

根据T568B线序标准排列整理的线序如图14-25所示。

将双绞线按照T568B线序标准排列整理

剪线还要注意8根导线平直排列部分的长度为1cm左右即可，线不能剪得过多，以确保交叉处距外表层的距离不超过0.4m

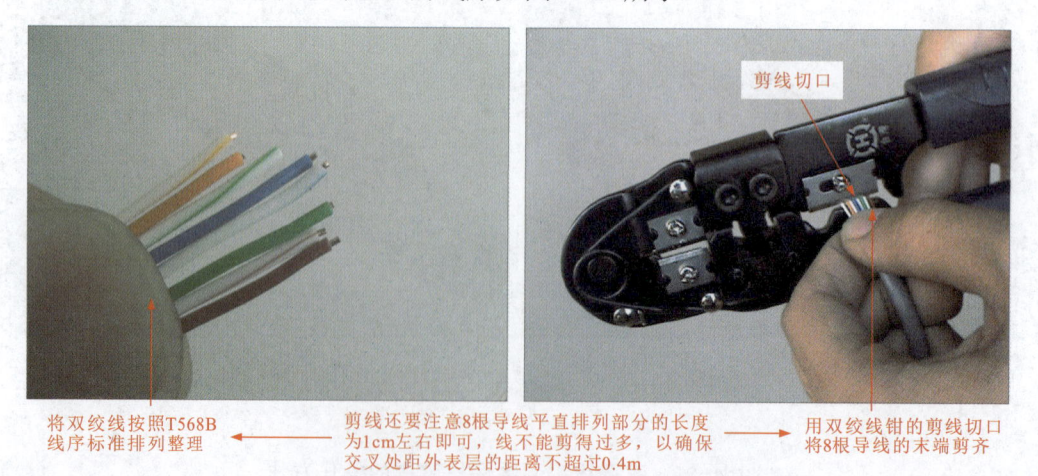

用双绞线钳的剪线切口将8根导线的末端剪齐

图14-25　根据T568B线序标准排列整理的线序

> **补充说明**
>
> 注意，双绞线不仅要确保线序符合标准，同时还要保证每根导线都平行按顺序排列，且不可有弯曲或堆叠交叉的情况。

接下来，将剪齐的双绞线插入水晶头中，如图14-26所示。

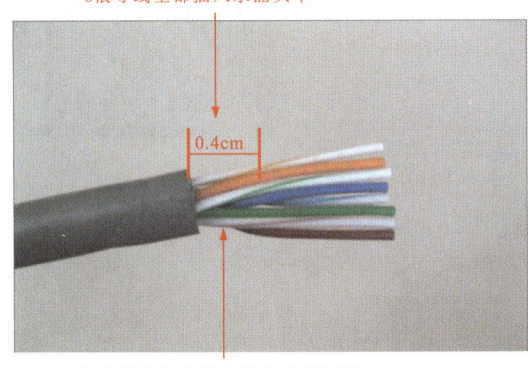

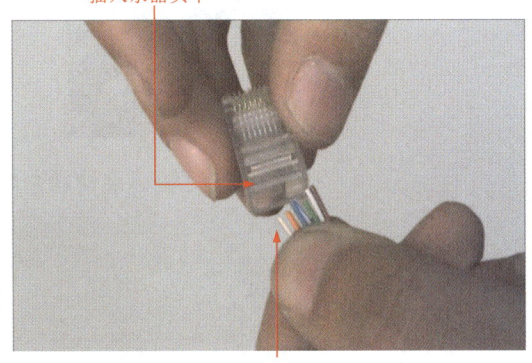

图14-26 将剪齐的双绞线插入水晶头中

借助双绞线钳，将水晶头放入压线槽口后压紧，使水晶头与双绞线压接良好，具体操作如图14-27所示。

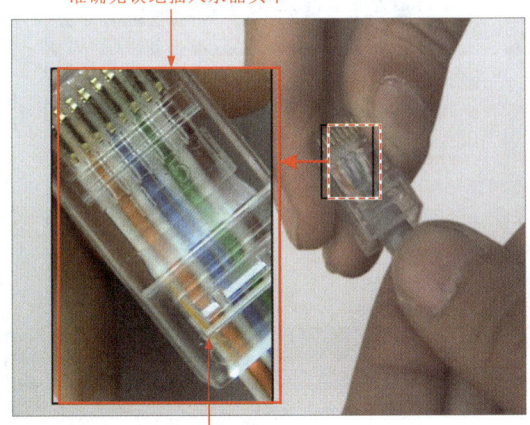

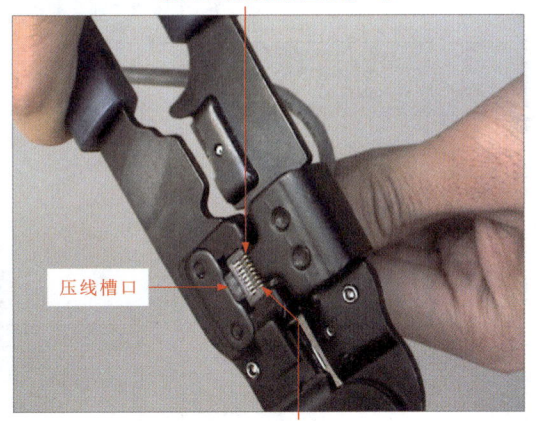

图14-27 紧固双绞线端接处

最后，按照相同的步骤，完成另一端双绞线的端接即可。

## 2 网线与前端设备、电脑网络接口的连接

网线端接完成后，将网线一端与网络前端设备连接，接入网络信号；将另一端与电脑的网络接口连接，将网络信号送入电脑中，如图14-28所示。

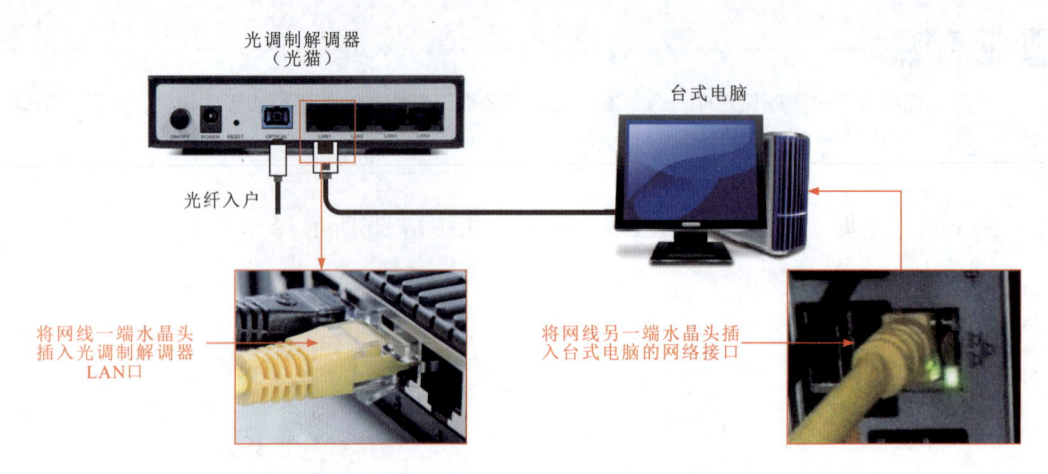

图14-28 网线与前端设备、电脑网络接口的连接

## 2 电脑的联网设置

网线接入电脑后，还需要在电脑中进行相应的设置，才能实现联网。

### 1 电脑本地连接网络设置

在进行网线联网设置时，需要对电脑中的本地连接进行设置。打开电脑的"控制面板"窗口，找到"网络和Internet"设置选项，如图14-29所示。单击进入"网络和共享中心"页面，选择页面左侧的"更改适配器设置"选项，打开网络选项页面。

图14-29 打开"网络和Internet"设置选项

双击"本地连接"，在打开的"本地连接 状态"对话框中单击"属性"按钮，即可打开"本地连接 属性"对话框，如图14-30所示。

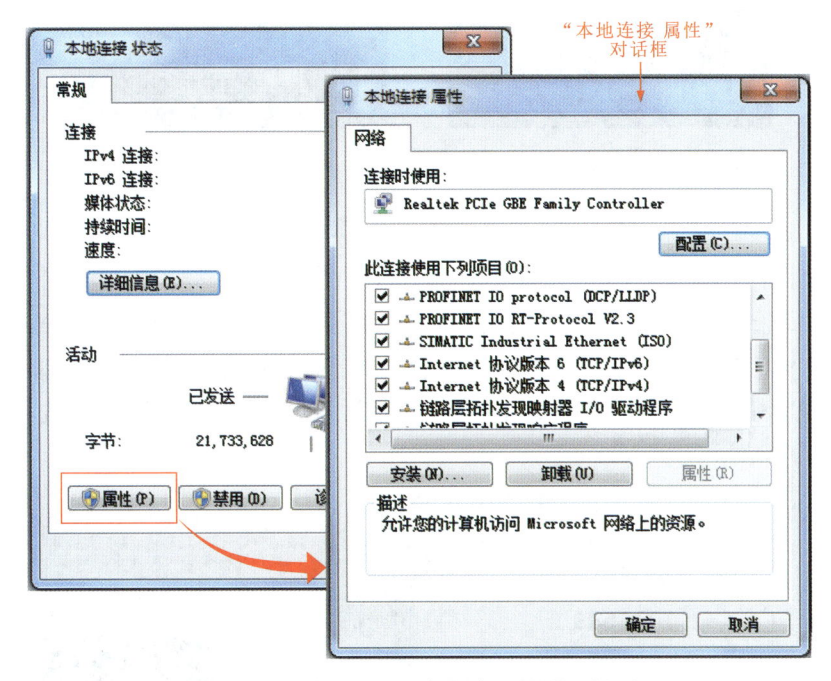

图14-30 打开"本地连接 属性"对话框

在"本地连接 属性"对话框中双击"Internet协议版本4（TCP/IPv4）"设置项，在打开的"Internet协议版本4（TCP/IPv4）属性"对话框中选中"自动获得IP地址"和"自动获得DNS服务器地址"单选按钮，如图14-31所示。单击对话框底部的"确定"按钮即可完成网络设置。

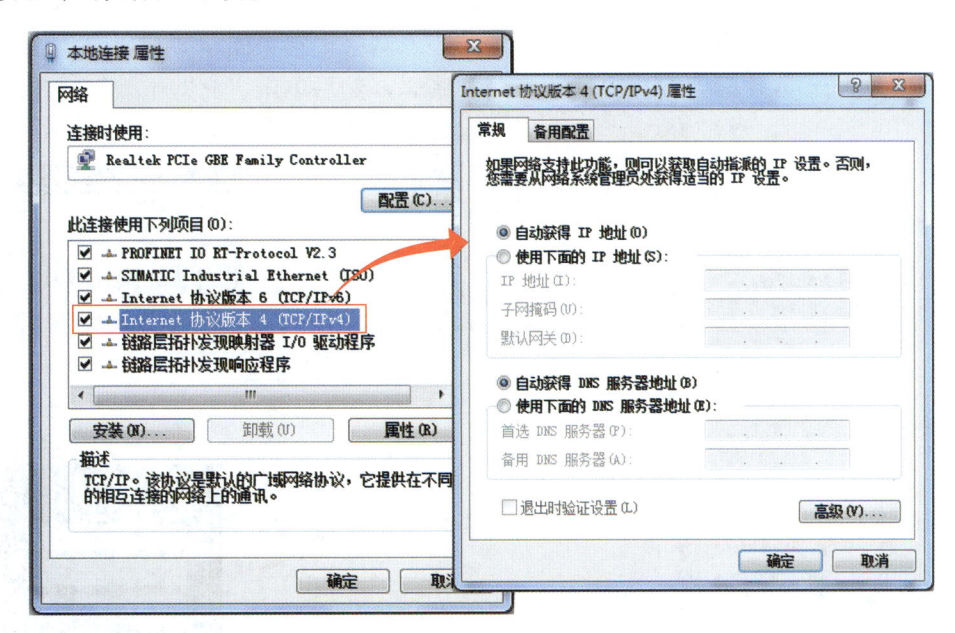

图14-31 本地连接属性设置

在电脑桌面右下角看到图14-32所示的图标，说明电脑网络设置完成，但目前仍无法上网，需要对前端网络设备进行下一步的拨号操作。

插入网线前，电脑桌面右下角显示的联网状态

插入网线后，本地连接设置完成，电脑桌面右下角显示的联网状态

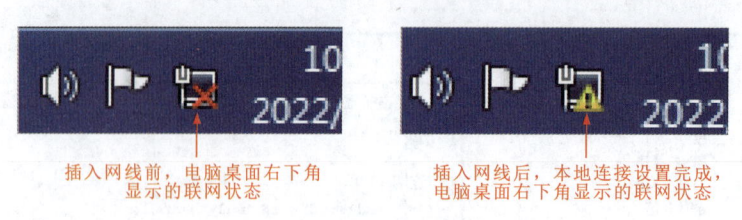

图14-32　电脑本地连接设置完成的状态

## ❷ 拨号上网

电脑中的本地连接设置完成后，接下来需要对前端网络设备进行拨号上网操作。以光猫拨号上网为例。首先查看所使用光猫的背部标识，在电脑的浏览器搜索栏中输入标识上的光猫后台管理地址192.168.1.1，然后按<Enter>键，进入光猫后台设置页面，如图14-33所示。

光猫后台设置页面

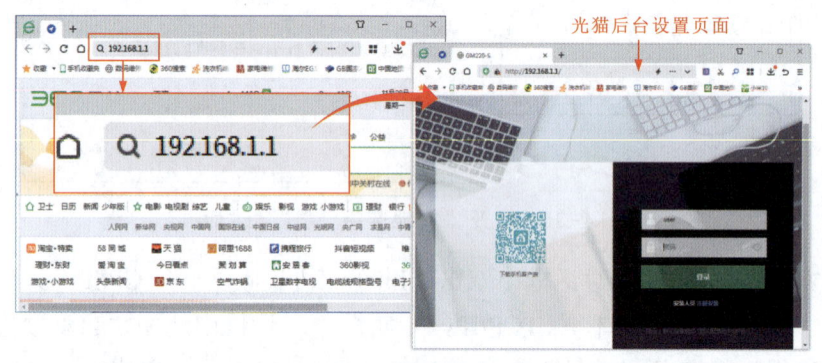

图14-33　进入光猫后台设置页面

在光猫后台设置页面中输入账号和密码登录（账号和密码在光猫背部标识中查找即可）；登录后，在首页选择"上网"项，进入网络设置页面，如图14-34所示。在网络设置页面输入由运营商提供的用户名和密码，然后单击"立即生效"按钮。

网络设置页面

光猫背面标识

输入由运营商提供的用户名和密码

输入账号和密码登录（账号和密码在光猫背部标识中查找即可）

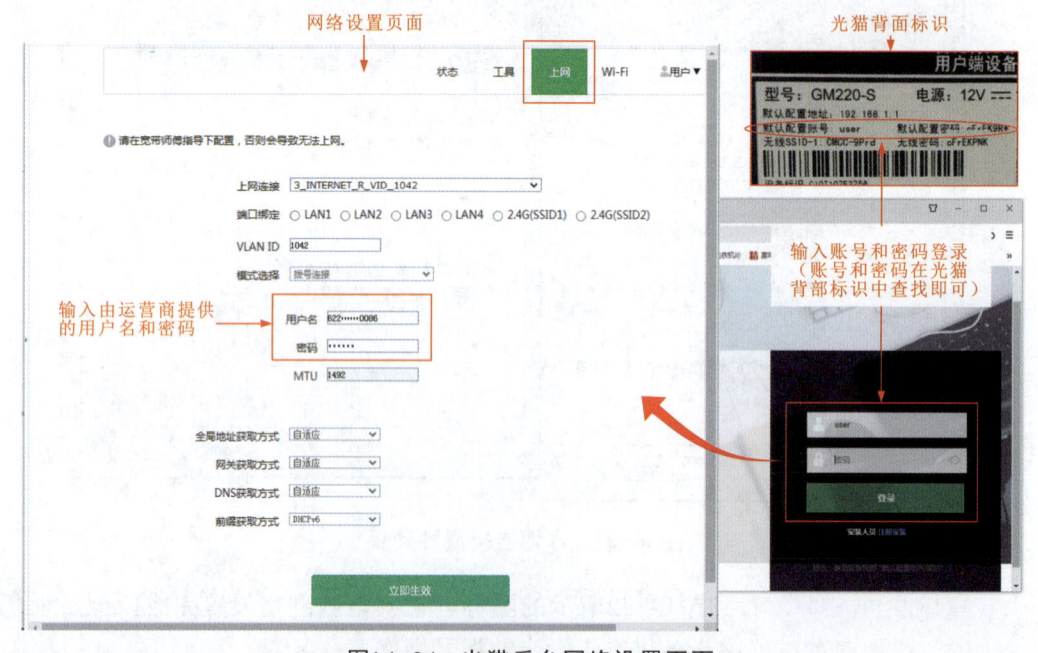

图14-34　光猫后台网络设置页面

电脑网络连接完成，会在桌面右下角会显示网络已连接的状态。图14-35为不同状态下的网络标记状态。

插入网线前　　　　网络设置异常　　　　正在连接　　　　网络连接完成

图14-35　通过网线联网时电脑右下角网络图标的各种状态

## 14.2.2 通过无线网络联网

通过无线网络联网是指借助无线网络将电脑与互联网相连接，实现电脑的联网。这种联网方式比较简单，主要包括网络前端设备的连接、电脑联网设置两个方面。

### 1 网络前端设备的连接

网络入户线与网络前端设备相连，将网络信号转换为无线传输信号，与具有无线网络接收功能的笔记本电脑、手机、平板、打印机等设备连接，如图14-36所示。

带无线路由功能的光调制解调器（光猫）

入户光纤（光纤接口位于光猫底部）　　　　笔记本电脑　　手机

（a）带无线路由功能的光调制解调器与无线设备连接

不带无线路由功能的光调制解调器（光猫）　　无线路由器

入户光纤　　　　　　　　　　　　　　　　　笔记本电脑　　手机

（b）不带无线路由功能的光调制解调器经无线路由器后与无线设备连接

图14-36　无线联网时网络前端设备的连接

### 2 电脑的联网设置

#### 1 电脑无线上网连接设置

电脑无线上网连接，需要确认电脑本身是否有无线网卡及相应驱动。下面以配备无线网卡的电脑连接无线网络为例进行介绍。

单击电脑左下角的"开始"按钮,在打开的菜单中选择"控制面板"选项,打开"控制面板"窗口。在其中找到"网络和Internet"设置选项,单击进入"网络和共享中心"页面,选择页面左侧的"更改适配器设置"选项,打开网络选项页面。

找到"无线网络连接"图标,右击,在打开的快捷菜单中选择"属性"选项,弹出"无线网络连接 属性"对话框。在"网络"选项卡内勾选"Internet协议版本4（TCP/IPv4）"选项,如图14-37所示。

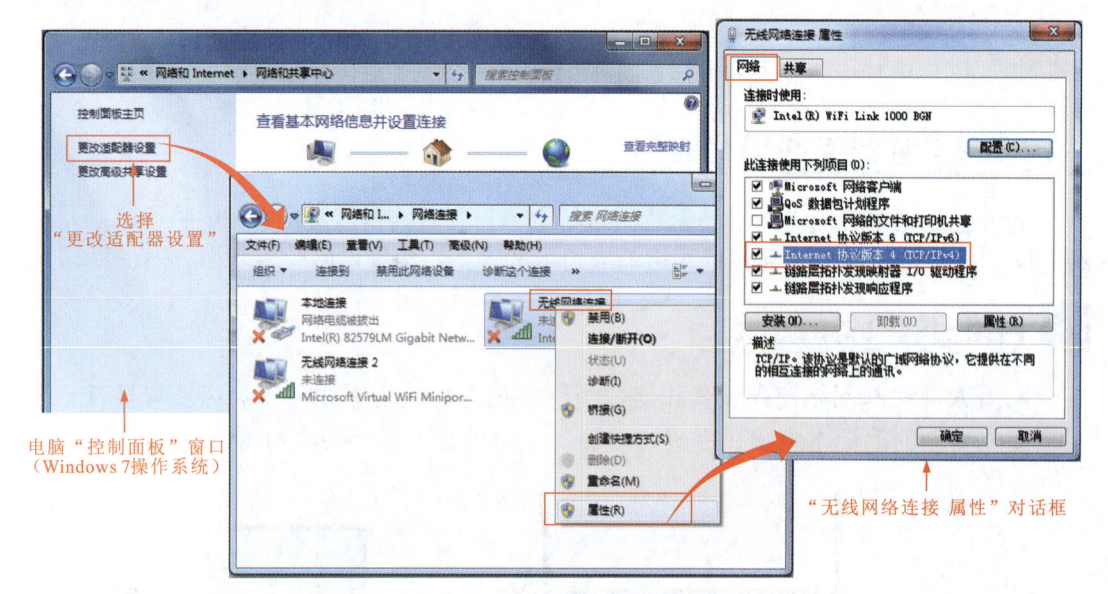

图14-37　打开网络连接页面

在"无线网络连接 属性"对话框中单击右下方的"属性"按钮,弹出"Internet协议版本4（TCP/IPv4）属性"对话框。在"常规"选项卡内选中"自动获得IP地址"和"自动获得DNS服务器地址"单选按钮,然后单击"确定"按钮即可,如图14-38所示。

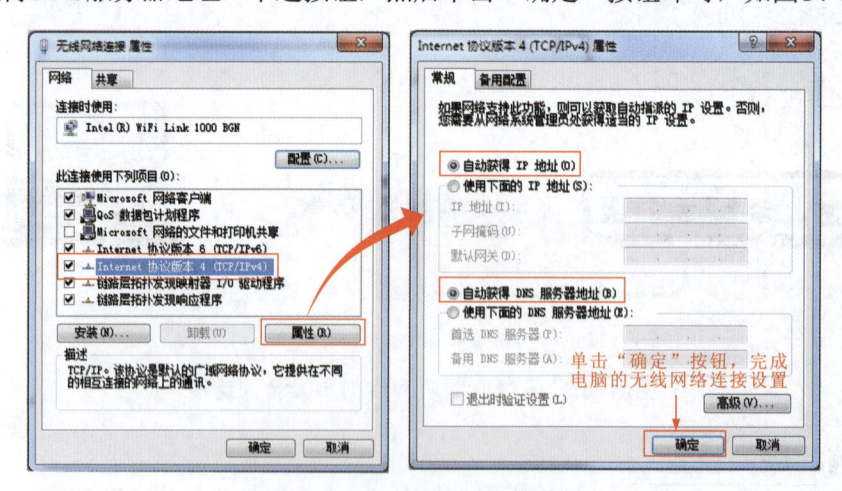

图14-38　无线网络连接设置

设置完成后即可在电脑桌面右下角看到图14-39所示的图标,说明电脑无线网络设置完成,但目前仍无法上网,需要进行下一步的拨号操作。

未设置无线网络连接时
电脑桌面右下角显示的联网状态

无线网络连接设置完成后
电脑桌面右下角显示的联网状态

图14-39　电脑无线网络连接设置完成的状态

## ② 拨号上网

无线联网拨号上网与网线联网拨号上网操作相似。首先打开电脑的浏览器，在搜索栏中输入光猫或无线路由器的管理地址，这里以无线路由器为例。

在电脑浏览器的搜索栏中输入无线路由器管理地址（以TP-LINK无线路由器为例，输入tplogin.cn），按<Enter>键打开后台管理页面，如图14-40所示。

在浏览器搜索栏中输入网址或IP地址
（可从无线路由器背面标识中获取）

无线路由器后台管理页面

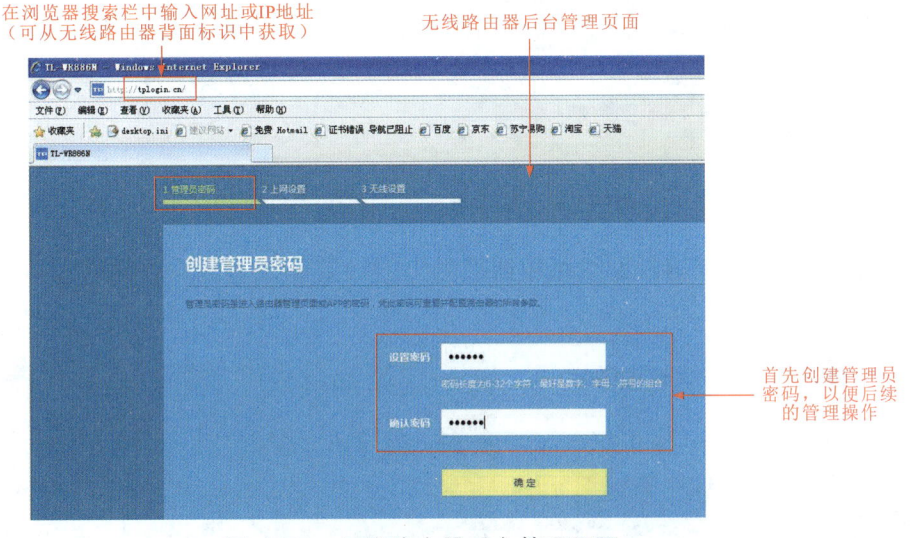

首先创建管理员密码，以便后续的管理操作

图14-40　无线路由器后台管理页面

创建管理员密码，单击"确定"按钮，进入上网设置页面，如图14-41所示。在该页面中选择上网方式，输入运营商提供的宽带账号和密码即可。

上网方式选择"宽带拨号上网"（即PPPoE拨号）

在上网设置页面，输入运营商提供的宽带账号和密码

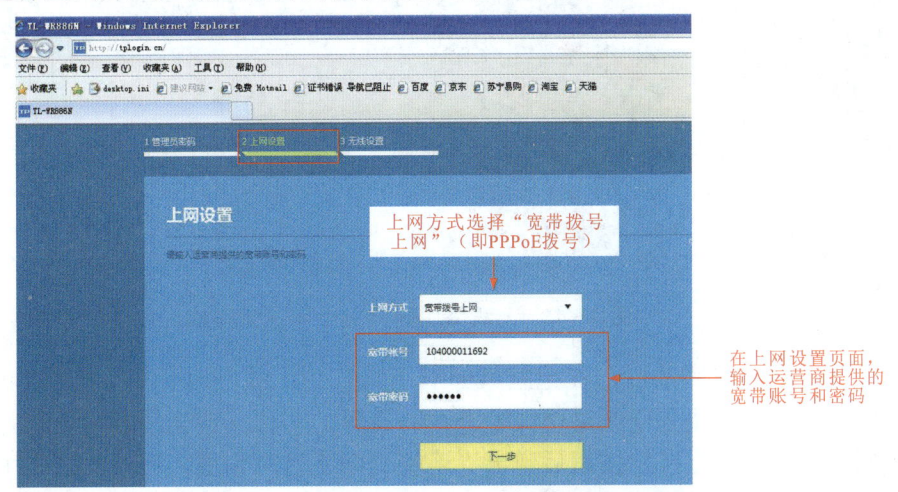

图14-41　无线路由器上网设置页面

输入完成后，单击"下一步"按钮，进入无线设置页面，如图14-42所示。在该页面中输入无线名称和密码，该名称和密码可使用默认设置（无线路由器背面标识），也可自行设置。需要注意的是，密码是电脑、手机等无线设备接入无线网络时需要输入的安全密钥，应妥善管理。

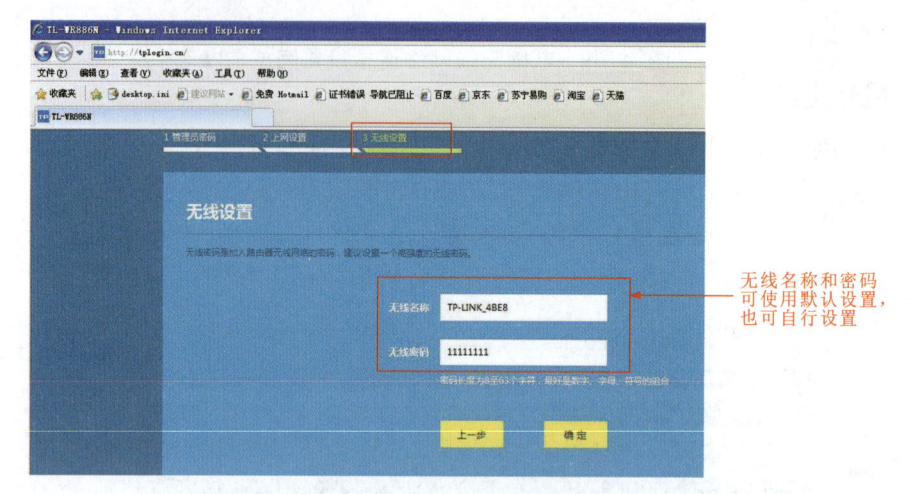

图14-42 无线路由器无线设置页面

单击"确定"按钮，无线路由器拨号上网设置完成，显示联网状态，如图14-43所示。

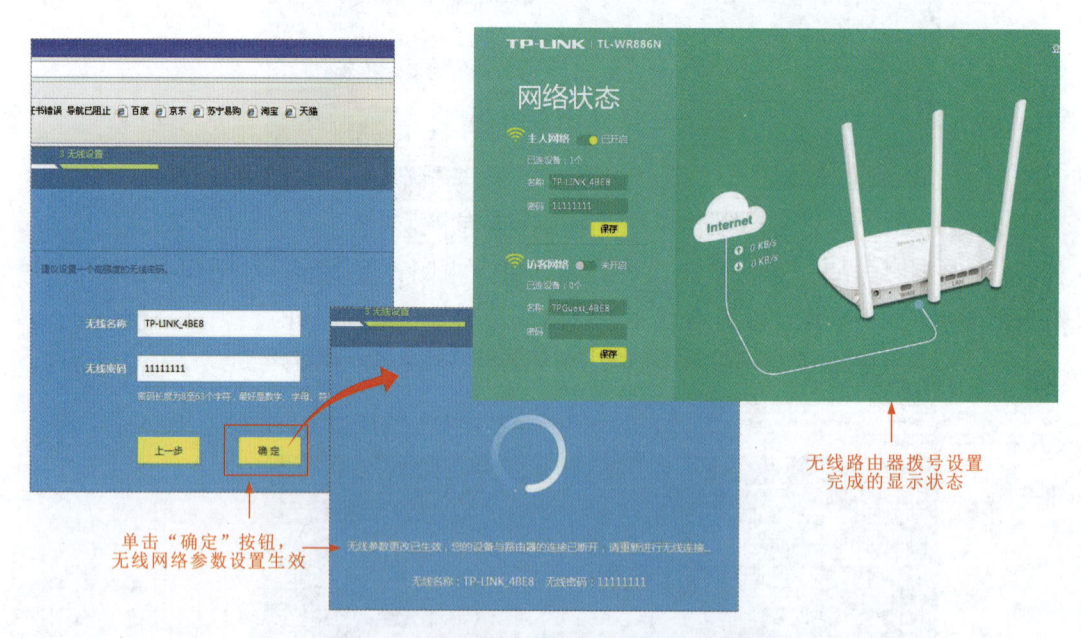

图14-43 无线路由器拨号上网设置完成

拨号上网设置完成后，在电脑桌面右下角找到无线网络标识，如图14-44所示。在无线网络列表中找到无线路由拨号上网时设置的名称（或无线路由器背部标识的网络名称），单击"连接"按钮后弹出"连接到网络"对话框，在此对话框中输入设置的无线路由器密码即可。

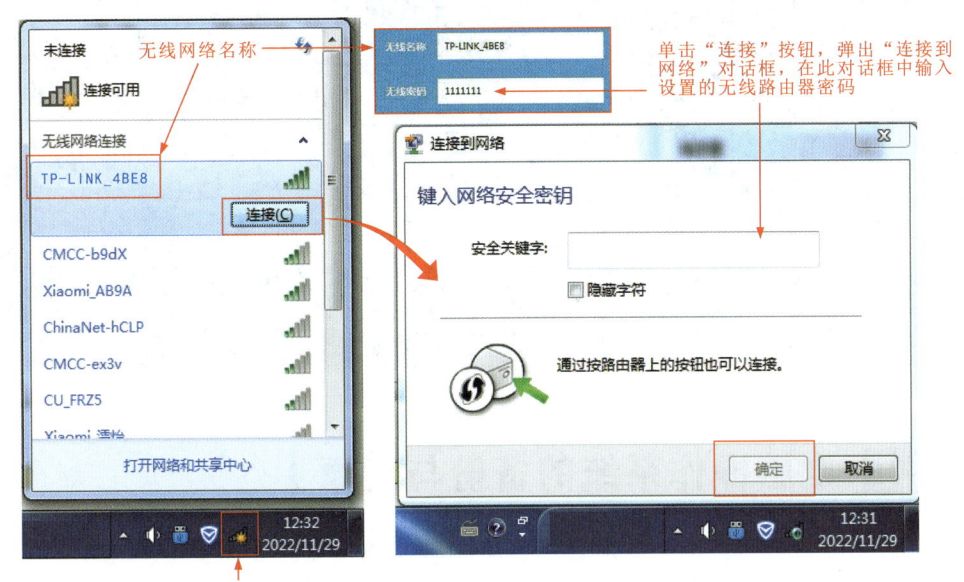

单击无线网络标识，在无线网络列表中
找到无线路由拨号上网时设置的名称

图14-44 电脑接入无线网络设置

如图14-45所示，电脑无线网络连接完成，在桌面右下角会显示无线网络已连接的状态。

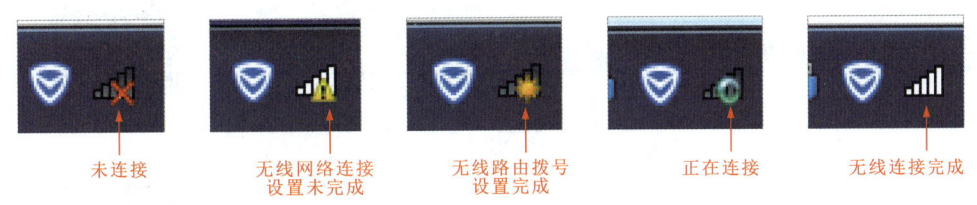

未连接　　无线网络连接　　无线路由拨号　　正在连接　　无线连接完成
　　　　　设置未完成　　　设置完成

图14-45 通过无线联网时电脑右下角无线网络标识的各种状态

完成无线网络的联网设置，即可进行无线上网。

## 14.3 局域网的连接设置

局域网中可以有特定的电脑为其他电脑提供资源共享、文件传输管理及网络安全等服务。这种电脑的性能要求较高，在局域网中被称为服务器（Server），而其他的电脑被称为工作站，它们可以通过集线器、交换机等设备与服务器相连接。

### 14.3.1 局域网的连接

对等模式的局域网（对等网）是最简单的电脑网络，该模式中的电脑的数量一般不会超过20台，网络中每台电脑都具有相同的功能，没有主从之分。

### 14.3.2 局域网的设置与调试

网络环境组建完成后需要进行相应的网络配置。网络配置实际上是整个对等网组建成功与否的关键，一般分为安装网络协议、设置IP地址以及配置工作组3个方面。

# 第15章
# 电脑的备份与还原

## 15.1 电脑操作系统的备份与还原

电脑操作系统的备份与还原是指将电脑中的系统文件和需要的数据文件进行"打包"，存储在特定的文件中。在电脑操作系统异常或需要时，作为一个还原节点将备份的文件和数据还原出来，使电脑恢复到备份时的状态。

下面以Windows 7操作系统为例，介绍电脑操作系统的备份与还原的操作方法。

### 15.1.1 电脑操作系统的备份（克隆）

Windows 7操作系统本身带有备份功能，无须使用其他工具对系统数据进行备份。

### 15.1.2 电脑操作系统的恢复

当电脑操作出现异常时，如系统文件损坏、响应缓慢等，可将系统恢复到备份或更新的一个节点，以使系统能够正常、流畅地运行。

## 15.2 数据的保存

### 15.2.1 数据的压缩与解压缩

为了保护电脑数据的安全，可以将一些重要的数据存储到其他移动存储设备上，如U盘、移动硬盘等，另存后的数据可以保证安全。当用户想使用时，也可将移动存储设备中的数据重新存储到电脑中。

### 15.2.2 数据光盘的刻录保存

为了保障电脑数据的安全，除了将数据存储到移动存储设备中，还可将数据通过刻录软件刻录到光盘上。

# 第16章 电脑外设的安装连接

## 16.1 打印机的安装连接

### 16.1.1 打印机的连接

以安装HP LaserJet 1015型打印机为例说明打印机的安装连接过程,请扫描右侧二维码阅读。

### 16.1.2 打印机驱动程序的安装设置

打印机连接完成之后,使用附带的驱动光盘安装打印机的驱动程序,操作方法请扫描右侧二维码阅读。

## 16.2 扫描仪的安装连接

### 16.2.1 扫描仪的连接

在连接扫描之前应解开扫描仪的锁定,然后进行扫描仪的连接,操作方法请扫描右侧二维码阅读。

### 16.2.2 扫描仪驱动程序的安装设置

扫描仪的硬件连接完成后要安装驱动程序才可使用。以CanoScan 9000F型扫描仪为例介绍安装过程,请扫描右侧二维码阅读。

## 16.3 其他数码设备的连接

### 16.3.1 外置移动硬盘的连接

### 16.3.2 智能手机的连接

### 16.3.3 数码相机的连接

# 第17章 电脑常见故障的检修方法

## 17.1 电脑维修常用工具和检测仪表

电脑的检修是一个非常细致的过程,除了安全、整洁的检修环境外,对于电脑的维修工具也有一定的要求。图17-1为电脑的检修工作台。

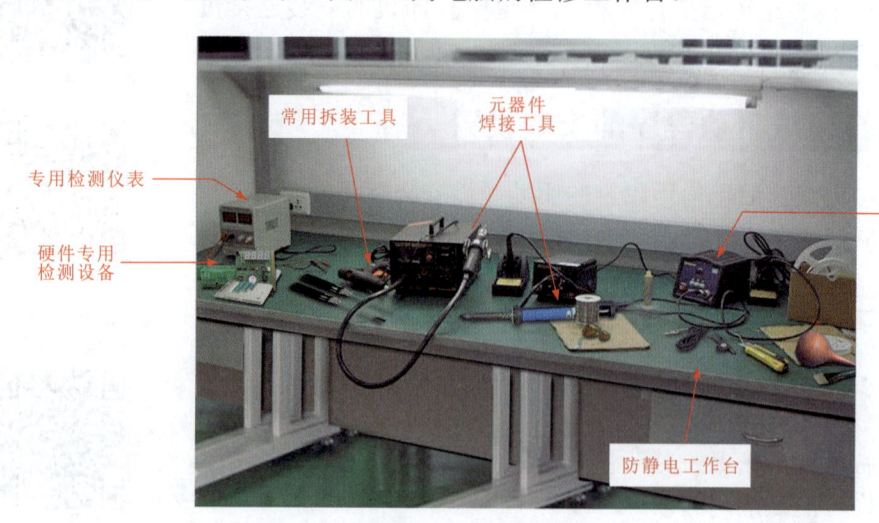

图17-1 电脑的检修工作台

### 17.1.1 电脑维修常用工具

电脑维修需要借助各种各样的工具进行,如用于拆换元器件的焊接工具、清理灰尘的清洁工具、确保维修环境安全的防静电工具,以及辅助操作工具等。

### 17.1.2 电脑维修常用检测仪表

在电脑维修操作中,借助检测仪表对电路电压、电路信号波形及元器件的阻值等参数进行检测,以此作为判断故障的依据,是排查电脑故障的主要手段。

常用的检测仪表主要有万用表和示波器。

其中，示波器可以将电路中的电压波形、电流波形在示波器显示屏上直接显示出来，能够使检修者提高维修效率，尽快找到故障点。

图17-2为使用示波器检测电脑主板中实时晶振的信号波形，可根据检测波形的结果判断该晶振的好坏。

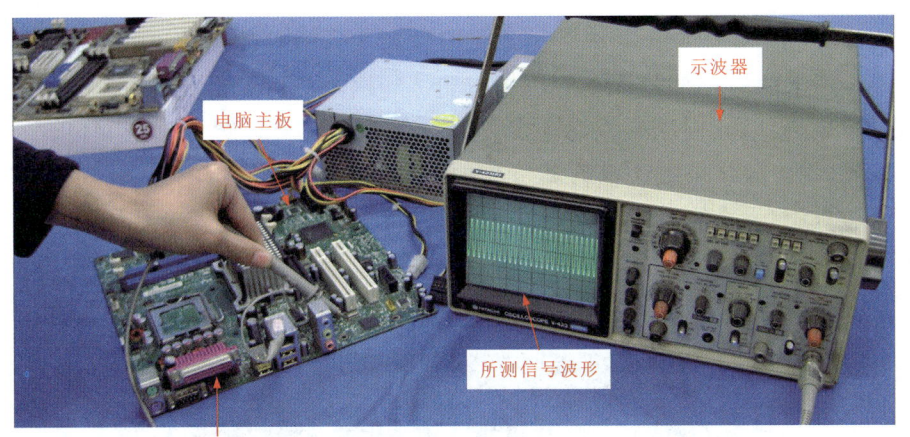

图17-2　使用示波器检测电脑主板中实时晶振的信号波形

## 17.1.3　电脑维修专用检测设备

电脑属于高精密数码电子产品，因此，对于电脑硬件的检修常常需要用到一些专用的检修设备，专业的维修设备可以更加方便快捷地查找出故障点或故障范围。

常用的硬件专用检测设备主要有主板诊断卡、CPU假负载、各种插槽及接口测试卡、编程器等。

### 1　主板诊断卡

图17-3为电脑主板诊断卡的实物外形。

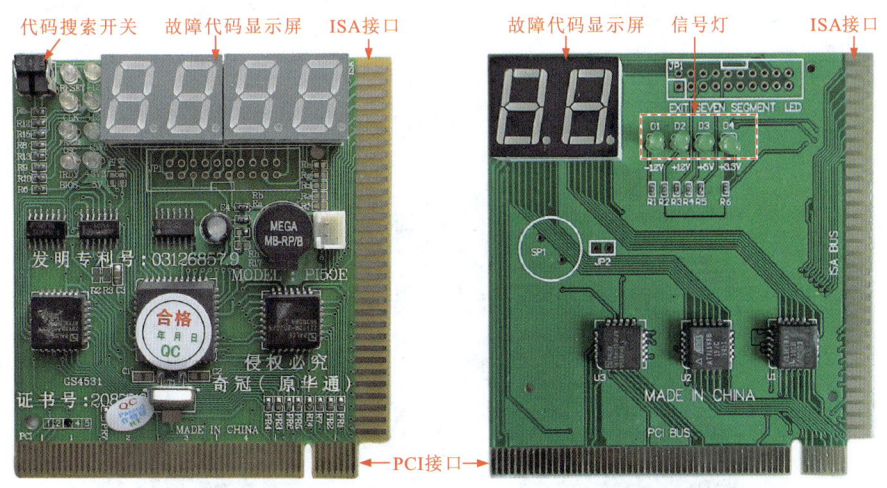

(a) 4位PCI/ISA接口诊断卡　　　(b) 2位PCI/ISA接口诊断卡

图17-3　电脑主板诊断卡的实物外形

> **补充说明**
>
> 主板诊断卡也称为DEBUG或POST卡，它利用电脑内部自检程序的检测结果将发生故障的位置和原因以代码的形式显示出来，通过对不同代码含义的速查就能找出故障问题所在。尤其在电脑不能引导操作系统或出现黑屏等故障时，使用主板诊断卡将更加方便。

电脑主板诊断卡主要由故障代码显示屏、接口、信号灯和代码搜索开关等构成，使用时将诊断卡的接口部分插在主板相应的扩展槽上即可。目前常见的主板诊断卡接口为ISA/PCI双接口。根据主板诊断卡显示屏的不同，可以分为2位和4位等不同的数码显示方式。4位显示屏的主板诊断卡的故障代码，前2位显示的是当前的故障代码，后2位显示的是上一次的故障代码；若显示4个"－"，则表示没有代码出现。

图17-4为使用主板诊断卡检测电脑故障的方法。先将电脑断电，然后根据主板诊断卡的接口类型将其插入主板相应的插槽中。

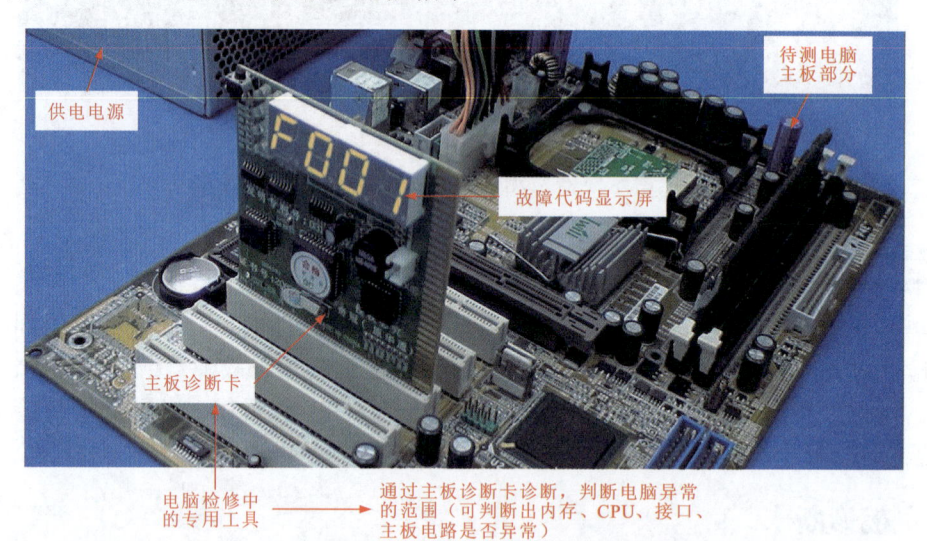

图17-4 使用主板诊断卡检测电脑故障的方法

接通电脑电源，主板诊断卡进入自检过程，如图17-5所示，主板诊断卡会即时显示自检状态。

图17-5 使用主板诊断卡进行测试

> **补充说明**
>
> 当检测到故障时，主板诊断卡便停止诊断，并将故障代码显示在主板诊断卡的故障代码显示屏上。与此同时，主板诊断卡会发出报警声，提示用户根据故障代码查找故障所在。

如图17-6所示，根据主板诊断卡提示的代码"C1C0"，查看对应的代码速查手册，得知内存部分存在故障，内存自检有问题。首先检测内存条的插接是否良好，并检测内存条插槽本身是否有污物。重新拔插内存条后，再次为主板通电并进行诊断，内存检测通过，主板诊断卡的故障代码显示屏显示字符"FFFF"，表示主板正常工作。

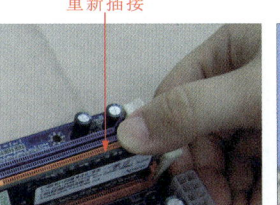

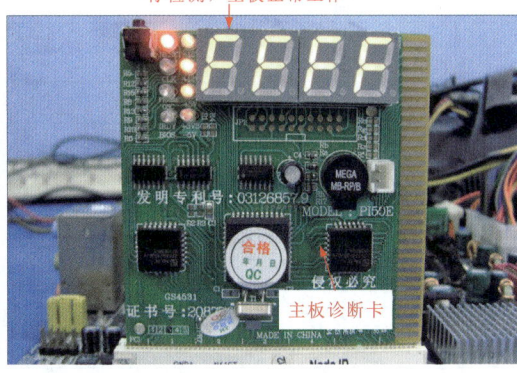

图17-6　根据提示的代码排除故障点

不同类型的主板诊断卡，其故障代码所代表的含义也有所不同。通常情况下，购买主板诊断卡时，其内部会附带故障代码速查手册，以方便用户查找故障点。

表17-1为典型主板诊断卡（PI50D）代码速查表。

表17-1　典型主板诊断卡代码速查表

| 代码 | 故障代码表示的含义 | 代码 | 故障代码表示的含义 |
| --- | --- | --- | --- |
| 01 | 处理器测试1，处理器状态核实，如果测试失败，则循环是无限的 | 0D | 1. 检查CPU速度是否与系统时钟匹配<br>2. 检查控制芯片已编程值是否符合初始设置<br>3. 视频通道测试，如果失败，则鸣喇叭（蜂鸣器） |
| 02 | 确定诊断的类型（正常或者制造）。如果键盘缓冲器有数据就会失效 | 0E | 测试CMOS停机字节 |
| 03 | 清除8042键盘控制器，发出TEST-KBRD命令（AAH） | 10 | 测试DMA通道0 |
| 04 | 使8042键盘控制器复位，核实TEST-KBRD命令 | 11 | 测试DMA通道1 |
| 05 | 如果不断重复制造测试1～5，可获得8022控制状态 | 12 | 测试DMA页面寄存器 |
| 06 | 初始化电路片，停用视频、奇偶性、DMA电路片，以及清除DMA电路片、所有页面寄存器和CMOS停机字节 | 13 | 测试8741键盘控制器接口，检查主板中的键盘接口电路 |
| 07 | 处理器测试2，核实CPU寄存器的工作状态 | 14 | 测试8254计时器，检查主板中的计时器电路 |
| 08 | 初始化CMOS计时器，正常更新计时器的循环 | 15 | 测试8259中断屏蔽位，检查主电路板中8259芯片及其周围电路 |
| 09 | EPROM检查总和且必须等于0才通过 | 16 | 建立8259所用的中断矢量表 |
| 0A | 初始化视频接口 | 17 | 调准视频输入/输出工作，若装有视频BIOS则启用 |
| 0B | 测试8254芯片的DMA通道0 | 18 | 测试视频存储器，如果安装的视频BIOS通过本项测试，则可跳过 |
| 0C | 测试8254芯片的DMA通道1 | 19 | 测试第1通道的中断控制器（8259）屏蔽位 |

续表

| 代码 | 故障代码表示的含义 | 代码 | 故障代码表示的含义 |
|---|---|---|---|
| 1A | 测试第2通道的中断控制器（8259）屏蔽位 | 3C | 建立允许进入CMOS设置的标志 |
| 1B | 测试CMOS电池电平 | 3D | 初始化键盘/PS2鼠标/PNP设备及总内存节点 |
| 1C | 测试CMOS检查总和 | 3E | 尝试打开L2高速缓存 |
| 1D | 调定CMOS的配置 | 41 | 中断已打开，将初始化数据以便于0:0检测内存变换（中断控制器或内存不良） |
| 1E | 测定系统存储器的大小，并把它和CMOS值进行比较 | 42 | 显示窗口进入SETUP |
| 1F | 测试64KB存储器至最高640KB | 43 | 若是即插即用BIOS，则初始化串行接口和并行接口 |
| 20 | 测量固定的8259中断位 | 45 | 初始化数学处理器 |
| 21 | 维持不可屏蔽中断（NMI）位（奇偶性或输入/输出通道的检查） | 4E | 若检测到错误，则在显示器上显示错误信息，并等待用户按<F1>键继续 |
| 22 | 测试8259的中断功能 | 4F | 如果设有密码，则等待输入密码 |
| 23 | 测试保护方式：虚拟方式和页面方式 | 50 | 将当前BIOS临时区的CMOS值存到CMOS中 |
| 24 | 测定1MB上的扩展存储器，并检查内存 | 52 | 所有ISA只读存储器ROM进行初始化，最终给PCI分配中断请求号（IRQ）进行初始化 |
| 25 | 测试除第一个64KB之后的所有存储器，并检查内存 | 53 | 如果不是即插即用BIOS，则初始化串行接口、并行接口和设置时钟值 |
| 26 | 测试保护方式的例外情况 | 60 | 设置硬盘引导扇区病毒保护功能 |
| 27 | 确定超高速缓冲存储器的控制或屏蔽RAM | 61 | 显示系统配置表 |
| 28 | 确定超高速缓冲存储器的控制或特别的8242键盘控制器 | 62 | 开始用中断19H进行系统引导 |
| 2A | 初始化键盘控制器 | BE | 程序缺省值进入控制芯片，符合可调制二进制缺省值表 |
| 2B | 初始化软盘驱动器和控制器 | C0 | 初始化高速缓存 |
| 2C | 检测串行端口，并使之初始化 | C1 | 内存自检，检查主板的内存控制电路和内存插槽及内存条 |
| 2D | 检测并行端口，并使之初始化 | C3 | 第一个256KB内存测试 |
| 2E | 初始化硬盘驱动器和控制器 | C5 | 从ROM内存复制BIOS进行快速自检 |
| 2F | 检测数学协处理器，并使之初始化 | C6 | 高速缓存自检 |
| 30 | 建立基本内存和扩展内存 | CA | 检测Micronies超高速缓冲存储器（如果存在），并使之初始化 |
| 31 | 检测从C800:0至EFFF:0的选用ROM，并使之初始化 | CC | 关闭不可屏蔽中断处理器 |
| 32 | 对主板上COM/LTP/FDD声音设备等I/O芯片编程使之适合设置值 | EE | 处理器无法识别的例外情况 |
| 3B | 用OPTI电路片（只是486）初始化辅助超高速缓冲存储器 | FF | 主板自检已通过，主板OK |

## 2 CPU假负载

CPU假负载是一种可以代替CPU作为负载的工具，但它不具有CPU内部的各种控制功能。

由于CPU芯片多采用针脚插入的方式安装在电脑主板的CPU插座中，常检测不到引脚。而使用CPU假负载就可以直接将其置于CPU插座中，通过CPU假负载上的测试点，对CPU插座的主要引脚电压进行测量。若CPU同时出现故障，应使用假负载先进行测试，既方便对检测点进行检测，又可防止主板故障导致新CPU损坏。

CPU假负载一般与CPU的规格相匹配。图17-7分别为AMD AM2和Intel-P4 775假负载实物外形。

图17-7 AMD AM2和Intel-P4 775 CPU假负载实物外形

AMD CPU假负载的测试点主要包括核心电压、复位信号、时钟信号、PG高电平信号、到内存的AD线和到北桥的AD线等。图17-8为AMD AM2假负载表面标注的测试点。

图17-8 AMD AM2假负载表面标注的测试点

图17-9为Intel-P4 775假负载表面标注的测试点。

图17-9 Intel-P4 775假负载表面标注的测试点

Intel CPU假负载的测试点主要包括核心电压、复位信号、时钟信号、PG高电平信号、地址线和数据线等。

使用CPU假负载进行测试时,应首先根据CPU的型号选择匹配的假负载,然后将CPU芯片从插座上取下,将假负载安装在CPU插座上进行测试,如图17-10所示。

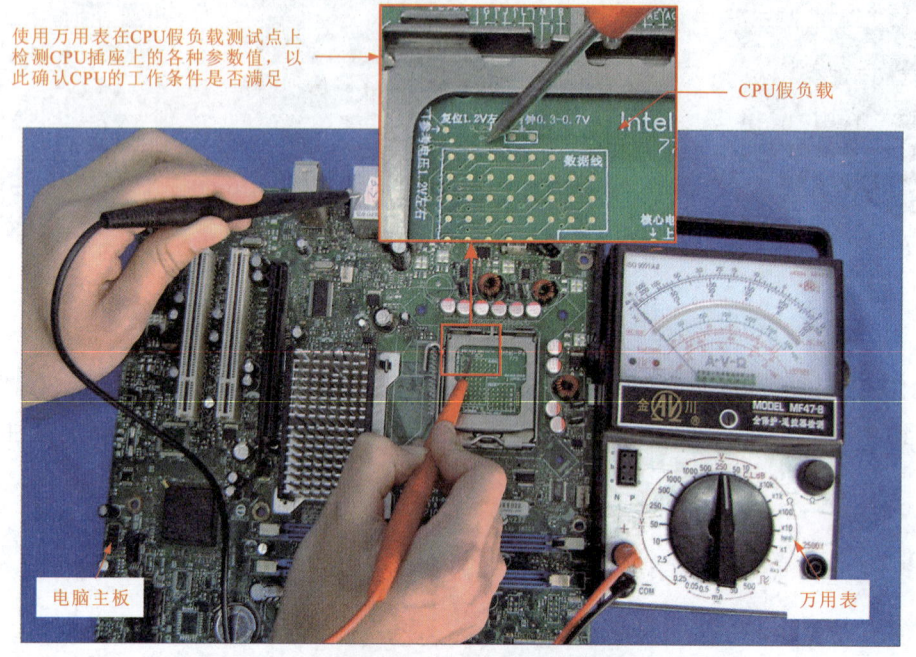

图17-10  使用CPU假负载测试CPU插座是否正常

将CPU假负载连接好后,接通电脑电源,即可使用万用表或示波器等检测仪表检测假负载上各关键点的电压和信号波形。

> **补充说明**
>
> CPU假负载除了可以对CPU插座的工作电压进行检测外,还可用于检测CPU通向北桥芯片或其他通道的64根数据线和32根地址线是否正常。
>
> 使用CPU假负载检测的参数主要有核心电压、复位信号、主时钟信号、辅助时钟信号、PG信号、VTT参考电压、VID信号、64根数据线和32根地址线的对地阻值。

## 3 各种插槽及接口测试卡

当内存插槽、显卡插槽、接口等部件中存在故障时,使用万用表或示波器等检测仪表通常不容易进行检测,而且插槽内针脚的引脚号也不易识别。测试卡是用于检测插槽和接口的辅助工具,使用时可将测试卡插在相应的插槽内,再使用万用表或示波器在测试卡上对其阻抗、供电电压、信号波形等进行检测。

测试卡属于硬件专用的检测工具,可大致分为两类,一类用于插槽,另一类用于接口。

插槽类测试卡包括DDR184、DDR240、PCI124、PCI-E 16X、MINI-PCI、DIMM-144、DIMM-200、AGP、SD168等,如图17-11所示。

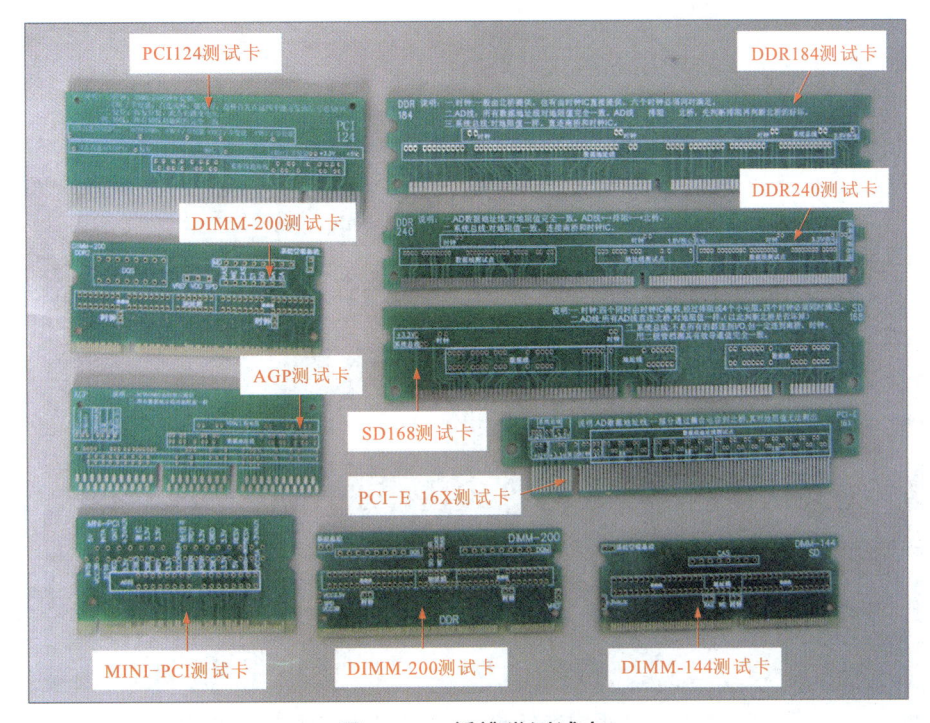

图17-11 插槽类测试卡

接口类测试卡包括USB测试卡、PS2接口测试卡、IDE接口测试卡、并行接口测试卡、VGA接口测试卡和串行接口测试卡等，如图17-12所示。

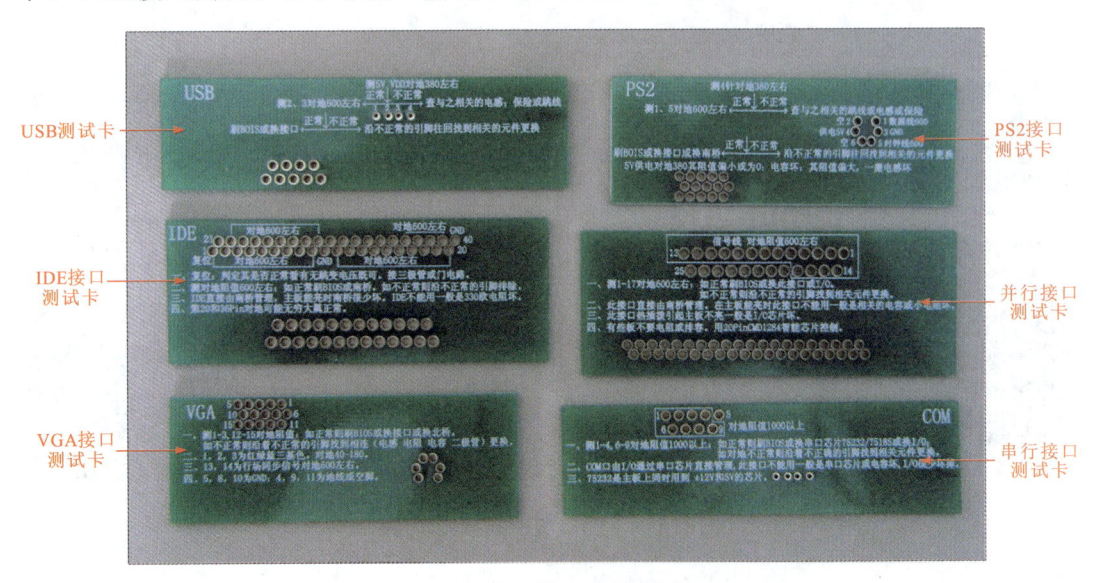

图17-12 接口类测试卡

使用插槽类测试卡检测插槽时，需先将插槽所连接的元器件取下，然后插接上与插槽匹配的测试卡进行检测。

图17-13为使用内存插槽测试卡检测内存插槽的方法，通过测试卡上的参数标识及测试点检测内存插槽的时钟电压是否正常。

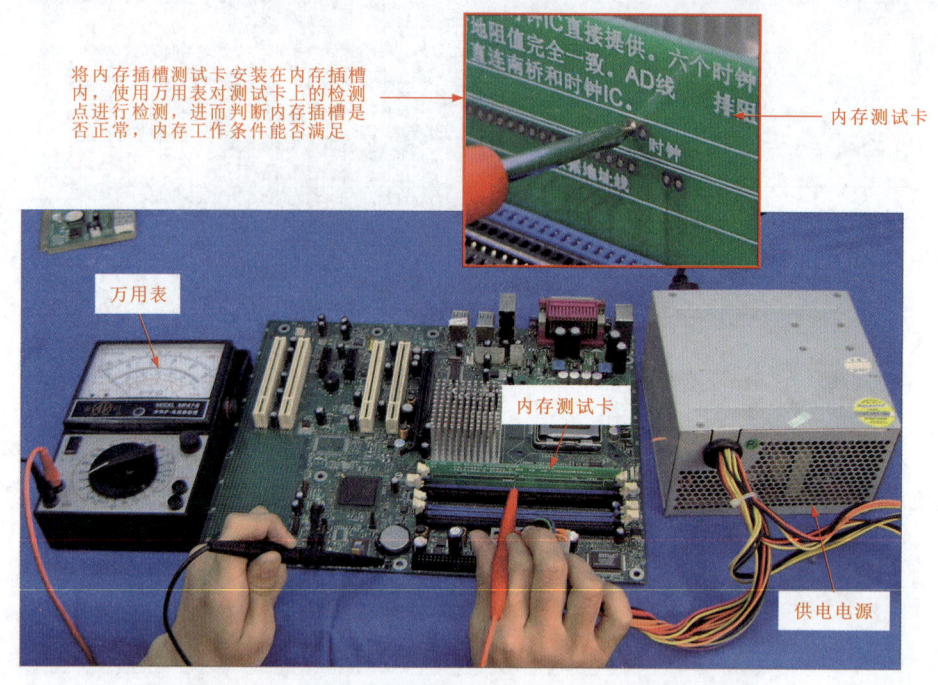

将内存插槽测试卡安装在内存插槽内，使用万用表对测试卡上的检测点进行检测，进而判断内存插槽是否正常，内存工作条件能否满足

内存测试卡

万用表

内存测试卡

供电电源

图17-13 使用内存插槽测试卡检测内存插槽的方法

如图17-14所示，测试卡上标有引脚号及检测方法，使用时通过对比测试卡辨别主板接口，准确判断出引脚号，进而识别接地端及检测点。

对应引脚排列方式，参照测试卡给出的数值进行检测

直接在接口引脚焊点上检测，将检测结果与测试卡上的数值进行比较来判断好坏

待测接口

接口类测试卡

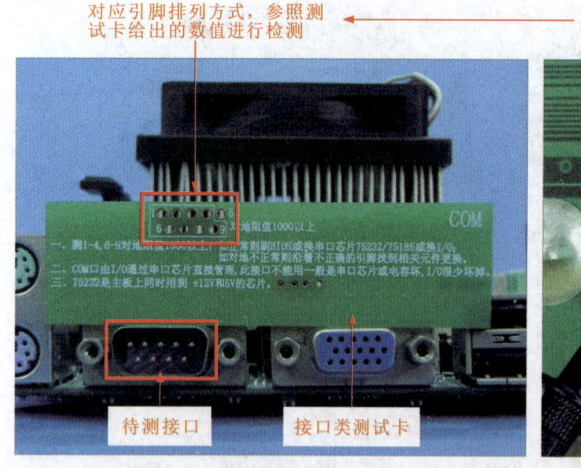

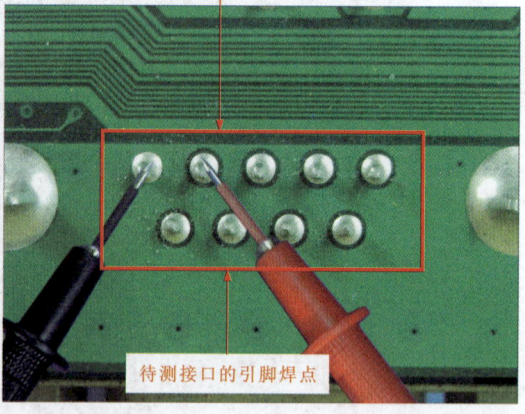

待测接口的引脚焊点

图17-14 接口类测试卡的使用

## 4 编程器

电脑检修过程中除了使用上述硬件专用检测设备外，还经常会用到编程器。编程器是电脑主板硬件专用检测设备，主要用于刷写BIOS芯片、存储器等芯片中的程序或数据。若主板BIOS芯片内部存储的数据被破坏，则会导致电脑主板不能正常工作。

此时，可以使用编程器将备份的BIOS数据（可从主板生产厂家的网站中下载，BIOS数据必须与主板型号相符合，否则可能使电脑不启动）刷写到BIOS芯片中，使其恢复原来的功能。编程器的刷新成功率很高，即使失败也可以再次进行刷写。

图17-15为典型编程器的实物外形。编程器通常与电脑相连，再配合编程软件进行使用。根据编程器功能的不同，可分为多功能编程器和单片编程器。编程器是由多种芯片插座、并行接口、电源接口及处理芯片等构成的。

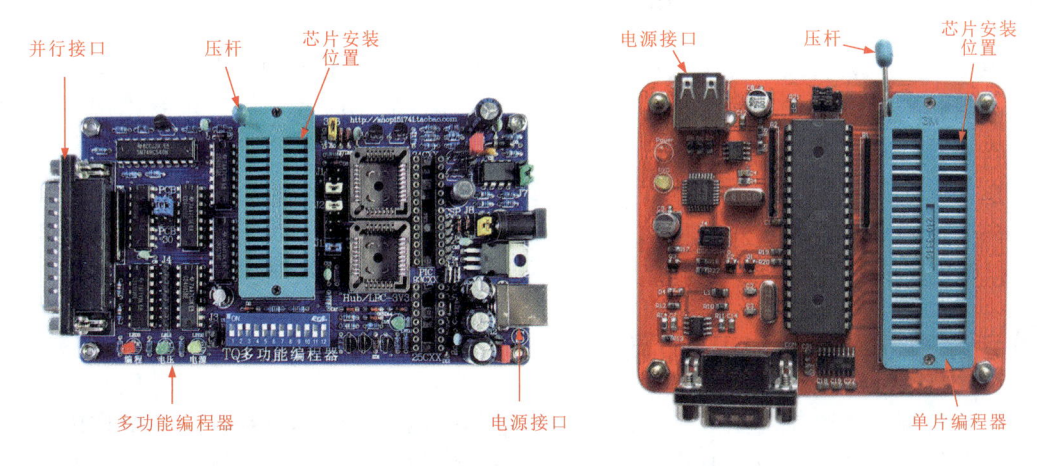

图17-15 典型编程器的实物外形

## 17.2 电脑维修的安全注意事项

在进行电脑维修时，为了防止在检测中出现触电或设备二次故障，造成严重后果，需要特别注意人身安全和设备安全。

### 17.2.1 人身安全

### 17.2.2 设备安全

## 17.3 电脑的故障诊断与检修方法

### 17.3.1 电脑的故障诊断

相较于其他电子产品而言，电脑的结构和原理都十分复杂，出现的故障现象多种多样，故障部位比较分散，引发故障的因素也并不单一，通常无法在最初就进行有针对性的判断和分析。而且，当电脑工作异常或无法工作时，除了硬件设备可能存在问题外，也可能是由于软件系统的程序错误、设备间连接不当或环境因素等引起的。

由此，通常对电脑的故障进行诊断时，可将其分为电脑软件引发的故障、电脑与设备连接引发的故障、电脑自身硬件损坏引发的故障和环境因素引发的故障四类。

### 1 电脑软件引发的故障

由电脑软件引发的故障，是指由于系统程序或一些应用软件出现错误导致电脑无法正常使用的故障，多源于系统设置不当、病毒侵入、数据丢失和软件之间不兼容等原因使程序运行发生了错乱。

### 2 电脑与设备连接引发的故障

电脑的很多设备或部件虽是相对独立的，但它们通过电脑的主板相互连接后协同工作。因此，当这些设备和部件之间连接不当或连接异常时都会引发电脑出现各种各样的故障。

例如，电脑主机与显示器连接不当引发的显示器颜色不稳或无信号故障；电脑主板与供电电源连接异常引发的电脑不启动故障；内存条连接不良引发的电脑启动失败故障；CPU插接不到位引发的电脑死机或不能开机故障等。

### 3 电脑自身硬件损坏引发的故障

由电脑自身硬件损坏引发的故障，是指电脑中核心配件本身损坏，或配件中存在元器件老化、失效，以及印制电路板出现短路、断线、引脚焊点虚焊和脱焊等情况，导致电脑无法正常工作的故障。

电脑主板上的元器件或芯片损坏是造成电脑硬件故障的主要因素，如元器件或芯片被击穿、烧毁、老化、性能下降等。此外，元器件、芯片或连接插件的引脚焊点有断线、脱焊、虚焊、连焊等现象，以及印制板线断开、短路和焊盘脱落等也会引起电脑故障。插槽或接口中的铜片脱落、弹性减弱、插脚虚焊、脱焊、灰尘过多或焊入异物而造成插槽或接口无法使用，同样会导致电脑无法正常运行。

### 4 环境因素引发的故障

电脑工作环境的不良条件也会造成电脑故障，例如，静电或雷电可能会造成电脑上某些芯片被击穿，特别是BIOS芯片。在潮湿环境中，电脑内部局部电路和元器件可能会短路，造成严重故障。

由于电脑机箱是一个半封闭的箱体，长时间使用后，内部易堆积灰尘和绒屑，这不仅会阻碍元器件散热，还可能造成短路。

## 17.3.2 CPU插座的检修

CPU插座是电脑主板上用于承载CPU的接口。

检修CPU插座时，检修人员应对CPU插座中各引脚进行大概的了解，如对应的电压、信号等，一般可借助CPU假负载对其进行检测。

在对CPU插座进行检测时，可先对照针脚定义图找到其测试点，如时钟信号点、电压信号点、PG高电平信号点、复位信号点、CPU电压自动识别点等。

若使用CPU假负载进行检测，则应将对应的合适的CPU假负载装入CPU插座上。如图17-16所示，在安装CPU假负载时，需要确认其标识部位对应安装，以免装错影响测量结果的准确性。

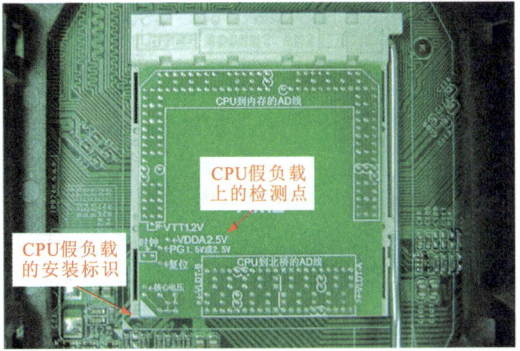

图17-16 将CPU假负载装入CPU插座上

将CPU假负载安装好后，就可以将主板通电开机，并使用检测仪器对其CPU供电电压、时钟信号、复位信号和PG高电平信号等进行检测，检测时可对照其电路图进行操作。

首先对CPU插座中的供电电压进行检测。CPU的供电电压有两组，分别为主供电（VDDA）电压和核心供电（VTT）电压。检测时可将万用表调至"直流10V"电压挡，用黑表笔接地端，用红表笔分别搭在CPU假负载上的检测点上，如图17-17所示。正常情况下，检测的VDDA电压值为2.5V，VTT电压值为1.2V。若供电电压不正常，则应对供电电路进行检测。

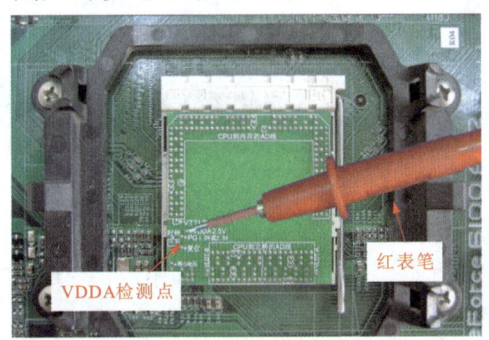

（a）主供电电压的检测方法

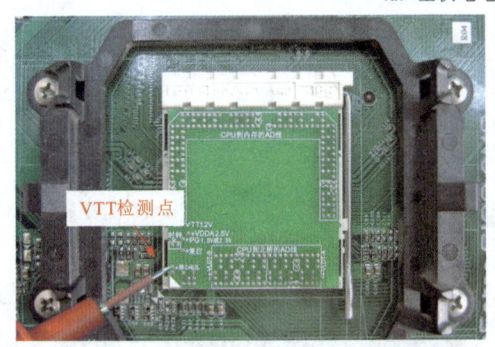

（b）核心供电电压的检测方法

图17-17 CPU供电电压的检测方法

接着对时钟信号进行检测,检测时需使用示波器。将示波器的接地夹接地端,并用探头搭在CPU假负载的时钟信号检测点上。正常情况下,可以检测到时钟信号的波形,如图17-18所示。若时钟信号不正常,则应对时钟电路进行进一步检测。

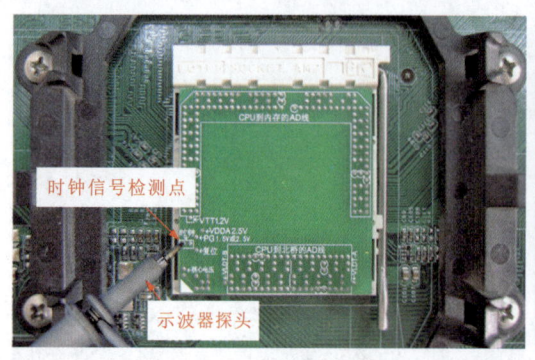

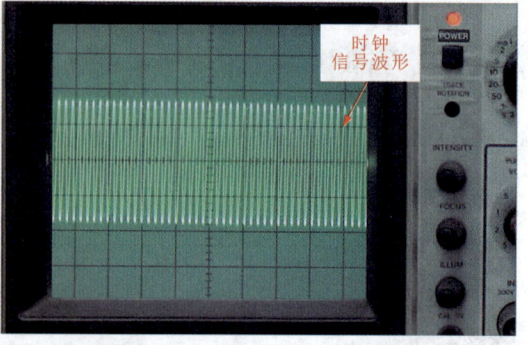

图17-18　CPU时钟信号的检测方法

PG高电平信号也是CPU插座的检测指标之一,可使用万用表进行检测。检测时将万用表的黑表笔接地端,红表笔搭在CPU假负载PG高电平信号检测点上。正常情况下,可以检测到1.5 V或2.5 V的电压值,如图17-19所示。若无PG高电平信号,则CPU无法正常工作。

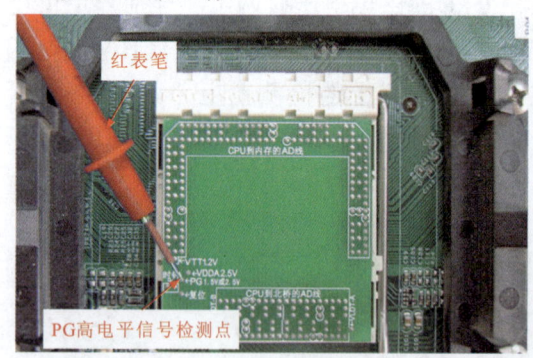

图17-19　CPU的PG高电平信号的检测方法

接下来检测CPU的复位信号。检测时将万用表的黑表笔接地端,红表笔搭在CPU假负载的复位信号检测点上,如图17-20所示。正常情况下,复位信号在开机时电平信号会产生从低到高再到低的变换,即0 V—1.5 V—0 V。若复位信号不正常,则应对复位电路进行进一步检测。

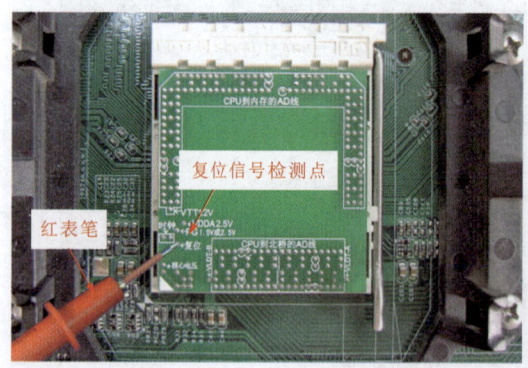

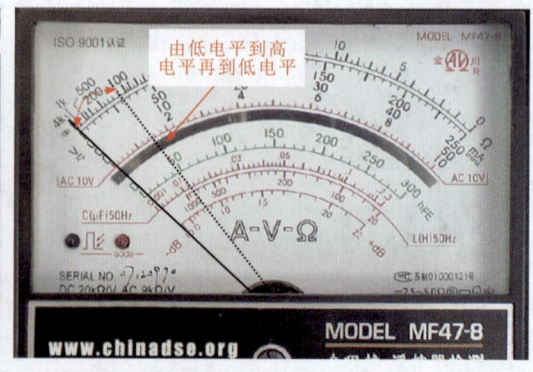

图17-20　CPU复位信号的检测方法

对检测结果进行判断，若供电电压、时钟信号、PG高电平信号和复位信号均正常，而CPU还是无法正常工作，则说明CPU插座或CPU本身已经损坏。

### 17.3.3 内存插槽的检修

内存插槽是指内存与电脑主板连接的接口，它实现了内存与CPU的沟通。图17-21为DDR2内存插槽的实物图及内存条的插接。内存插槽上标识有该内存插槽所需的供电电压"1.8 V"，内存插槽两端有卡扣。

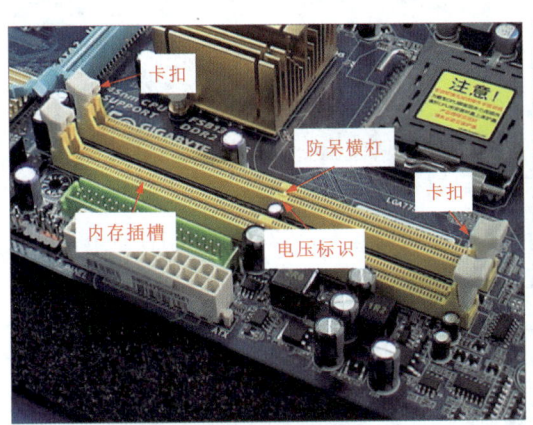

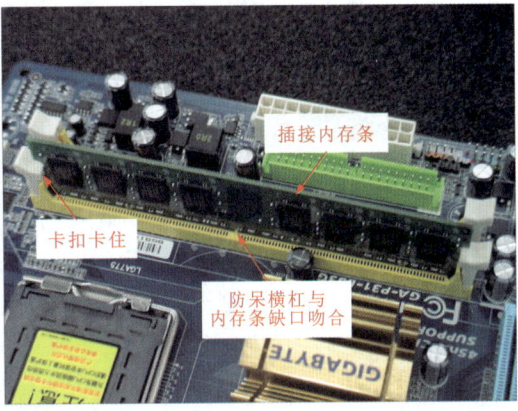

图17-21　DDR2内存插槽的实物图及内存条的插接

检测内存插槽主要通过检测内存插槽的供电电压和输入/输出信号，来初步判断故障部位，以便进一步排查故障。由于内存插槽针脚比较密且不易识别，因此在检测时应使用主板维修工具中的内存插槽测试卡。

检测前应选择与内存插槽匹配的内存插槽测试卡，如DDR2内存插槽就选择DDR240 内存插槽测试卡，如图17-22所示。

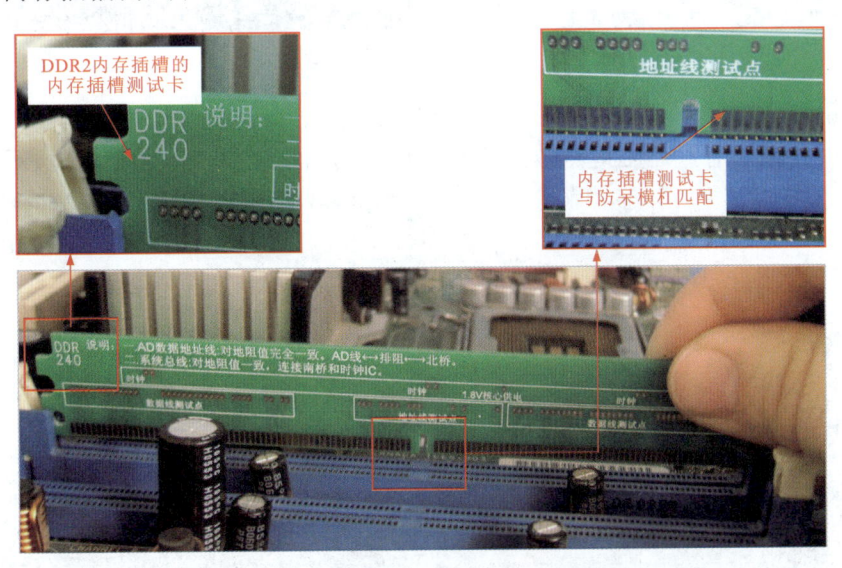

图17-22　选择匹配的内存插槽测试卡

检测内存插槽的供电电压时首先使用万用表检测内存插槽测试卡上的供电电压检测端，如图17-23所示。

图17-23 供电电压的检测

正常情况下，可以测得内存插槽测试卡上标识的电压值。若供电电压不正常或无供电电压，则应检查内存供电电路是否存在故障。

接着使用示波器检测内存插槽测试卡上的时钟信号检测端，如图17-24所示。

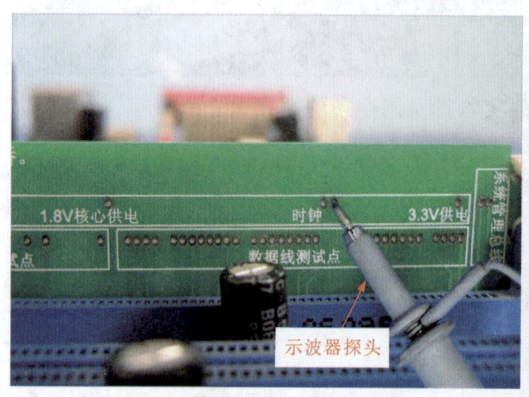

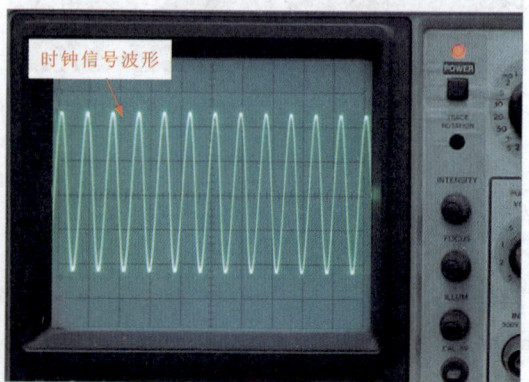

图17-24 时钟信号的检测

正常情况下可以测得信号波形，若无时钟信号，则应检查时钟电路。

检测内存插槽时，还应检测数据线和地址线的对地阻值，如图17-25所示。

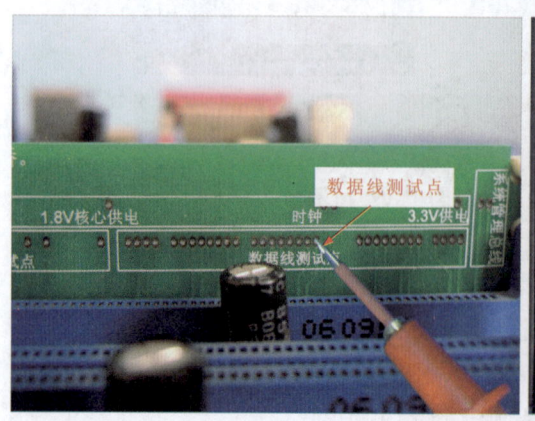

图17-25 数据线和地址线对地阻值的检测

正常情况下，测得数据线和地址线的对地阻值应在300～800Ω之间，若测得的数据线或地址线对地阻值为无穷大或0，则应进一步检测北桥芯片。

## 17.3.4 驱动器接口的检修

电脑驱动器接口是指电脑中用于连接外部设备，并将相应驱动程序与外部设备关联，驱动外部设备工作的接口。常见的电脑驱动器接口主要有I/O接口（如USB接口、鼠标/键盘接口、音频接口等）、光驱和硬盘接口等。

图17-26为典型电脑主板上的驱动器接口部分。

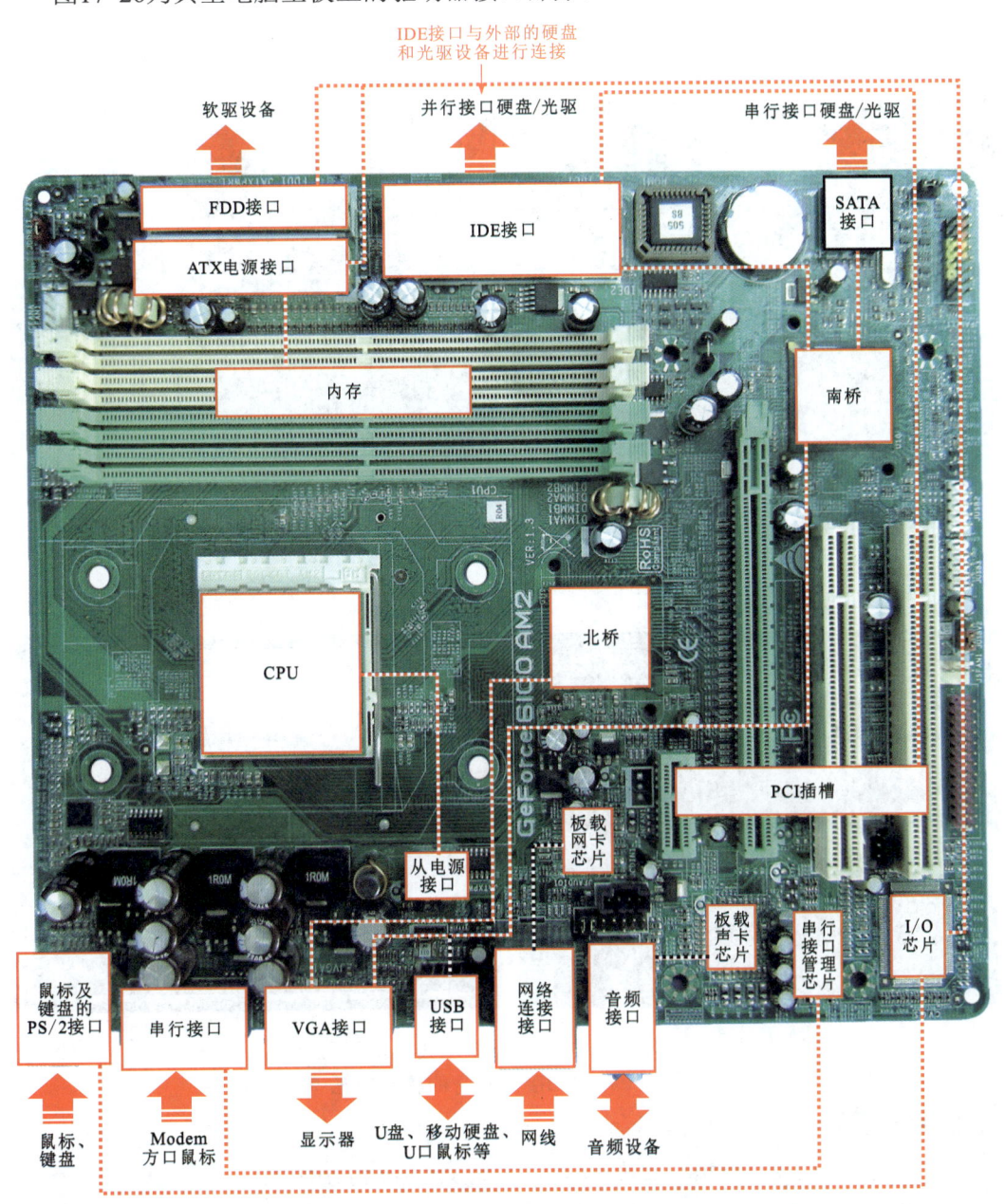

图17-26 典型电脑主板上的驱动器接口部分

检修电脑驱动器接口时，一般从接口本身和接口外围电路两部分进行检测。先检测接口本身是否正常，再逆电路的信号流程，将输出部分作为入手点逐级向前进行检测，信号消失的地方即为关键的故障点，进而排除故障。

以外设驱动器接口（即USB接口）为例，当电脑出现无法识别USB设备的故障时，多是其驱动器接口部分故障引起的。应先对USB接口本身进行检测，检测时，应先排除USB接口是否有虚焊、脱焊等故障现象，再检测USB接口各引脚间的阻值是否正常。检测时可使用测试卡确定接口引脚的功能和相应的测试点。

### 1 USB接口本身的检测方法

USB接口本身的检测方法如图17-27所示。

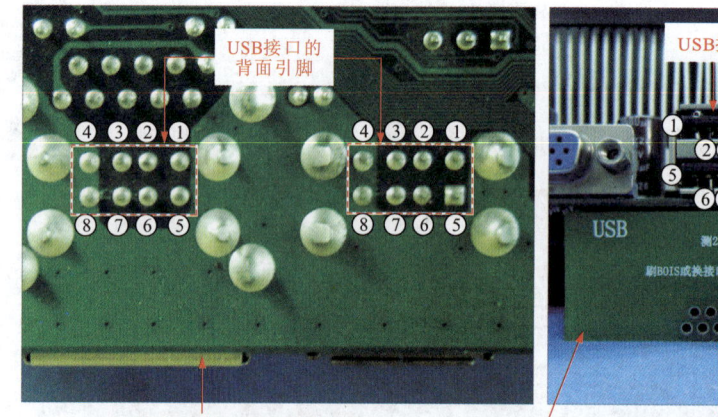

① 先查看USB接口背部的引脚焊点是否存在虚焊、脱焊等故障现象

② 使用测试卡对应USB接口，确定引脚功能及检测点

若检查USB接口本身以及引脚无故障，则可使用万用表对USB接口引脚的对地阻值进行检测

⑤ 正常情况下，测得USB接口中③脚的对地阻值为1000Ω左右

③ 将万用表的黑表笔搭在USB接口的接地端

④ 将万用表的红表笔搭在USB接口的③脚

图17-27 USB接口本身的检测方法

**补充说明**

正常情况下，USB接口中②脚、③脚、⑥脚、⑦脚的对地阻值约为1000Ω，供电端①脚、⑤脚的对地阻值约为400Ω。

如果检测到某个引脚不正常，则检测不正常引脚线路中的主要元器件是否正常。如果不正常，则替换损坏的元器件即可排除故障。如果引脚的阻值都正常，但USB接口仍无法正常工作，则需要对USB接口电路部分进行进一步的检测。

## 2　USB接口电路部分的检测方法

检测USB接口电路部分是否正常时，应先对该电路中的工作条件，即供电电压进行检测。USB接口电路部分的检测方法如图17-28所示。

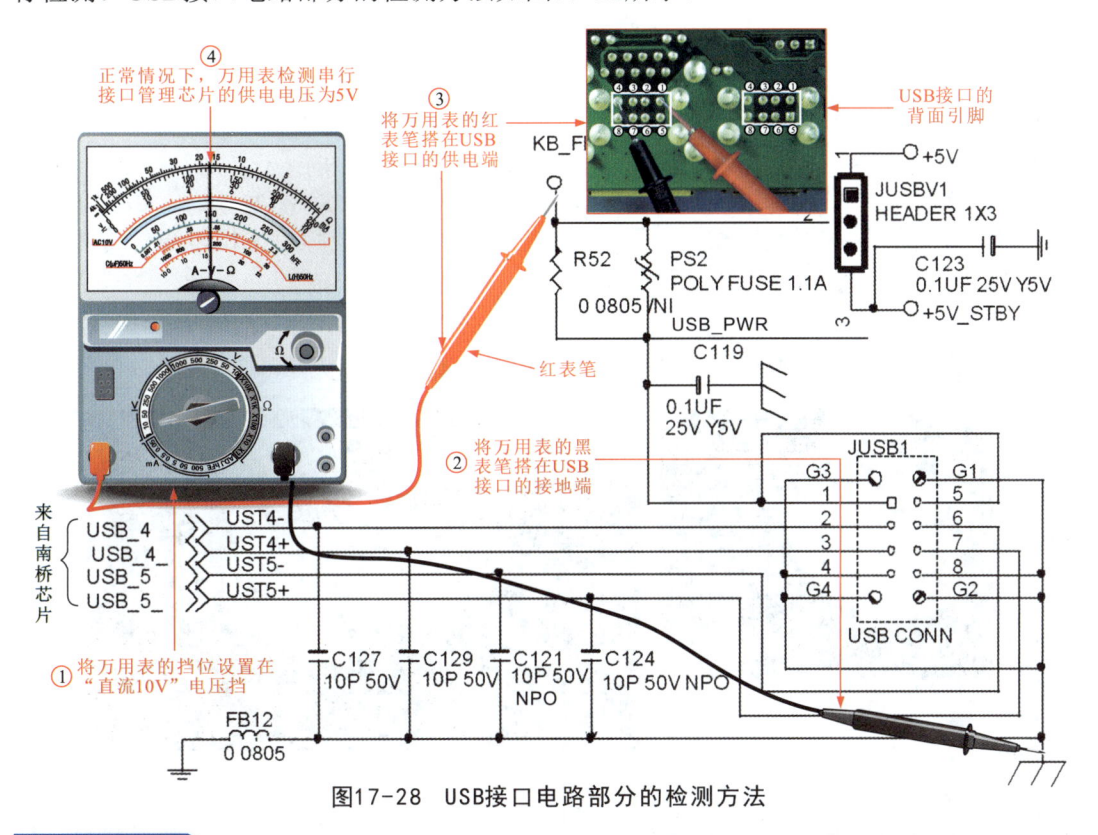

图17-28　USB接口电路部分的检测方法

### 补充说明

正常情况下，可在USB接口电路中①脚处检测到+5V的供电电压。若供电电压不正常，则应检测供电电路；若USB接口电路的供电电压及本身均正常，则需要对后级电路进行检测，以排除故障。

## 17.3.5　扩展插槽的检修

扩展插槽是电脑主板上用于固定扩展卡，并将其连接到系统总线上的插槽，用于实现增加或扩展电脑性能。

电脑主板常见的扩展插槽主要有PCI-E扩展插槽（主要用于连接独立显卡、独立网卡和视频采集器等）、M.2接口（固态硬盘接口）和内存插槽（用于扩展内存）等。

扩展插槽的检修方法与内存插槽的检修方法类似，通常可借助相应的检测卡、万用表和示波器对插槽相应引脚的阻值、电压等参数进行检测。通过对所测参数进行对照比较，来判断扩展插槽的好坏。

## 17.4 电脑常见故障检修案例

### 17.4.1 电脑不启动的检修案例

电脑不启动是电脑故障中较常见，也是相对较难排查的一种。导致电脑不启动的原因多样，表现也各不相同。因此，排查电脑不启动故障时，一般需先区分具体故障表现，再进行初步判断。

若电脑可以开机但无法进入系统，或在开机过程中死机，则多为系统类故障。可能是系统分配文件丢失、系统文件被病毒修改或误删等原因引起的，应从软件入手。若电脑开机完全无反应，无法通电，则应重点从电脑硬件部分入手，以故障率较高的位置作为入手点，如检查电源、释放静电、拆装CMOS电池和拔插内存等。下面举例说明。

**故障表现**：一台华硕主板电脑，按下电源键开机，显示器黑屏，主机无法启动。

**故障检修**：首先对故障机进行静电释放操作，即拔掉故障机主机电源，再按几次主机电源开关键，尝试开机，故障依旧。

接下来，断开电源，打开机箱防护板，将主板上的CMOS电池取下，如图17-29所示，静置几分钟后，再将电池还原，为主机接上电源，仍无法正常开机。

图17-29 取下故障机主板上的CMOS电池

接着排查内存部分。因内存条松动、接口氧化等导致接触不良是引起电脑不启动故障的常见原因之一。这时找到故障机主板上的长方形内存条，松开内存条插槽两端卡扣，并取下内存条，用无水酒精清洗或用橡皮擦擦净金手指部分，如图17-30所示。

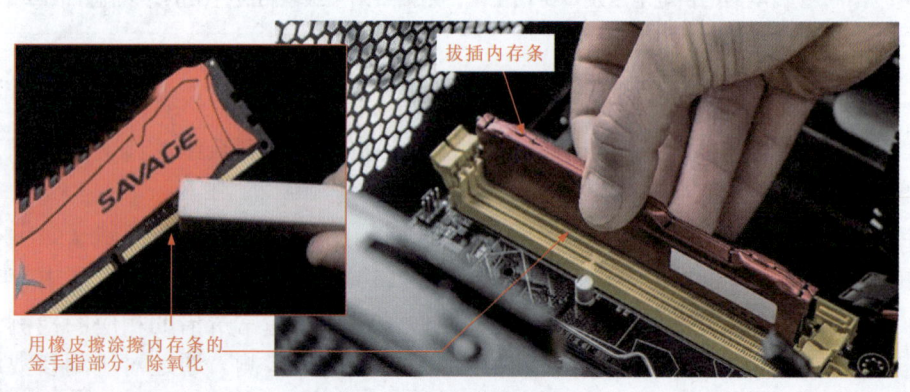

图17-30 清理内存条

将内存条重装到主板上，注意安装方向必须正确，待内存条插槽两端卡扣同时锁紧内存条，表示安装到位。重新按下开机键，主机启动，故障排除，电脑恢复正常。

> **补充说明**
>
> 一般情况下，由内存条接触不良导致的无法开机故障，除了显示器无任何显示外，电脑主机还会发出长鸣报警声，显示器黑屏不亮，可以此特征作为重要线索。
>
> 若电脑开机无任何反应，指示灯不亮，CPU风扇不转，则应重点检查电源开关按钮、主机电源和电源线等部分。
>
> 若电脑开机后黑屏，显示器指示灯呈橘红色或闪烁状态，多为自检过程中显卡没有通过自检，无法完成基本硬件的检测，从而无法启动。此时应重点清理显卡金手指或PCI-E接口中的灰尘。
>
> 若电脑开机后主板电源指示灯亮，电源工作正常，但屏幕无显示，没有"嘀"的正常开机声，多为CPU损坏无法通过自检，从而导致电脑无法启动。此时应检查CPU是否安装正确，或使用替换法检查CPU是否损坏。
>
> 若电脑在系统自动更新后无法启动，多是由于更新的驱动程序与系统不兼容或者错误引起的，此时可打开"高级启动选项"界面，从中选择"最近一次的正确配置（高级）"选项启动电脑，将电脑恢复到系统更新前的状态。或者，也可选择将系统恢复到近期的一个还原节点。

## 17.4.2 电脑蓝屏的检修案例

电脑蓝屏是指电脑在运行中或开机时，屏幕出现有代码的蓝色背景画面，随即重启。引起电脑蓝屏的原因有很多种，如常见的硬件之间不兼容、软件之间不兼容、硬盘与软件不兼容、内存条接触不良、内存错误、硬盘损坏、硬盘引导扇区出现坏道或坏扇区等。

一般当电脑出现蓝屏故障时，应记录蓝屏上的错误代码信息，并根据错误代码信息查询代码表示的含义，以此作为排查故障的入手点。

**故障表现**：一台Windows 7操作系统的电脑在使用中突然出现图17-31所示的蓝屏，无法正常运行。

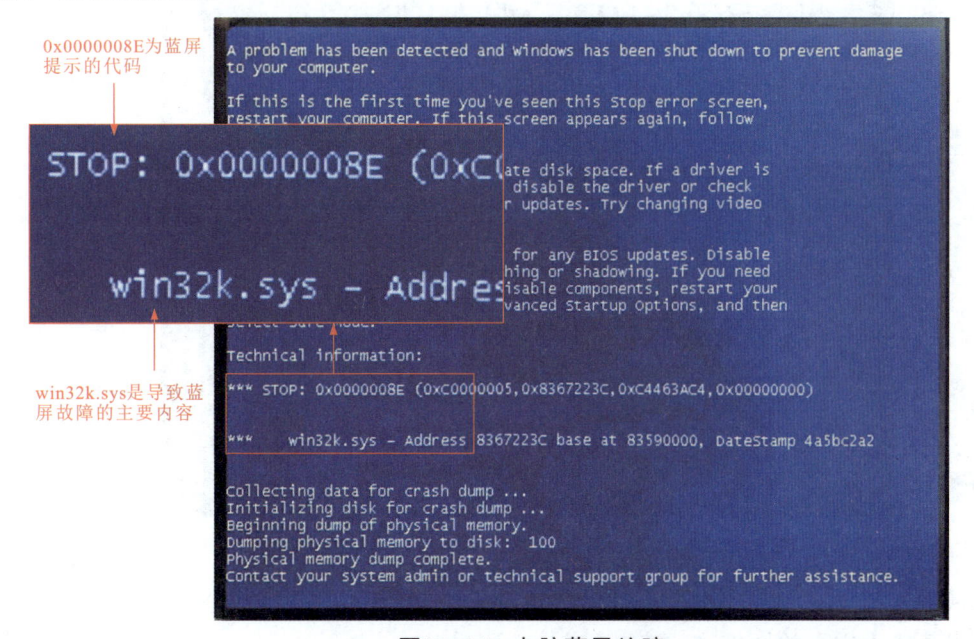

图17-31 电脑蓝屏故障

在该故障状态下，电脑无法关机，长按电源键强制关机后，再按一下电源键启动电脑，启动时提示如图17-32所示，选择"正常启动Windows"选项无法进入系统。

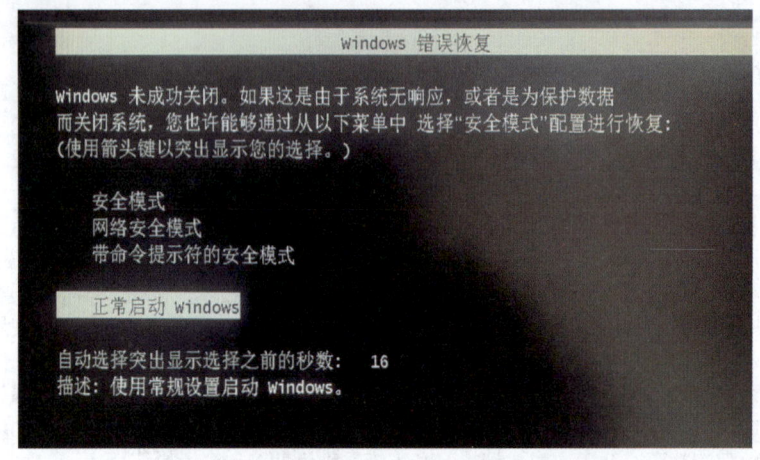

图17-32  电脑蓝屏重启后的提示画面

**故障检修**：在蓝屏代码查询器中查询蓝屏代码"0x0000008E"，表示系统此刻无法执行JOIN或SUBST。蓝屏代码下方显示出了导致此蓝屏故障的文件是win32k.sys。

根据蓝屏代码可知，该故障是由于系统中的win32k.sys文件受到病毒或其他插件的改动而造成的，此时从其他电脑中复制一个win32k.sys文件（文件存储在C:\Windows\System32目录下）到故障机中替换即可排除故障。

实际解决问题时，发现故障机无法启动进入系统，不能采用上述方法排除故障。可尝试在电脑启动时按下键盘上的<F8>键，进入"高级启动选项"界面，如图17-33所示。

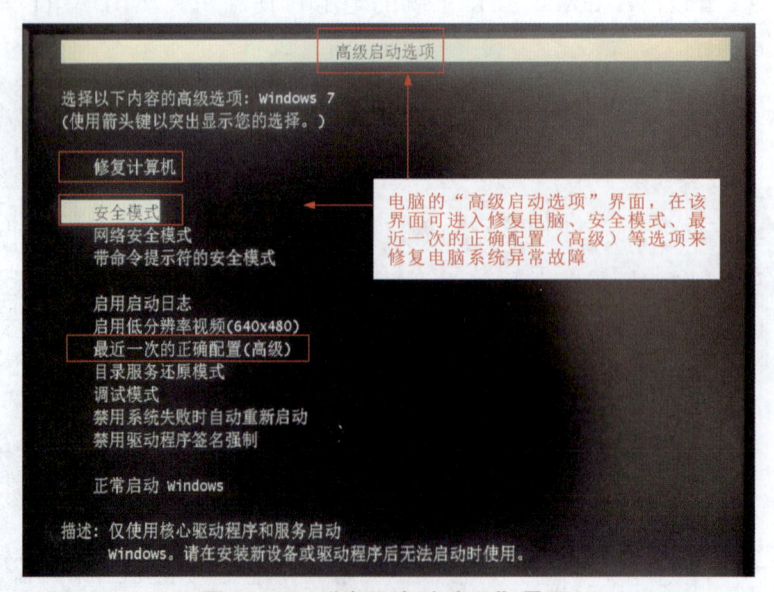

图17-33  "高级启动选项"界面

选择进入安全模式，如图17-34所示。在安全模式下，可复制替换需要的文件、下载近期更新或安装的插件来排查故障。

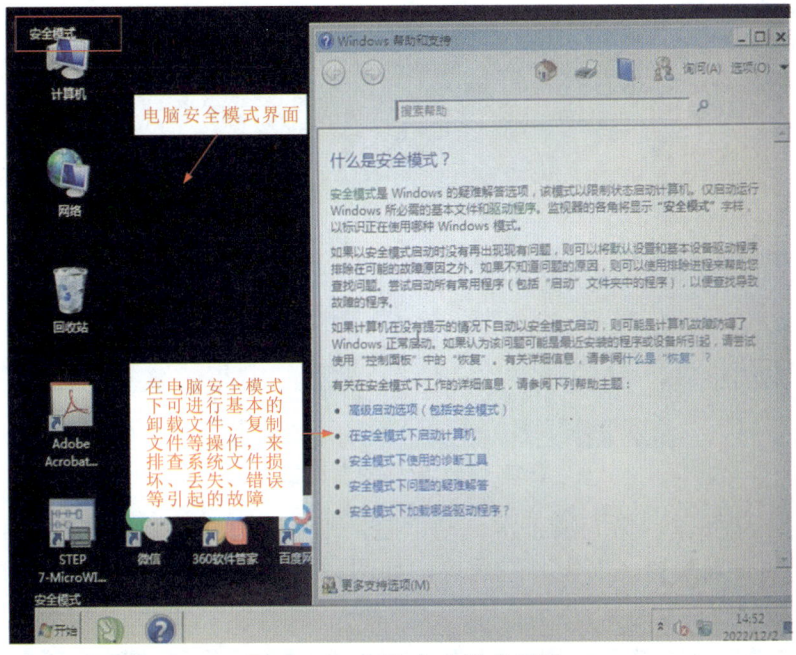

图17-34 电脑安全模式界面

也可在"高级启动选项"界面中选择"修复计算机"选项，进行电脑修复操作，如图17-35所示。

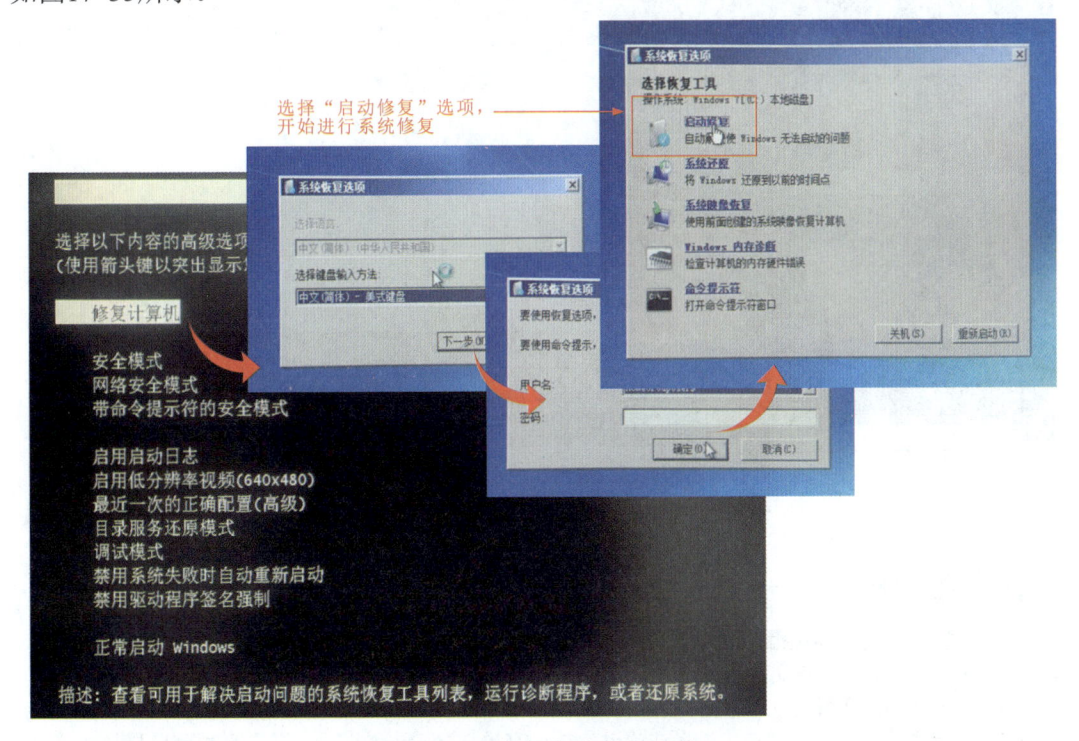

图17-35 执行电脑修复操作

选中并单击"启动修复"选项即可进入系统的自动修复状态，如图17-36所示。修复完成，单击"完成"按钮，重启电脑，故障排除。

系统修复完成后，单击"完成"按钮，重启电脑

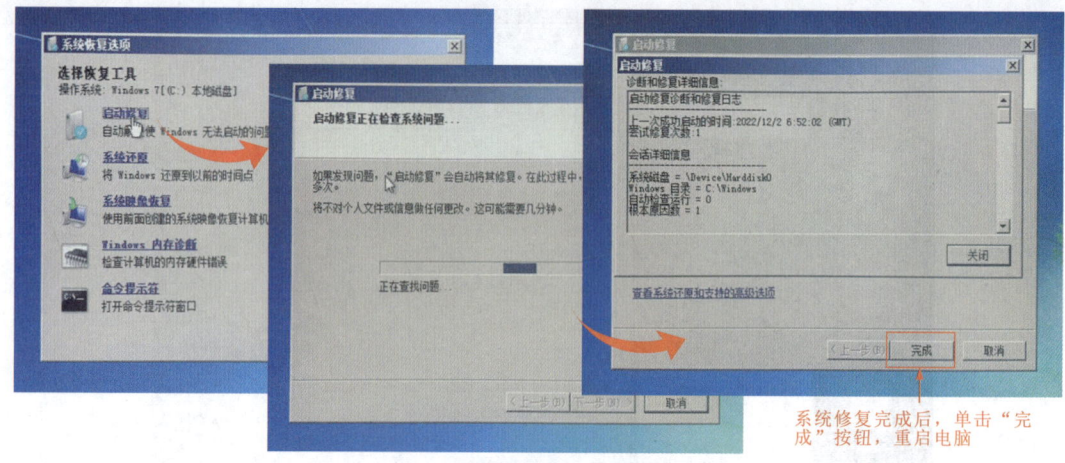

图17-36　电脑的自动修复

若经过上述操作，仍无法正常启动电脑，则应在"高级启动选项"界面中选择"最近一次的正确配置（高级）"选项，如图17-37所示，该选项可将电脑恢复到最近一次的正确配置的状态。

选择"最近一次的正确配置（高级）"选项，执行完成，重启电脑，启动成功，故障排除

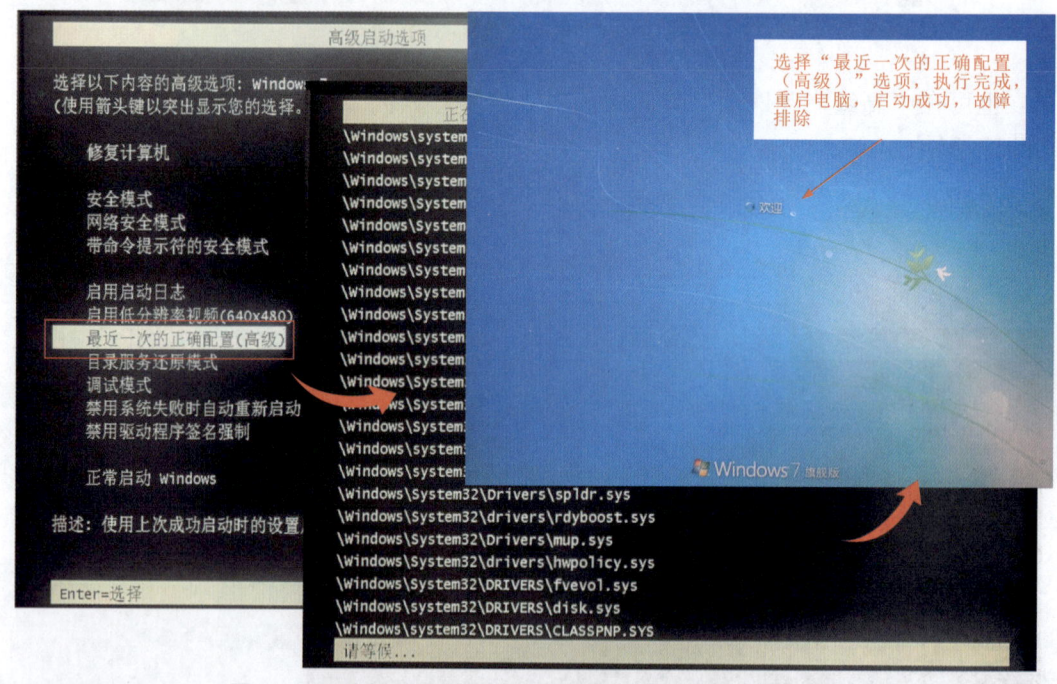

图17-37　选择"最近一次的正确配置（高级）"选项

### 补充说明

常见的电脑蓝屏故障原因如下：
- ◆ 由于病毒破坏系统文件，导致系统故障进而出现蓝屏。
- ◆ 电脑超频过度引起电脑蓝屏。
- ◆ 内存条接触不良（如灰尘过多或松动）或内存损坏导致电脑蓝屏，属于硬件问题导致的蓝屏原因。
- ◆ 硬盘出现故障导致电脑蓝屏，主要是由于硬盘损坏、硬盘引导扇区出现坏道或坏扇区、内存错误、硬件不兼容等，直接破坏了系统文件，也属于硬件问题导致的蓝屏原因。

◆ 安装的软件存在不兼容问题导致电脑蓝屏。

◆ 电脑硬件之间不兼容，如内存与主板不兼容，或主板上装了两个不同品牌兼容性不好的内存也会导致电脑蓝屏。

◆ 电脑温度过高导致的电脑蓝屏。一般情况下，若电脑内部温度很高，很容易引起内存、主板、CPU、硬盘等运行故障，极易产生电脑蓝屏故障。

◆ 电脑电源出现故障，导致供电不正常、经常死机等电脑主机硬件故障也可能会导致电脑蓝屏。

### 17.4.3 电脑黑屏的检修案例

电脑黑屏是指电脑屏幕不亮、无显示、无反应。一般情况下，电源接口和电源线损坏或接触不良、电源电压不稳定、显卡损坏、显示器与数据线损坏等，都可能是造成电脑黑屏的原因。

**故障表现：** 电脑开机后，主机CPU风扇状态正常，显示器指示灯为橙色，屏幕无任何显示。

**故障检修：** 结合故障表现，主机CPU风扇状态正常，则说明主机主板部分已经开始工作；显示器指示灯呈待机状态，说明其供电也正常。此状态下屏幕无任何显示，则可从显示器和显卡两个方面入手。

首先，检查显示器与主机连接线有无松动，重新拔插视频线。如图17-38所示，该显示器采用HDMI线连接，重新拔插或更换一根HDMI线，以排除连接线本身的问题。

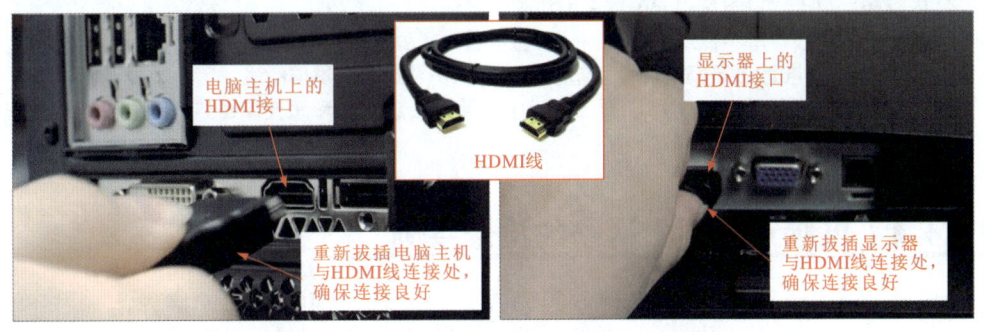

图17-38 拔插故障机显示器的HDMI线

拔插HDMI线后，尝试开机，仍不正常，怀疑故障应在主机中。断开电源，打开主机箱侧挡板，观察内存条和显卡接口部分，发现显卡接口部分有明显灰尘，怀疑有接触不良情况。将显卡从插槽中取下，清洁金手指，清理插槽灰尘，如图17-39所示。

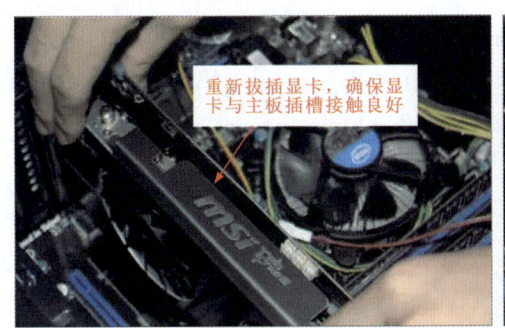

图17-39 清理显卡及其插槽和显卡散热风扇

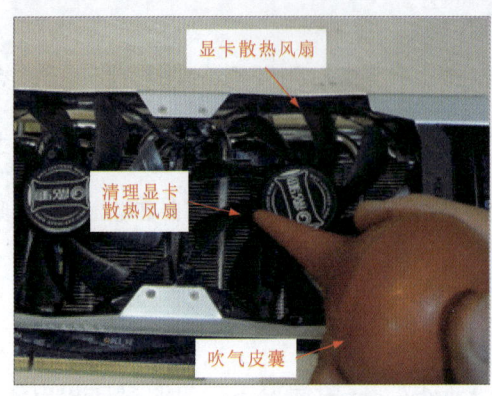

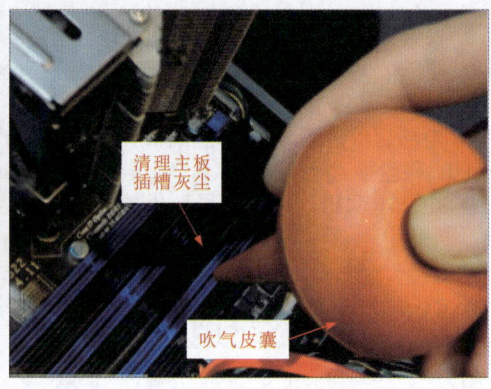

图17-39 清理显卡及其插槽和显卡散热风扇（续）

使用同样的方法清理内存条及其插槽，然后按要求重装显卡、内存条后，开机故障排除。

需要注意的是，排查显卡和内存条故障时，需要先断开主机电源，插内存条时要注意正反，插反可能导致内存条和主板烧毁。

> **补充说明**
>
> 常见的电脑黑屏故障原因如下：
> ◆ 电脑主机电源损坏或电源功率不足，稳定性差会引起电脑黑屏故障。
> ◆ 显卡温度过高，自我保护引起电脑黑屏故障。
> ◆ 内存条、显卡接触不良引起电脑黑屏故障。
> ◆ 显示器视频线接触不良或视频线损坏、显示器本身故障引起电脑黑屏故障。
> ◆ 超频不当、CPU散热风扇损坏会引起系统自我保护导致电脑黑屏故障。
> ◆ 软件冲突、系统崩溃、BIOS刷新出错、电源管理设置不当和恶性病毒造成硬件损坏等情况也会引起电脑黑屏故障。

## 17.4.4 电脑连接不上网络的检修案例

电脑连接不上网络可能由多种原因导致，如电脑与网络物理连接异常（右下角网络连接标识上出现红色叉号）、显示已连接网络但无法上网、待机状态下断网和频繁断网等。解决网络异常故障时，一般从物理连接和设置两方面入手，找到连接异常或设置不当的位置，排查故障。

**故障表现**：一台电脑在闲置一段时间后，开机后屏幕右下角网络连接标识上显示红色叉号，不能上网。

**故障检修**：根据故障表现，网络连接标识显示红色叉号状态多为物理连接不良。首先检查到路由器WLAN灯正常闪烁，光猫LAN灯正常闪烁，说明前端网络接入部分状态正常。此时，将电脑网线拔掉重新插入网络接口仍无法上网，使用网线测试仪测试网线本身也正常。

电脑外部物理连接排查基本正常，接下来检查电脑网卡是否正常。如图17-40所示，右击电脑桌面"此电脑"图标，在弹出的快捷菜单中选择"管理"选项，打开"计算机管理"窗口。在左侧列表中单击"设备管理器"，在右侧列表中找到"网络适配器"选项，展开下拉列表查看网卡状态，结果也正常。

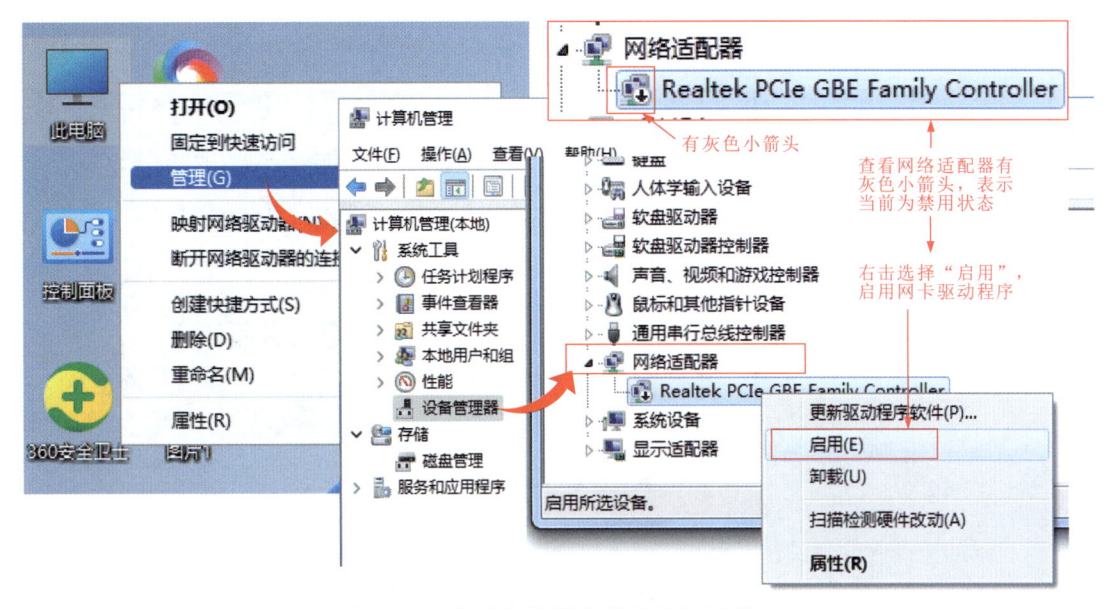

图17-40　查看电脑网卡状态是否正常

> **补充说明**
>
> 若未识别出网络适配器或网络适配器显示为黄色感叹号，则可以使用有网络连接的电脑，下载网卡驱动程序或下载"驱动精灵万能网卡版"，将其复制到无法连接网络的电脑上，安装启动，检测并安装网卡驱动。

接着检查IP、DNS等设置是否出错。如图17-41所示，右击电脑桌面右下角的网络连接标识，单击"打开网络和共享中心"（或通过"控制面板"进入"网络和共享中心"窗口）。单击左侧的"更改适配器"，在弹出的窗口中选中"本地连接"图标，右击选择"禁用"，随后再次右击选择"启用"。尝试操作后，网络连接仍未恢复。

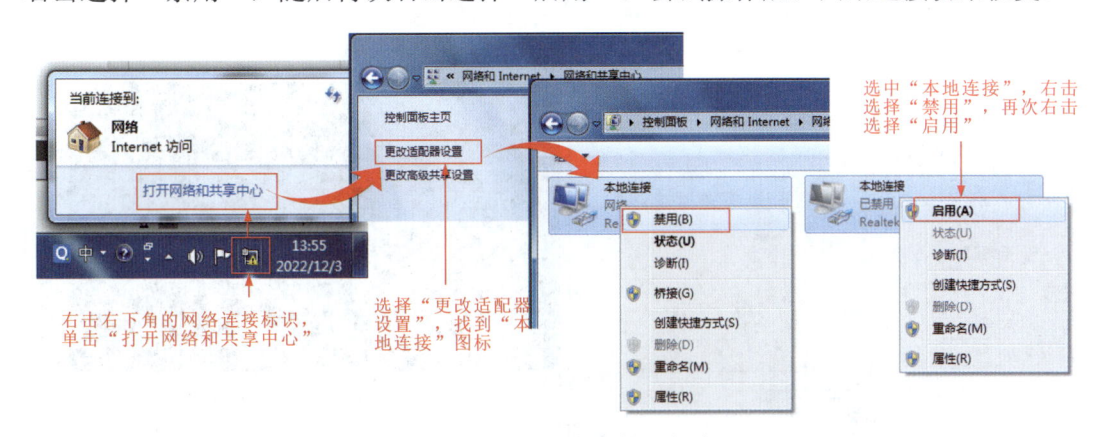

图17-41　本地连接的禁用与启用

接下来，右击"本地连接"，选择"属性"选项，在弹出的"本地连接 属性"对话框中，双击"Internet协议版本4（TCP/IPv4）"，在弹出的"Internet协议版本4（TCP/IPv4）属性"对话框中选中"自动获得IP地址"和"自动获得DNS服务器地址"单选按钮，如图17-42所示。

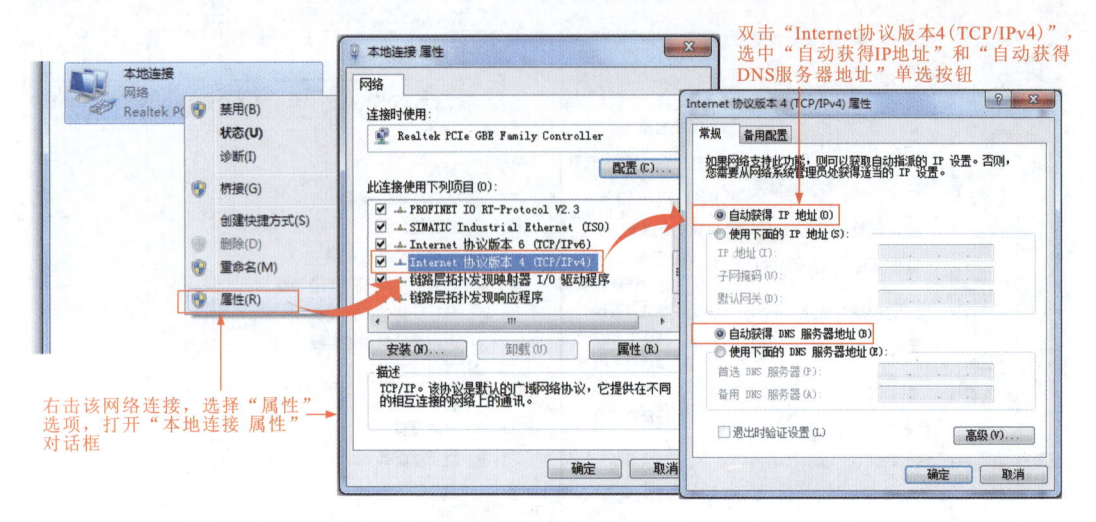

图17-42　IP和DNS设置

设置完成，单击"确定"按钮保存，十几秒后，网络连接已恢复。

若在实际排查故障时，上述操作仍无法恢复网络，接下来还可进行清除DNS缓存及重置winsock（网络组织控件）操作。

单击电脑桌面左下角的"开始"按钮，选择"运行"选项，打开"运行"对话框。在输入框中输入cmd后打开命令提示符窗口。在命令提示符窗口中输入ipconfig/flushdns命令后按<Enter>键，清除DNS缓存，如图17-43所示。

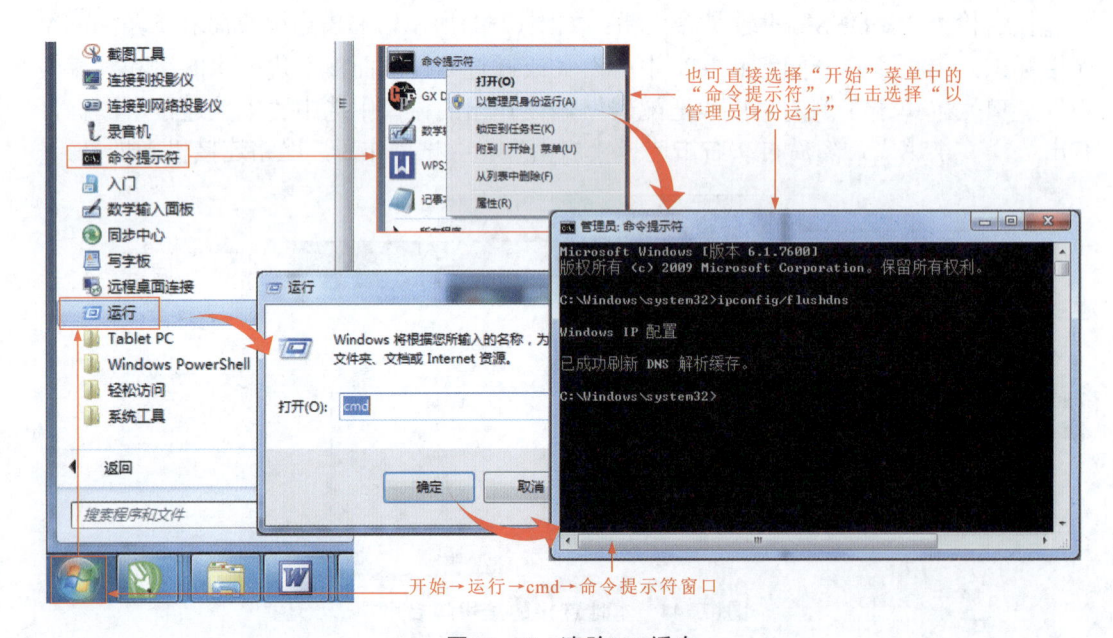

图17-43　清除DNS缓存

接着在命令提示符窗口中输入netsh winsock reset命令，按<Enter>键即可重置winsock，如图17-44所示。

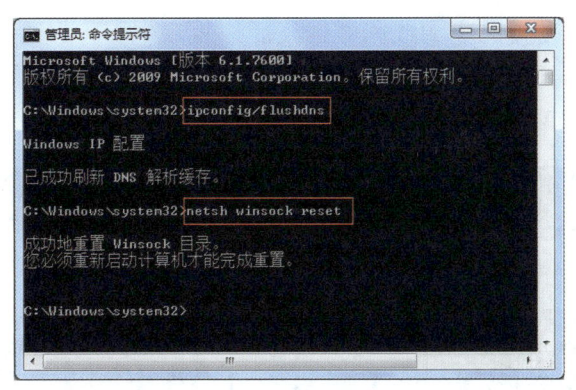

图17-44　重置电脑winsock

最后重启电脑，使各项设置和操作生效。大多数情况下，经过以上步骤即可恢复网络连接。

## 17.4.5　电脑检测不到硬盘的检修案例

硬盘作为电脑中的数据存储设备，一旦出现故障，可能会造成所有数据丢失的严重后果。引起硬盘故障的原因多种多样，除了硬盘本身故障外，还有可能是连接故障、系统设置不正确等问题。

**故障表现**：一台电脑开机后显示图17-45所示的代码，电脑无法进入系统正常启动。

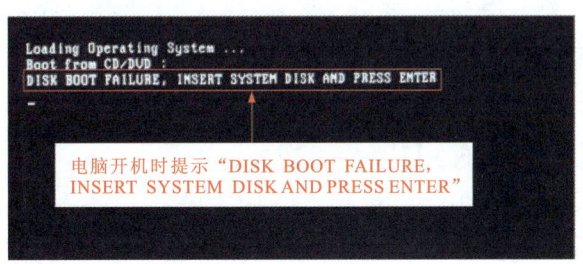

图17-45　电脑无法进入系统时显示的内容

**故障检修**：电脑开机时提示"DISK BOOT FAILURE，INSERT SYSTEM DISK AND PRESS ENTER"，表示电脑无法检测到硬盘或无法识别硬盘。

电脑检测不到硬盘，可能是连接线路问题，可先关闭电脑电源，检查硬盘电源线和数据线是否松动，如图17-46所示。

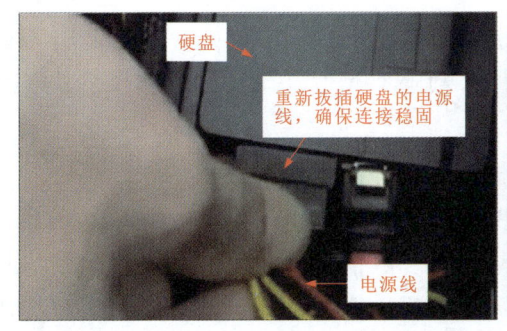

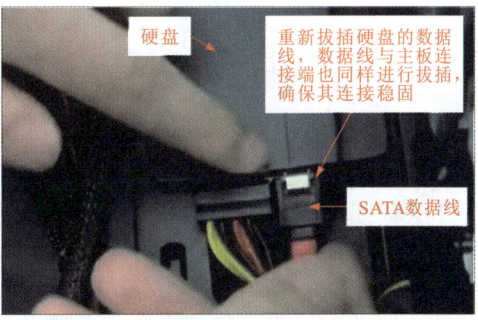

图17-46　电脑硬盘电源线和数据线的检查

重新拔插并清理硬盘的电源线和数据线后，重启电脑，发现故障未排除。此时可按下电源键重新启动，在启动时按<DEL>键进入BIOS界面，如图17-47所示，找到集成外设中的SATA接口项，检查其设定值。

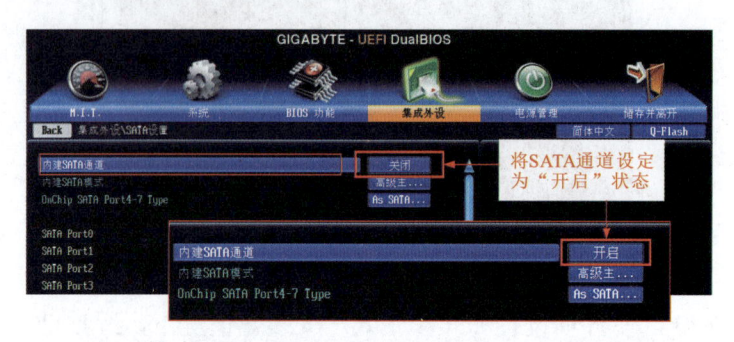

图17-47　在BIOS操作界面查看硬盘接口是否开启

由图17-47可知，该故障机SATA接口项处于关闭状态，在该状态下电脑无法识别硬盘。将设定值修改为"开启"，保存设定值并退出BIOS界面，重启电脑，故障排除。

> **补充说明**
>
> 在电脑故障检修中，硬盘本身除了因老化导致的损坏外，其他物理故障较少发生，大多数硬盘无法识别故障多为线路问题和系统设置问题导致，可重点从这两个方面入手。
>
> 除了上述故障案例中的BIOS设置不正确导致无法识别硬盘外，硬盘分区出错导致电脑硬盘无法识别也较为常见。该类故障一般可借助外置U盘或光盘进入PE（Windows预安装环境）系统，可以通过PE系统格式化系统分区或重装系统等操作排除故障。

## 17.4.6　电脑频繁死机的检修案例

导致电脑频繁死机故障的原因多种多样，常见的故障有硬件或软件不兼容、CPU超频、CPU温度过高或散热不良、电脑主板上某元器件接触不良或损坏、病毒干扰、内存错误或接触不良等。

**故障表现：**一台电脑多次出现正常使用过程中突然死机或关机重启，无法正常使用。

**故障检修：**分析故障表现，在使用过程中突然死机，说明电脑能够正常启动并进入系统，经询问后得知近期并未新安装或升级软/硬件，由此可排除系统软/硬件不兼容的问题。

在使用过程中突然死机，怀疑该故障为电脑启动后，由于升温或内存占用等原因导致一些部件无法继续保持稳定正常工作。按故障率高低，可排查CPU有无温度过高情况。

首先，在开机启动时，进入BIOS界面查看CPU温度，如图17-48所示。

可以看到，开机30分钟左右，CPU温度上升到58℃，该温度下，CPU能够正常运行。再过一段时间监测到CPU温度上升到86℃。一般情况下，CPU温度在70℃以上，就可能会引起电脑死机。在监测时电脑又突然死机，由此确定该故障是由CPU温度异常引起的。

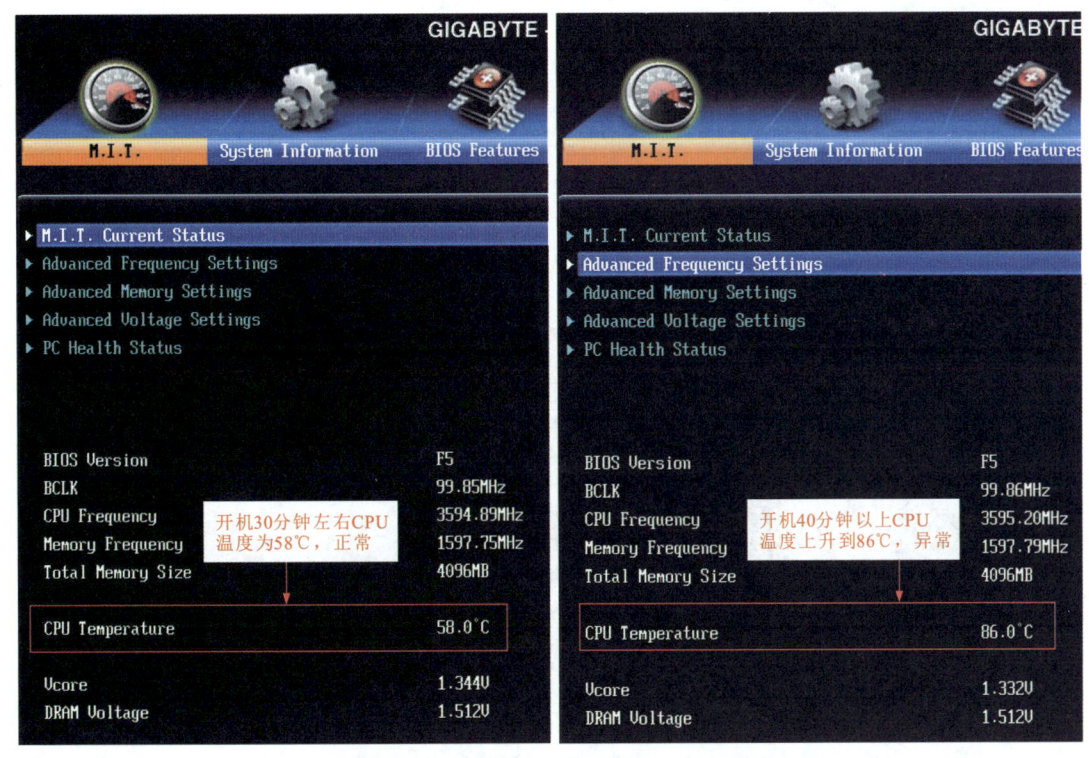

图17-48 进入BIOS界面查看CPU温度

接下来，重点排查可能导致CPU温度升高的原因。拆开机箱，观察CPU散热风扇能够正常运转，但噪声较大，灰尘较多。将CPU散热风扇取下，清理灰尘，如图17-49所示。

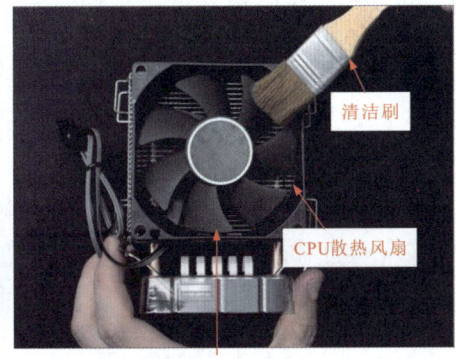

图17-49 CPU风扇的清理

清理完成后，回装CPU散热风扇前，发现CPU表面散热硅脂已干涸，需要添加散热硅脂，如图17-50所示。

> **补充说明**
>
> 电脑频繁死机的故障原因大致可分为两类，一类是硬件异常，另一类是软件异常。
> 其中，硬件异常最为常见的是散热异常，如显示器、电源和CPU在工作中发热量非常大，若散热不好，很容易导致电脑死机。

> **补充说明**
>
> 另外，电脑里面灰尘过多会引发多种问题，如光驱激光头沾染过多灰尘后，会导致读/写错误，严重的会导致电脑死机；硬盘老化或者使用不当造成坏道、坏扇区也会导致电脑死机；内存容量不够也会导致死机；下载的软件与硬件不兼容也易导致电脑死机。
>
> 在软件方面，电脑感染病毒是导致异常的主要原因之一。病毒可以使电脑工作效率急剧下降，导致电脑频繁死机。硬盘参数设置、模式设置、内存参数设置不当也可能导致电脑死机。当硬盘剩余空间太少或系统碎片过多时，会导致虚拟内存不足引起电脑死机。此外，非正常关机可能会使系统文件损坏或丢失，容易引起电脑自动重启或者在运行中死机。

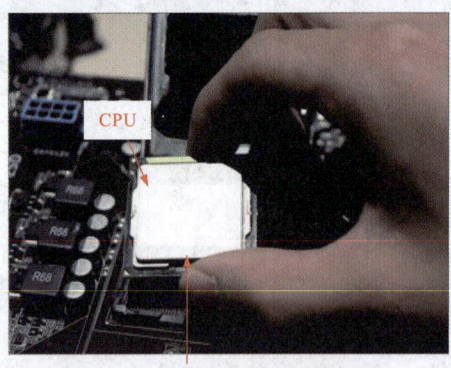

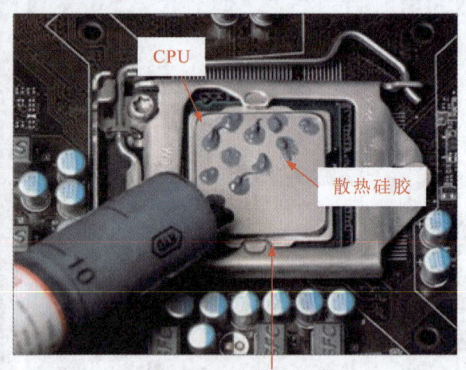

重新插接CPU，确保连接正确稳固　　在CPU表面添加散热硅胶

图17-50　添加散热硅胶

通电开机，运行一段时间未发生死机情况，于是将主机重新装好，故障排除。

## 17.4.7　电脑启动报警的检修案例

电脑启动报警，此种情况为BIOS报警，可根据报警声音特征判断电脑的故障。

**故障表现**：一台电脑启动时主机蜂鸣器发出重复短响声，无法开机启动。

**故障检修**：开机无法启动，且主机发出蜂鸣报警声，多为硬件故障。拆机逐一检查主板上的内存条、显卡、CPU和硬盘连接情况，清理内存条、显卡金手指后重装；清理机箱灰尘、释放主机静电后重装主机，尝试开机，仍无法启动，主机发出蜂鸣报警声。

观察主机发现，电源风扇不转。拆卸下主电源，检查参数后发现电源为250W电源，怀疑电源功率相对偏低，不足以长期稳定地为设备提供电力。

经询问得知，近期主板上更换了一个带散热风扇的独立显卡，由此判断电源负载过重，超负荷运转导致电源内部器件老化损坏。更换一个350W的主机电源，如图17-51所示。

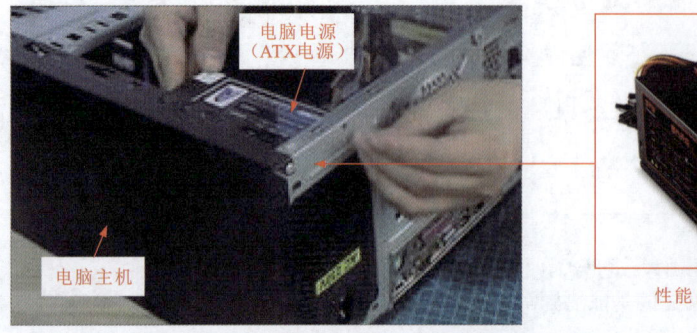

图17-51　更换主机电源

通电开机，运行一段时间未发生死机情况，于是将主机重新装好，故障排除。

### 补充说明

电脑发出的报警声是故障检修中的重要线索。维修人员可以根据报警声对应查找报警声所代表的含义表，大致确定故障部位并进行检修。

电脑采用的BIOS芯片类型不同，其报警声的含义也有所区别。表17-2～表17-4所列为典型BIOS报警声的含义。

**表17-2　AWARD BIOS报警声的含义**

| 报警声 | 含义 | 报警声 | 含义 |
| --- | --- | --- | --- |
| 1短 | 系统正常启动 | 1长9短 | 主板Flash RAM或EPROM错误，BIOS损坏，尝试更换Flash RAM |
| 2短 | 常规错误，请进入CMOS Setup，重新设置不正确的选项 | 不断地响（长声） | 内存条未插紧或损坏。重插内存条，若还是不行，只有更换一条内存 |
| 1长1短 | RAM或主板出错。尝试换一条内存，若还是不行，只好更换主板 | 不停地响 | 电源、显示器未和显卡连接好。检查一下所有的插头 |
| 1长2短 | 显示器或显示卡错误 | 重复短响 | 电源问题 |
| 1长3短 | 键盘控制器错误。检查主板 | 无声音、无显示 | 电源问题 |

**表17-3　AMI BIOS报警声的含义**

| 报警声 | 含义 | 报警声 | 含义 |
| --- | --- | --- | --- |
| 1短声 | 内存刷新失败，内存损坏比较严重 | 6短声 | 键盘控制器错误 |
| 2短声 | 内存奇偶校验错误。可以进入CMOS设置，将内存Parity奇偶校验选项关掉，即设置为Disabled | 7短声 | 系统实时模式错误，不能切换到保护模式 |
| 3短声 | 系统基本内存检查失败，更换内存 | 8短声 | 显存读/写错误。显卡上的存储芯片可能有损坏 |
| 4短声 | 系统时钟出错。维修或更换主板 | 9短声 | 寄存器读/写错误。只能是维修或更换主板 |
| 5短声 | CPU错误 | 10短声 | 寄存器读/写错误。只能是维修或更换主板 |

**表17-4　POENIX BIOS报警声的含义**

| 报警声 | 含义 | 报警声 | 含义 | 报警声 | 含义 |
| --- | --- | --- | --- | --- | --- |
| 1短 | 系统启动正常 | 1短4短1短 | 基本内存地址线错误 | 3短4短2短 | 显示错误 |
| 1短1短1短 | 系统加电初始化失败 | 1短4短2短 | 基本内存校验错误 | 3短4短3短 | 时钟错误 |
| 1短1短2短 | 主板错误 | 1短4短3短 | EISA时序器错误 | 4短2短2短 | 关机错误 |
| 1短1短3短 | CMOS或电池失效 | 1短4短4短 | EISA NMI口错误 | 4短2短3短 | A20门错误 |
| 1短1短4短 | ROM BIOS校验错误 | 2短1短1短 | 前64KB基本内存错误 | 4短2短4短 | 保护模式中断错误 |
| 1短2短1短 | 系统时钟错误 | 3短1短1短 | DMA寄存器错误 | 4短3短1短 | 内存错误 |
| 1短2短2短 | DMA初始化失败 | 3短1短2短 | 主DMA寄存器错误 | 4短3短3短 | 时钟2错误 |
| 1短2短3短 | DMA页寄存器错误 | 3短1短3短 | 主中断处理寄存器错误 | 4短3短4短 | 时钟错误 |
| 1短3短1短 | RAM刷新错误 | 3短1短4短 | 从中断处理寄存器错误 | 4短4短1短 | 串行接口错误 |
| 1短3短2短 | 基本内存错误 | 3短2短4短 | 键盘控制器错误 | 4短4短2短 | 并行接口错误 |
| 1短3短3短 | 基本内存错误 | 3短3短4短 | 显示卡RAM出错或无RAM | 4短4短3短 | 数字协处理器错误 |

# 第18章
# 电脑日常保养与维护

## 18.1 电脑外部设备的保养维护

### 18.1.1 键盘和鼠标的清洁维护

　　键盘和鼠标是电脑的输入设备，用于向电脑发出命令、输入数据等。由于长时间、高频率使用，键盘和鼠标出现异常的情况相对较多，对其进行定期清洁和维护可有效保护和延长键盘、鼠标的使用寿命。

### 18.1.2 显示器的保养维护

　　显示器是电脑与人交流的界面，是电脑整个系统中的重要部件。由于显示器长期工作，很容易受周围环境中湿度、温度、电磁干扰等因素的影响，也可能因不规范的使用习惯导致稳定性能下降。因此，定期对显示器进行保养和维护十分必要。

### 18.1.3 机箱的保养维护

　　机箱是电脑用于承载和保护内部主板、CPU、硬盘、电源等配件的一个箱体。机箱的状态直接影响内部硬件设备的工作状态，因此应对机箱进行相应的保养和维护。

## 18.2 电脑内部配件的保养维护

### 18.2.1 CPU组件的维护与更换

### 18.2.2 内存的维护与更换

### 18.2.3 主板的维护与更换

# 第19章 网络的调试与故障诊断

## 19.1 网络故障的分析与排查

### 19.1.1 网络故障的分析

电脑的网络系统主要包括电脑的网卡、网线、集线器等多种网络设备。掌握正确的网络故障分析方法,在诊断与调试网络故障过程中十分重要。

通常网络故障是由四类原因引起的,第一类是电脑硬件故障;第二类是传输线路故障;第三类是网络配置错误;第四类是病毒感染或软件程序错误。

**1　硬件故障**

网络系统的硬件主要是指电脑网络系统中的主要硬件设备,如网卡、集线器、交换机、路由器等。这些硬件设备可能由于维护、使用不当或因设备内部元器件老化、损坏,造成设备不能正常工作,致使网络出现故障。图19-1为典型硬件故障。

图19-1　典型硬件故障

通常，硬件故障的现象较为明显，且查找起来也相对容易。因此出现网络故障后，应重点对网络系统的硬件部分进行检查，通过观察设备自身运行状态或用替换验证的方法查找故障部件。

例如，网络中的集线器不能开启而造成与该集线器连接的设备不能正常通信，从表面上可发现该集线器的开关指示灯不亮，电源开关无任何反应，可初步断定是集线器故障。又如，网络中的一台电脑不能启动会造成在网络上找不到该节点，致使该机器中的文件和信息无法共享。若某台连接打印机的电脑出现故障，则还会导致网络打印不能使用。

## 2 传输线路故障

局域网中所有的网络设备都是依靠双绞线、同轴线缆和光纤等网络传输介质进行连接的，并且网线都是自行端接的，如网线插头松动、插接错误或者线路受到强电磁干扰等情况都可能导致网络故障。对于传输线路方面的故障，需要使用一些专用的线路测试仪表对网络线路进行检测。

## 3 网络配置错误

要使用网络传输、资源共享等网络功能，就必须对入网的设备进行配置。若配置数据发生错误，则会造成网络不能传输或不能访问等故障。若怀疑网络配置出现问题，则应仔细对网卡驱动程序、配置网络协议、配置交换机/路由器、网络服务设置等进行检查。图19-2为典型的配置错误。

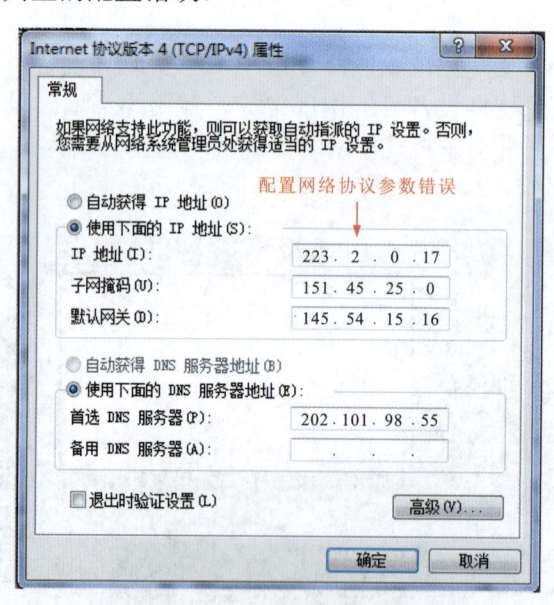

图19-2 典型的配置错误

## 4 软件程序故障

引起软件程序故障主要有两方面的原因，一种是网络应用程序错误，另一种是病毒感染。

网络应用程序错误引起的故障与配置不当的故障类似，多是由于人为参数设置不正确、程序操作错误或误操作（误删除关键文件）引起网络应用程序不能正常工作、机器异常死机或系统瘫痪等故障现象。图19-3为网络应用程序错误造成的网络故障。

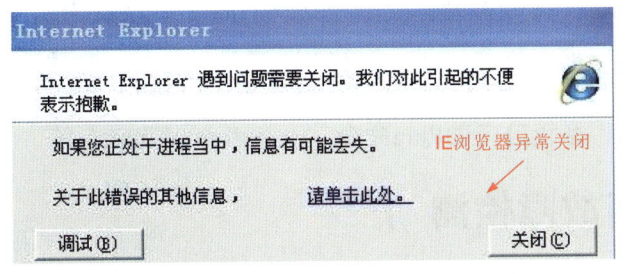

图19-3　网络应用程序错误造成的网络故障

电脑在接入互联网的同时，也会时刻面临病毒、黑客的侵袭，尤其近几年网络的普及度越来越高，病毒的传播速度和隐蔽性也显著提高，许多恶意病毒所造成的后果也越来越严重，常会对电脑的网络等方面造成很大影响。目前，大多数病毒还是以破坏软件系统为主，也有一些病毒会直接对硬件造成损害。

对于软件故障，防范措施要重于维修，只要规范操作流程，提高防范病毒的意识，采用有效的防范手段就可以减少这类故障的发生。

## 19.1.2　网络故障的排查

进行网络故障排查时，首先要根据故障现象查找故障部位，对于大多数故障现象，都可以从现象上判别出是否为网络设备本身的问题，检查过程可以通过观察或替换设备的方法进行。如果不属于网络设备本身的问题，则要进一步确定该故障的范围。

若整个网络都存在故障，多是路由器、主干交换机或主线路发生故障引起的，应仔细对这些设备和线路进行检查，查看连接、设置是否存在问题。若单个电脑的网络出现故障，则应检查该电脑的线路及连接、网卡驱动、网络设置等。

### 1　整体网络故障

若整个局域网或网络中的一个子网无法进行网络通信，此时应重点检查故障网络中的主要集线器或交换机，以及该网络线路连接，如图19-4所示。

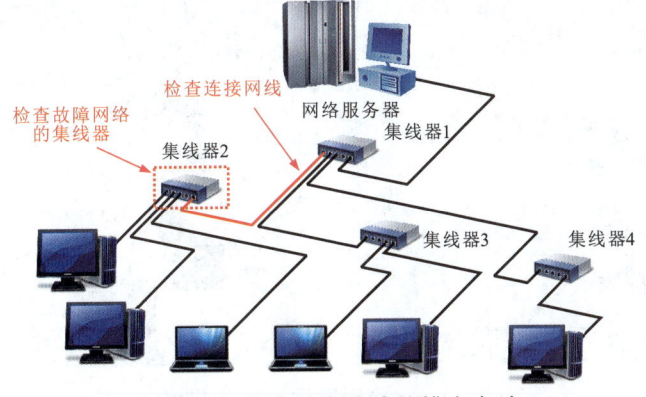

图19-4　整体网络故障的排查方法

### 2 单点网络故障

若网络中的一台电脑无法实现网络功能，此时就要对该电脑的硬件、线路、配置和软件进行检查。首先排除掉硬件故障及线路故障，再对系统进行病毒检测；然后确认是否为病毒影响；最后对各项设置和参数设置进行核对，找出故障原因。

检修过程中，可以借助一些专用的检测工具和测试软件对电脑的网络设备进行检查，如网线测试仪、系统自带的Ping命令、ipconfig、Winipcfg等。

## 19.2 网络故障检测

### 19.2.1 网线的检测

对于双绞线网线，可使用网线测试仪和网线认证测试仪对网线的通断和通信质量进行检测，以判断网线是否良好。

网线测试仪主要用于检测网络线缆是否接通。图19-5为网线测试仪，该网线测试仪用于检测RJ11与RJ45的网络线缆。其主要由工作指示灯、测试开关、跳线指示灯、接口、主测试端和副测试端等构成。

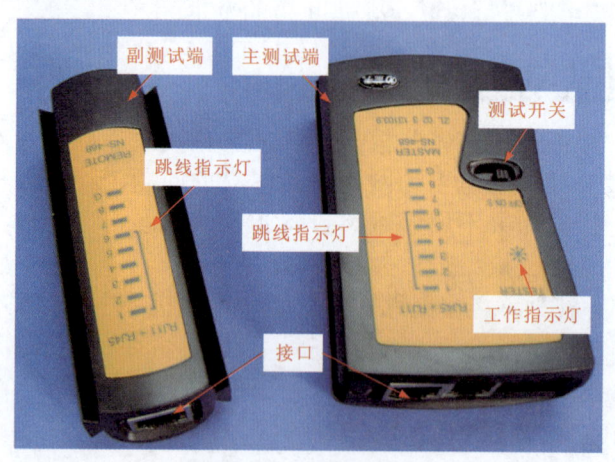

图19-5 网线测试仪

图19-6为检测网线通断的操作。

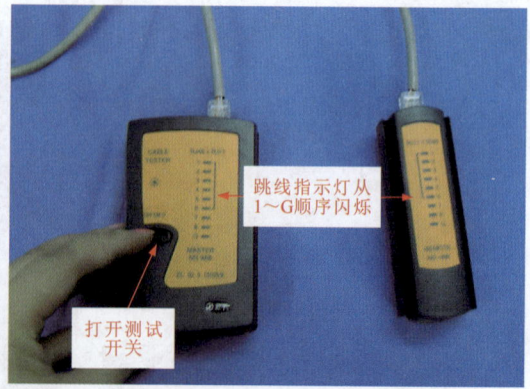

图19-6 检测网线通断的操作

将网线两端分别插入网线测试仪的接口中，将测试开关调至ON挡，以正常速度进行检测。若需要慢速度进行检测，则可以将测试开关调至S挡。网线测试仪的主测试端和副测试端的跳线指示灯依次从1-2-3-4-5-6-7-8-G逐一亮起，说明该网线接通正常。

如图19-7所示，在使用网线测试仪时，主测试端的跳线指示灯5点亮时，副测试端的跳线指示灯8点亮，跳线指示灯没有同步点亮，说明该网线一端的第5根线芯与另一端的第8根线芯接通，出现错位现象，导致该网线无法正常使用。若网线中有6根以上导线均不接通，则网线测试仪上的跳线指示灯均不点亮。

主跳线指示灯5与副跳线指示灯8同时亮起

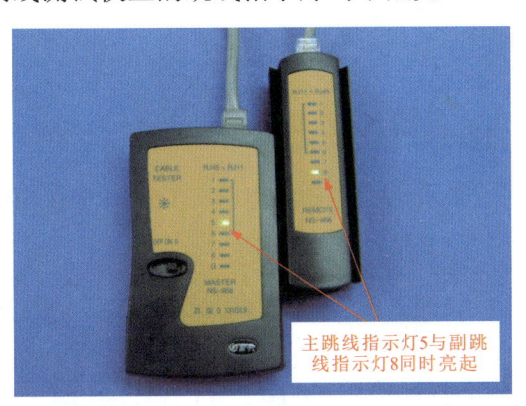

图19-7 网线测试仪检测出错位现象

对于采用光纤的网络线路的检测，一般可借助光功率计或红光笔进行测试。若线路不通，则需要重新连接光纤连接器，调整线路直至线路通畅。

图19-8为通过光功率计在光纤一端发射红光，在光纤另一端接收红光检测线路连接是否合格，并通过调试处理，确保光纤线路正常。

光功率计

光功率计

将光功率计调整到发射红光功能，连接光纤后，在光纤另一端能看到发出的红光，表明线路通畅

光功率计显示屏

光功率计键盘和电源开关

将接好连接器的光纤插入光功率计，打开光功率计电源，测试线路信号功率。若信号过低，则需要调整信号源的强度

光纤另一端发出的红光

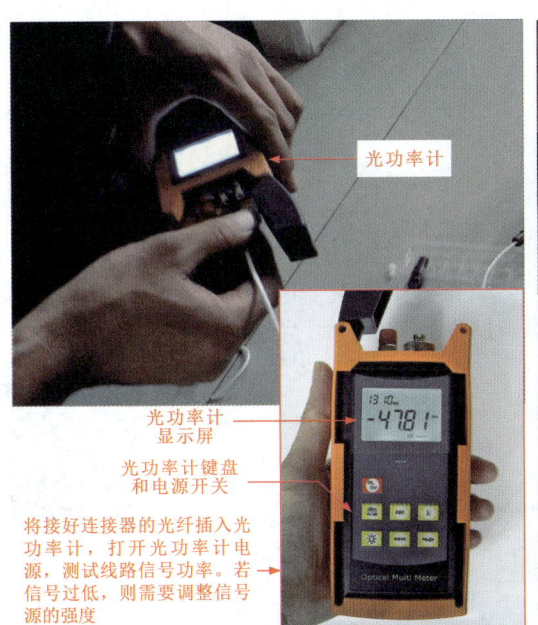

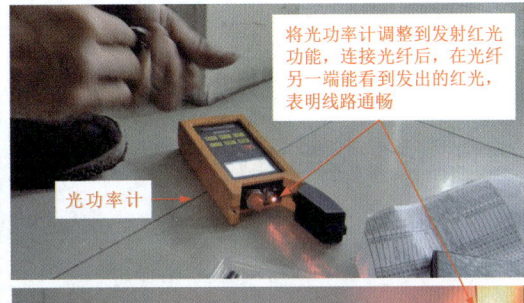

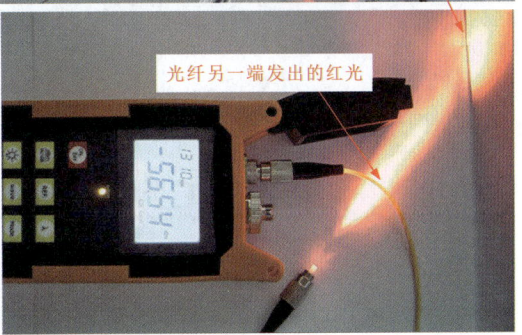

图19-8 光纤网络线路的调试与检测

## 19.2.2 IP检测工具Ping

Ping命令通过向电脑发送ICMP回应报文并监听回应报文的返回，来校验与远程电脑或本地电脑的连接情况。对于每个发送报文，Ping最多等待1秒，并显示发送和接收报文的数量。比较每个接收报文和发送报文，以校验其有效性。默认情况下，应发送4个回应报文，每个报文包含32字节的数据。

## 19.2.3 TCP/IP配置检测工具ipconfig

ipconfig命令主要用于查看网络中本地电脑与TCP/IP协议有关的配置，如IP地址、子网掩码、DNS服务等信息。

## 19.2.4 网络协议统计工具Netstat/Nbtstat

Netstat和Nbtstat都是Windows操作系统下的网络检测工具，它们的输入形式很相似，而且都需要在安装了TCP/IP协议以后才可以使用，但两者的功能却不同。Netstat命令主要用于显示有关统计信息和当前的TCP/IP网络连接状态，通过它可以得到非常详细的统计结果。Nbtstat命令用于查看当前基于NetBIOS的TCP/IP网络连接状态，通过该命令可以获得远程或本地电脑的组名和电脑名。

## 19.2.5 信息管理工具NET

Windows操作系统中有一个非常强大的命令，即NET命令，许多网络命令都是以NET开始，对电脑有所了解的读者，对它不会感到陌生。NET命令可以指定共享目录、限制访问共享资源的用户量、断开本地电脑和与之连接的客户端的会话等。

## 19.2.6 路由跟踪工具Tracert

Tracert是一种网络跟踪程序，利用它可以查看从本地电脑到目的电脑经过的全部路由。通过Tracert显示的信息，可以掌握一个数据包信息的传送过程，了解网络堵塞发生的位置，为判断网络的性能提供了依据。